应用型本科信息大类专业"十三五"规划教材

信号与线性系统分析

主　编　姚　敏　吴政南

副主编　魏　纯　黄同男　孟　馨

华中科技大学出版社
http://press.hust.edu.cn
中国·武汉

内 容 简 介

"信号与系统"是电子信息类专业一门重要的专业基础课,也是通信与信息系统、信号与信息处理等专业的硕士研究生入学考试科目之一。

全书共7章,第1章介绍信号与系统的基本概念,第2、3和4章分别介绍连续时间信号与系统的时域分析、频域分析和复频域分析,第5章和第6章对离散时间信号与系统的时域分析和z域分析进行了介绍,第7章简要阐述了系统的状态变量分析法。全书试图在时域和变换域分析法之间建立一定的对应关系,以体现现代系统分析理论的规范性和一致性。在编写过程中,力求叙述清楚、讲解透彻、强化基础、结合实际,有利于学生增强理解、深化认识。

为了方便教学,本书还配有电子课件等教学资源包,任课教师可以发邮件至 hustpeiit@163.com 索取。

图书在版编目(CIP)数据

信号与线性系统分析/姚敏,吴政南主编.—武汉:华中科技大学出版社,2019.2(2024.9重印)
应用型本科信息大类专业"十三五"规划教材
ISBN 978-7-5680-5013-5

Ⅰ.①信…　Ⅱ.①姚…　②吴…　Ⅲ.①信号系统-系统分析-高等学校-教材　②线性系统-系统分析-高等学校-教材　Ⅳ.①TN911.6

中国版本图书馆 CIP 数据核字(2019)第 034685 号

信号与线性系统分析
Xinhao yu Xianxin Xitong Fenxi

姚　敏　吴政南　主编

策划编辑:康　序
责任编辑:康　序
责任监印:朱　玢
出版发行:华中科技大学出版社(中国·武汉)　　电话:(027)81321913
　　　　　武汉市东湖新技术开发区华工科技园　　邮编:430223
录　　排:武汉三月禾文化传播有限公司
印　　刷:武汉邮科印务有限公司
开　　本:787mm×1092mm　1/16
印　　张:13.75
字　　数:358 千字
版　　次:2024 年 9 月第 1 版第 3 次印刷
定　　价:48.00 元

只有无知，没有不满。

Only ignorant, no resentment.

．．．．．．．．．．．．．．．．．．．．．．迈克尔·法拉第(Michael Faraday)

迈克尔·法拉第（1791—1867）：英国著名物理学家、化学家，在电磁学、
化学、电化学等领域都作出过杰出贡献。

"信号与系统"是电子信息类专业一门重要的专业基础课,也是通信与信息系统、信号与信息处理等专业的硕士研究生入学考试科目之一。

本课程运用数学物理方法来阐明现代通信的基本原理,讲述现代通信系统的基本单元电路如何传输和处理信号。随着信息科学、计算机科学以及电子技术的高速发展,"信号与系统"课程所使用的分析问题的方法以及所得到的结论已广泛应用于数字通信、电子测量、遥感遥测、生物医学工程,以及数字图像处理、振动分析等领域。通过本课程的学习,可以为学生今后进一步学习信号处理、网络理论、通信理论、控制理论等课程打下良好的基础。

作者编写本书的目的是希望本书能够适用于应用型本科院校的"信号与系统"课程教学。由于该课程理论性较强,部分内容的数学推导较为烦琐,学生在学习过程中往往感觉过于抽象、难以理解和掌握。故本书遵循循序渐进的教学法原则,按照先连续,后离散;先信号,后系统;先时域,后变换域;先输入、输出法,后状态变量法的体系编写。在内容上,本书侧重于信号与系统的基础知识的讲解,并使用软件仿真实现烦琐计算的替代,这样既能减轻学生的学习负担,又能满足实际教学应用。本书的主要特点如下。

(1)内容精炼,侧重于讲解基本概念、基本理论和基本实现方法。

(2)在各章节的理论推导和方法分析中,注意理论联系实际,侧重于应用。为了简化烦琐的理论推导,书中辅以 MATLAB 仿真,将理论学习和系统仿真相结合,使得理论学习更加直观易懂。

(3)例题、习题丰富,并给出了具体的 MATLAB 程序,便于学生自学,也有助于培养学生分析问题和解决问题的能力。

全书共 7 章,第 1 章介绍信号与系统的基本概念,第 2、3 和 4 章分别介绍连续时间信号与系统的时域分析、频域分析和复频域分析,第 5 章和第 6 章对离散时间信号与系统的时域分析和 z 域分析进行了介绍,第 7 章简要阐述了系统的状态变量分析法。全书试图在时域和变换域分析法之间建立一定的对应关系,以体现现代系统分析理论的规范性和一致性。在编写过程中,力求叙述清楚、讲解透彻、强化基础、结合实际,有利于学生增强理解、深化认识。

本书由武汉东湖学院姚敏、吴政南担任主编,由武汉东湖学院魏纯和黄同男、武汉晴川学院孟馨担任副主编。本书中大量程序仿真及绘图等工作由吴政南完成,姚敏负责全书的审核并统稿。由于编者水平有限,书中难免有错误和不妥之处,恳请读者批评指正。

为了方便教学,本书还配有电子课件等教学资源包,任课教师可以发邮件至 hustpeiit@163.com 索取。

编 者

2024 年 5 月

目录

CONTENTS

第①章 绪 论

信号与系统的概念对于每个人并不陌生,在学习、生活和工作中有很多例子都属于信号与系统的范畴。一个由电阻、电感和电容组成的电路就是一个系统。电压源的电压或电流源的电流就是一个给定的输入信号,该电路每个元件上的电压和电流就是该电路(系统)对此输入信号做出的响应。当一束白光射入三棱镜时,可以看到美丽的七色光谱。此时,三棱镜就是一个处理光信号的系统,白光就是输入的光信号,被三棱镜分解成红、橙、黄、绿、青、蓝、紫七种不同的光就是系统的输出信号。再例如,当汽车驾驶员踏油门时,系统就是这部汽车,油门板上的压力就是系统的输入,汽车的速度就是系统的响应。信号与系统的概念广泛出现在各种科学和技术领域,如在电路与通信、航天与航空、生物工程、化学控制工程、语音及图像处理等方面。虽然在不同的领域中所出现的信号与系统的物理性质不尽相同,但它们都具备两个基本的共同点:①作为一个或几个独立变量函数的信号都包含了有关某些现象性质的信息;② 系统总是对给定的信号做出响应而产生出另外的信号,或是产生某些所需要的特性。在分析各类系统时,常常将具体系统抽象为某种模型,将系统中运动、变化的各种量(如电压、电流、力、位移、光强等)统称为信号,宏观来研究信号作用于系统的运动变化规律,揭示系统的一般性能,而不关心它内部的各种细节。

信号的概念与系统的概念是紧密相连的。信号在系统中按一定的规律运动、变化。系统在输入信号的驱动下对它进行加工处理并发送输出信号,如图 1-1 所示。其中,输入信号 $e(t)$ 常称为激励,输出信号 $r(t)$ 常称为响应。

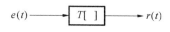

$e(t)$ ——→ T[ ] ——→ $r(t)$

图 1-1 系统示意图

信号理论和系统理论涉及的范围较广泛,内容十分丰富。本书主要介绍信号分析和系统分析的基本概念和基本分析方法,信号分析主要讨论信号的解析表示、性质、特征等;系统分析则主要研究给定的系统在输入信号的作用下产生的输出信号(响应)以及进一步分析系统的特性、功能等。信号分析与系统分析的关系紧密又各有侧重,通过本书的学习可为读者后续学习有关网络理论、通信理论、控制理论、信号处理和信号检测理论等打下坚实的基础。

本章主要介绍信号与系统的概念、信号的数学描述和系统的表示及系统的分析方法。

1.1 信号

1.1.1 信号的定义与描述

信号是运载与传递信息的载体与工具,而信息则是信号的具体内容。为了对信号进行分析与研究,我们采用数学语言对信号进行描述;或者说,通过建立信号的数学模型,将信号表示为一个或多个自变量的函数。该函数的图像称为信号的波形。当信号是一个自变量的函数时,称为一维信号,如语音类、电类信号;如果信号是 n 个独立变量的函数,则称为 n 维信号,如图像类信号等。本书只讨论一维信号,且为了方便,一般都假设信号的自变量为时间 t,或序号 k。并且本书中主要讨论电信号,即随时间变化的电压或电流信号。

与函数表示一样,一个确定信号除用解析表达式描述外,还可以用图形、表格等来描述。可以通过信号随时间变化的快慢、延时来分析信号的时间特性;也可以从信号所包含的频率分量的振幅大小及相位关系来分析信号的频率特性。不同的信号具有不同的时间和频率特性。

1.1.2 信号的分类

按照信号的不同性质与数学特征,可以有多种分类方法。在信号分析中最常用到的是以下几种分类方式。

1. 连续时间信号和离散时间信号

根据信号定义域的特点,可将其分为连续时间信号和离散时间信号。

在连续时间范围内有定义的信号称为连续时间信号,简称连续信号。这里"连续"是指函数自变量 t 的取值是连续的,而信号 $f(t)$ 的幅值既可以是连续的(见图 1-2(a)),也可以不是连续的(见图 1-2(b))。在实际应用中,时间连续而幅值离散的信号称为量化信号,时间和幅值均连续的信号称为模拟信号。

仅在一些离散的时间点上才有定义的信号称为离散时间信号,简称离散信号。这里"离散"同样是指信号自变量的定义域,它只取某些特定的时间点,在其余时间则不予定义。离散时间信号通常表示为按时间顺序排列的一组数值,所以也称为时间序列,简称序列。离散时间信号也分为两种情况:时间离散而幅值连续,称为抽样信号,如图 1-3(a)所示;时间离散且幅值经过量化也是离散的,则称为数字信号,如图 1-3(b)所示。

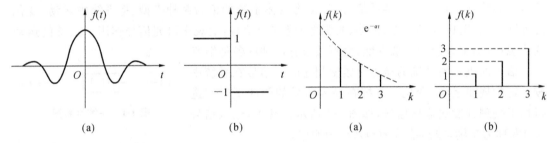

(a)　　　　　(b)　　　　　(a)　　　　　(b)

　　图 1-2　连续时间信号　　　　　图 1-3　离散时间信号

2. 确定信号和随机信号

如果信号可以用一个确定的时间函数来表示,就称其为确定信号(或规则信号)。即当给定某一时刻值时,这种信号有确定的数值,如正弦信号、直流信号等。而随机信号则是指不能用确定的时间函数来描述,只能知道它在某一时刻取某一函数值的概率,故只能用其统计特性(如均值、方差)来描述的信号,如噪声信号、干扰信号等。严格来说,在实践中遇到的信号常常具有某种不确定性,表现为随机信号。虽然如此,研究确定信号仍是十分重要的,因为它是一种理想化的模型,不仅适用于工程应用,也是研究随机信号的重要基础。本书只讨论确定信号。

3. 周期信号和非周期信号

所谓周期信号就是按一定的时间间隔周而复始、无始无终的信号。而非周期信号由于在时间上不具有周而复始的特性,可以看成是一个周期趋于无穷大的周期信号。用数学语言来描述,连续周期信号 $f(t)$ 满足

$$f(t) = f(t + kT), k = 0, \pm 1, \pm 2 \cdots \tag{1-1}$$

使得上式成立的最小的正 T 值,称为周期信号 $f(t)$ 的周期。即每经过一个周期 T, $f(t)$ 的取值就重复一次。连续周期信号如图 1-4(a)所示。离散周期信号可以表示为

$$f(k) = f(k + mN), m = 0, \pm 1, \pm 2, \cdots \tag{1-2}$$

满足上式的最小正 N 值称为 $f(k)$ 的周期。离散周期信号如图 1-4(b)所示。

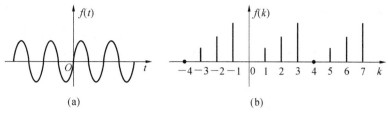

图 1-4　周期信号

例 1.1　下列信号是否为周期信号？若是，其周期各为多少？

(1) $f(t)=\cos(\frac{2}{3}t)+\sin(\frac{1}{2}t)$；(2) $f(t)=\sin t\sin 2t$。

解　如果两个周期信号的周期具有公倍数，则它们的和信号仍然是一个周期信号，其周期为这两个信号周期的最小公倍数。

(1) 信号 $\cos\frac{2}{3}t$ 为周期信号，其周期 $T_1=\frac{2\pi}{\omega_1}=3\pi$。

信号 $\sin\frac{t}{2}$ 也为周期信号，其周期 $T_2=\frac{2\pi}{\omega_2}=4\pi$。

T_1 和 T_2 的最小公倍数为 12π，所以 $f(t)$ 是周期为 12π 的周期信号。

(2) $$f(t)=\sin t\sin 2t=\frac{1}{2}\cos t-\frac{1}{2}\cos 3t$$

由于 $\frac{1}{2}\cos t$ 的周期为 $T_1=\frac{2\pi}{1}=2\pi$，$-\frac{1}{2}\cos 3t$ 的周期为 $T_2=\frac{2\pi}{3}$，而 T_1 和 T_2 具有公倍数 2π。故 $f(t)$ 仍为周期信号，其周期为 2π。

4. 能量有限信号和功率有限信号

连续时间信号 $f(t)$ 的能量 E 和功率 P 分别定义如下。

$$E=\lim_{T\to\infty}\int_{-T}^{T}f^2(t)\mathrm{d}t \tag{1-3}$$

$$P=\lim_{T\to\infty}\frac{1}{2T}\int_{-T}^{T}f^2(t)\mathrm{d}t \tag{1-4}$$

离散时间信号 $f(k)$ 的能量 E 和功率 P 分别定义如下。

$$E=\sum_{k=-\infty}^{\infty}f^2(k) \tag{1-5}$$

$$P=\lim_{N\to\infty}\frac{1}{2N}\sum_{n=-N}^{N}f^2(k) \tag{1-6}$$

若信号能量有限，即 $0<E<\infty$，且 $P=0$，则称此信号为能量有限信号，简称能量信号；若信号功率有限，即 $0<P<\infty$，且 E 趋近于 ∞，则称此信号为功率有限信号，简称功率信号。

一个信号不可能既是功率信号，又是能量信号，但可以既非功率信号，又非能量信号。一般来说，周期信号都是功率信号，而非周期信号可能是能量信号，也可能是功率信号。

1.1.3　常用基本信号

1. 典型连续信号

1）实指数信号

实指数信号如图 1-5 所示，其函数表示式如下。

$$f(t)=A\mathrm{e}^{\alpha t} \tag{1-7}$$

式中：A 为常数；α 为实数。当 $\alpha>0$ 时，指数函数 $f(t)$ 随时间增长；与 $\alpha<0$ 时，指数函数 $f(t)$ 随时间衰减；当 $\alpha=0$ 时，$f(t)$ 等于常数 A。在信号与系统分析中，实指数函数是重要的基本信号之一。它有一个重要特性，即它对时间的微分与积分仍然是指数形式。

2）正弦信号

正弦信号与余弦信号仅在相位上相差 $\dfrac{\pi}{2}$，因此统称为正弦信号，一般表示为

$$f(t) = K\sin(\omega t + \theta) = A\sin(2\pi f t + \theta) \tag{1-8}$$

式中：K 为正弦信号的振幅；f 为正弦信号的频率；ω 为角频率；T 为周期；θ 为初相角。并且有 $\omega=2\pi f=\dfrac{2\pi}{T}$。其波形如图 1-6 所示。

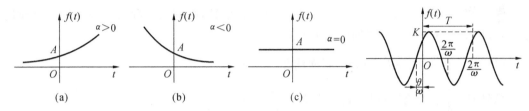

图 1-5　实指数信号的波形　　　　　　图 1-6　正弦信号的波形

当一组频率满足 $\omega_n=n\omega_1$ 时（式中 n 为正整数），则把频率 ω_1 的分量称为基波频率，频率为 $2\omega_1,3\omega_1,\cdots$ 等分量称为二次谐波、三次谐波等。例如，我们在数学课程中已学到，周期信号可采用分解为由基波及各谐波频率分量的三角函数的线性组合来表示，具体如下。

$$f(t) = a_0 + \sum_{n=1}^{\infty}\left[a_n\cos(n\omega_1 t) + b_n\sin(n\omega_1 t)\right] \tag{1-9}$$

3）复指数信号

如果指数信号的指数因子为一个复数，则称为复指数信号，其表达式为

$$f(t) = Ke^{st}, \quad s = \sigma + j\omega \tag{1-10}$$

式中：σ 为复数 s 的实部；ω 为复数 s 的虚部；K,σ,ω 均为实数。根据欧拉公式，将式（1-10）展开可得

$$f(t) = Ke^{st} = Ke^{(\sigma+j\omega)t} = Ke^{\sigma t}(\cos\omega t + j\sin\omega t) = Ke^{\sigma t}\cos\omega t + jKe^{\sigma t}\sin\omega t \tag{1-11}$$

可见，复指数信号 $f(t)$ 的实部和虚部都是振幅按指数变化的正弦振荡，根据 σ、ω 的不同取值，复指数信号可表示为以下几种特殊的信号。

（1）当 $\sigma=0$ 且 $\omega=0$ 时，信号 $f(t)$ 不随时间变化，成为直流信号。

（2）仅当 $\omega=0$ 时，s 为实数。$f(t)=Ke^{\sigma t}$ 为实指数信号。

（3）仅当 $\sigma=0$ 时，s 为纯虚数。此时 $f(t)=Ke^{st}=Ke^{j\omega t}=K(\cos\omega t+j\sin\omega t)$，该信号也是一个复信号，其实部和虚部分别是一个正弦信号。

4）抽样信号 $\mathrm{Sa}(t)$

抽样信号 $\mathrm{Sa}(t)$ 定义为

$$f(t) = \mathrm{Sa}(t) = \frac{\sin t}{t} \tag{1-12}$$

其波形如图 1-7 所示。抽样信号的主要特点如下。

（1）$\mathrm{Sa}(t)$ 为偶函数。

（2）当 $t \to \pm\infty$ 时，$Sa(t)$ 的振幅衰减趋近于 0。

（3）$f(\pm k\pi) = 0$，k 为整数。

（4）不难证明，$Sa(t)$ 信号满足：

$$\int_0^\infty Sa(t)\,dt = \frac{\pi}{2} \tag{1-13}$$

$$\int_{-\infty}^{+\infty} Sa(t)\,dt = \pi \tag{1-14}$$

2. 奇异信号

在信号与系统分析中，除了经常遇到上述上面介绍过的连续时间信号，还会遇到函数本身有不连续点（跳变点）或其导数与积分有不连续点的情况，这类函数统称为奇异函数或奇异信号。

1）单位斜变信号

$$R(t) = \begin{cases} 0 & (t < 0) \\ t & (t \geqslant 0) \end{cases} \tag{1-15}$$

斜变信号也称斜坡信号或斜升信号。它表示从某一时刻开始信号与时间成正比，如果其增长的变化率是 1，就称为单位斜变信号，其波形如图 1-8 所示。

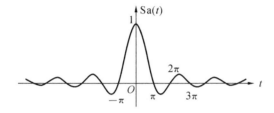

图 1-7　抽样信号

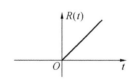

图 1-8　单位斜变信号

2）单位阶跃信号

单位阶跃信号的波形如图 1-9 所示，通常以符号 $u(t)$ 来表示，其函数表达式为

$$u(t) = \begin{cases} 0 & (t < 0) \\ 1 & (t > 0) \end{cases} \tag{1-16}$$

容易证明，单位斜变函数的导数等于单位阶跃函数。阶跃信号鲜明的单边特性可以较方便用于以数学表示式描述各种信号的接入特性。一般单边信号可表示为 $f(t)u(t)$，即当 $t < 0$ 时，$f(t) = 0$；当 $t > 0$ 时，$f(t) \neq 0$，故也称这类信号为因果信号。

另外，还可以利用单位阶跃信号及其延时信号来表示一些特殊的信号，如矩形脉冲信号 $G_\tau(t)$。矩形脉冲信号的波形如图 1-10 所示，可表示如下。

$$G_\tau(t) = u\left(t + \frac{\tau}{2}\right) - u\left(t - \frac{\tau}{2}\right) \tag{1-17}$$

又例如，符号函数 $sgn(t)$ 也可用 $u(t)$ 表示如下。

$$sgn(t) = 2u(t) - 1 \tag{1-18}$$

其波形如图 1-11 所示。

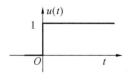

图 1-9　单位阶跃信号

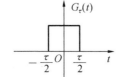

图 1-10　矩形脉冲信号

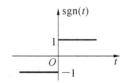

图 1-11　符号函数

3) 单位冲激信号

在某些物理现象中需要用到一个时间极短但取值极大的函数模型来描述,如力学中瞬间作用的冲击力,电学中的雷击电闪,数字通信中的抽样脉冲等。冲激函数的概念就是以这类实际问题为背景而引出的。例如,从矩形脉冲演变为冲激函数,如图 1-12 所示。

其中,$P_\tau(t)$ 定义为脉宽为 τ,幅度为 $\frac{1}{\tau}$ 的矩形脉冲信号,从而使其矩形脉冲面积 $\tau \cdot \frac{1}{\tau} = 1$ 保持不变。当脉宽 τ 趋近于零时,脉冲幅度 $\frac{1}{\tau}$ 必趋于无穷大,此极限情况即为单位冲激函数,其定义为

$$\delta(t) = \lim_{\tau \to 0} P_\tau(t) = \lim_{\tau \to 0} \frac{1}{\tau}\left[u\left(t + \frac{\tau}{2}\right) - u\left(t - \frac{\tau}{2}\right) \right] \tag{1-19}$$

除了矩形脉冲,还可利用三角脉冲函数、指数函数、抽样函数的极限值来定义单位冲激函数 $\delta(t)$,这里不再详细介绍。此外,狄拉克(Dirac)将 δ 函数定义为

$$\begin{cases} \displaystyle\int_{-\infty}^{\infty} \delta(t)\mathrm{d}t = 1 \\ \delta(t) = 0 \quad (t \neq 0) \end{cases} \tag{1-20}$$

其波形用箭头表示,如图 1-13 所示。

由式(1-20)容易推得

$$\begin{cases} \displaystyle\int_{-\infty}^{t} \delta(\tau)\mathrm{d}\tau = 1 \quad (\text{当 } t > 0 \text{ 时}) \\ \displaystyle\int_{-\infty}^{t} \delta(\tau)\mathrm{d}\tau = 0 \quad (\text{当 } t < 0 \text{ 时}) \end{cases} \tag{1-21}$$

将此式与 $u(t)$ 的定义式(1-16)相比较,可得到如下结论。

$$\int_{-\infty}^{t} \delta(\tau)\mathrm{d}\tau = u(t) \tag{1-22}$$

即冲激函数的积分等于阶跃函数,反过来,阶跃函数的微分应等于冲激函数。此结论可进行如下解释:阶跃函数在除 $t=0$ 以外的各点都取固定值,其变化率都等于零;而在 $t=0$ 处有跳变点,此跳变的微分正对应于零点的冲激。

在任一时刻 t_0 处出现的冲激用 $\delta(t-t_0)$ 表示,即

$$\int_{-\infty}^{\infty} \delta(t-t_0)\mathrm{d}t = 1 \tag{1-23}$$

$$\delta(t-t_0) = 0 \quad (t \neq t_0)$$

其波形如图 1-14 所示。

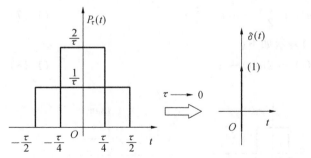

图 1-12 矩形脉冲演变为冲激函数

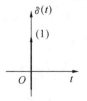

图 1-13 单位冲激信号

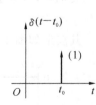

图 1-14 t_0 时刻的冲激 $\delta(t-t_0)$

单位冲激信号具有如下特性。

(1) 抽样(或筛选)特性。

$f(t)$ 是在 $t=0$ 处连续的有界函数,则

$$\int_{-\infty}^{\infty} f(t)\delta(t)\mathrm{d}t = \int_{-\infty}^{\infty} \delta(t)f(0)\mathrm{d}t = f(0)\int_{-\infty}^{\infty} \delta(t)\mathrm{d}t = f(0) \qquad (1\text{-}24)$$

式(1-24)表明单位冲激信号是具有抽样(或筛选)特性的,同理可得到 $t=t_0$ 时刻的抽样值 $f(t_0)$,即

$$\int_{-\infty}^{\infty} f(t)\delta(t-t_0)\mathrm{d}t = \int_{-\infty}^{\infty} \delta(t-t_0)f(t_0)\mathrm{d}t = f(t_0) \qquad (1\text{-}25)$$

值得注意的是,用 $\delta(t)$ 去乘函数 $f(t)$,所得结果仍是一个冲激函数,只是强度发生了改变。而式(1-24)则是将所得的冲激函数积分,其结果就不再是函数,而是一个确定的数值 $f(0)$。

(2) 偶函数特性。

由于 $\quad \int_{-\infty}^{\infty} f(t)\delta(-t)\mathrm{d}t = \int_{-\infty}^{\infty} f(-\tau)\delta(\tau)d(-\tau) = \int_{-\infty}^{\infty} f(0)\delta(\tau)d\tau = f(0) \qquad (1\text{-}26)$

使用变量代换 $\tau=-t$。此时与式(1-24)比较,可得 $\delta(t)=\delta(-t)$,即单位冲激函数 $\delta(t)$ 为偶函数。

(3) 尺度特性。

单位冲激信号的尺度特性定义为

$$\delta(at) = \frac{1}{|a|}\delta(t) \qquad (1\text{-}27)$$

证明 设 $a>0$,并令 $at=\tau$ 有

$$\int_{-\infty}^{+\infty} \delta(at)f(t)\mathrm{d}t = \int_{-\infty}^{+\infty} f(\frac{\tau}{a})\delta(\tau)\mathrm{d}\frac{\tau}{a} = \frac{1}{a}\int_{-\infty}^{+\infty} f(\frac{\tau}{a})\delta(\tau)\mathrm{d}\tau = \frac{1}{a}f(0)$$

又设 $a<0$,并令 $-|a|t=\tau$,同样有

$$\int_{-\infty}^{+\infty} \delta(at)f(t)\mathrm{d}t = \int_{-\infty}^{+\infty} \delta(-|a|t)f(t)\mathrm{d}t$$

$$= \frac{1}{-|a|}\int_{+\infty}^{-\infty} \delta(\tau)f(-\frac{\tau}{|a|})\mathrm{d}\tau$$

$$= \frac{1}{|a|}\int_{-\infty}^{+\infty} \delta(\tau)f(-\frac{\tau}{|a|})\mathrm{d}\tau = \frac{1}{|a|}f(0)$$

而

$$\int_{-\infty}^{+\infty} \frac{1}{|a|}\delta(t)f(t)\mathrm{d}t = \frac{1}{|a|}\int_{-\infty}^{+\infty} \delta(t)f(t)\mathrm{d}t = \frac{1}{|a|}f(0)$$

故 $\qquad\qquad\qquad\qquad \delta(at) = \frac{1}{|a|}\delta(t)$

4) 单位冲激偶信号

按照前面所提到的冲激函数的数学模型对冲激函数求导,则当 t 从负值趋近于零时,它是一个强度为无穷大的正冲激,当 t 从正值趋近于零时,它是一个强度为无穷大的负冲激。

这对冲激称为单位冲激偶函数,用 $\delta'(t)$ 表示,如图 1-15 所示。单位冲激偶信号具有如下特性。

(1) 镜像对称特性。

由定义可知,冲激偶函数是由一对包含正、负极性的两个冲激函数组成,因此它所包含的正、负两个冲激的面积相互抵消,

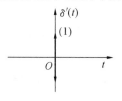

图 1-15　单位冲激偶信号

等于零。于是有

$$\int_{-\infty}^{\infty} \delta'(t)\mathrm{d}t = 0 \tag{1-28}$$

（2）奇函数特性。

已知 $\delta(t)$ 函数是偶函数，而任何偶函数的导数为奇函数，故 $\delta'(t)$ 为奇函数。读者可自行证明。

$$\delta'(t) = -\delta'(-t) \tag{1-29}$$

（3）抽样特性。

与冲激函数一样，冲激偶函数也具有抽样特性，即

$$f(t)\delta'(t) = f(0)\delta'(t) - f'(0)\delta(t) \tag{1-30}$$

可从下式得到证明。

$$\int_{-\infty}^{\infty} f(t)\delta'(t)\varphi(t)\mathrm{d}t = \delta(t)f(t)\varphi(t)\Big|_{-\infty}^{\infty} - \int_{-\infty}^{\infty} \delta(t)[f(t)\varphi(t)]'\mathrm{d}t$$

$$= -\int_{-\infty}^{\infty} \delta(t)[f(t)\varphi'(t) + f'(t)\varphi(t)]\mathrm{d}t = -f(0)\varphi'(0) - f'(0)\varphi(0)$$

$$= \int_{-\infty}^{\infty} [f(0)\delta'(t) - f'(0)\delta(t)]\varphi(t)\mathrm{d}t$$

所以有

$$f(t)\delta'(t) = f(0)\delta'(t) - f'(0)\delta(t)$$

由结论知，$\delta'(t)$ 与连续有界函数 $f(t)$ 相乘时，其乘积是冲激偶函数和冲激函数的线性组合。与冲激函数 $\delta(t)$ 一样，进一步推导可以得出以下公式。

$$\int_{-\infty}^{\infty} \delta'(t)f(t)\mathrm{d}t = f(t)\delta(t)\Big|_{-\infty}^{\infty} - \int_{-\infty}^{\infty} f'(t)\delta(t) = -f'(0) \tag{1-31}$$

式（1-30）和（1-31）都称为 $\delta'(t)$ 冲激偶函数的抽样特性。同理，对于延迟 t_0 时刻的冲激偶 $\delta'(t-t_0)$，有 $\int_{-\infty}^{\infty} \delta'(t-t_0)f(t)\mathrm{d}t = -f'(t_0)$。

（4）尺度特性。

$$\delta'(at) = \frac{1}{|a|} \cdot \frac{1}{a}\delta'(t) \tag{1-32}$$

可由下式得到证明。

$$[\delta(at)]' = \left[\frac{1}{|a|}\delta(t)\right]' = \frac{1}{|a|}\delta'(t) \tag{1-33}$$

同时，由于

$$[\delta(at)]' = a \cdot \delta'(at)$$

因此，可得

$$\delta'(at) = \frac{1}{|a|} \cdot \frac{1}{a}\delta'(t)$$

同理，推广可得

$$\delta^{(k)}(at) = \frac{1}{|a|} \cdot \frac{1}{a^k}\delta^{(k)}(t) \tag{1-34}$$

上面介绍了斜变函数、阶跃函数、冲激函数以及冲激偶函数这四种奇异信号。可依次用求导的方法将它们推导出来。对于奇异函数，特别是冲激函数，将在后续内容中进行更深入的讨论。

1.1.4 连续时间信号的基本运算与波形变换

系统对信号的处理，从数学上来说就是对信号实施一系列的运算。一个复杂的运算可

以看成是一些最基本运算的复合,它包括信号的移位(时移或延时)、反褶、尺度变换、微分、积分以及两个信号的相加、相乘或卷积等。而信号的波形变换主要是指波形的翻转、平移和展缩等。

1. 信号的相加

两个信号相加得到一个新信号,它在任意时刻的值等于这两个信号在该时刻的值之和,可表示为

$$f(t) = f_1(t) + f_2(t) \tag{1-35}$$

图 1-16 给出了连续时间信号相加的信号波形。

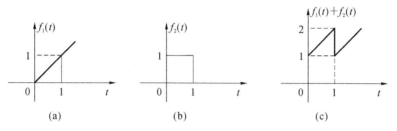

图 1-16   信号的相加

2. 信号的相乘

两个信号相乘得到一个新信号,它在任意时刻的值等于这两个信号在该时刻的值的积,可表示为

$$f(t) = f_1(t) \times f_2(t) \tag{1-36}$$

这里以两正弦信号为例。若 $f_1(t) = \sin(\pi t)$,$f_2(t) = \sin(10\pi t)$,则两信号相乘的表达式为 $f_1(t) \times f_2(t) = \sin(\pi t) \times \sin(10\pi t)$,其波形如图 1-17 所示。

我们注意到,两正弦信号经乘法运算后,都仍然保持其周期特性,并且产生新波形的周期为 $f_1(t)$ 的周期 T_1 和 $f_2(t)$ 的周期 T_2 的最小公倍数 $T = [T_1, T_2]$。上例中 $f_1(t)$ 的周期 $T_1 = 2$,$f_2(t)$ 的周期 $T_2 = \dfrac{1}{5}$,产生新波形的周期仍为 2,如图 1-17(c)所示。

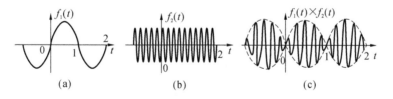

图 1-17   信号的相乘

3. 信号的反褶

信号的反褶表示为将信号 $f(t)$ 的自变量 t 变为 $-t$,其信号 $f(-t)$ 的波形由原 $f(t)$ 的波形以纵轴为对称轴反褶得到,如图 1-18 所示。

4. 信号的时移

连续时间信号 $f(t)$ 的时移 $y(t)$ 定义为

$$y(t) = f(t - t_0) \tag{1-37}$$

式中:t_0 为时移量。如果 $t_0 > 0$,$f(t - t_0)$ 的波形由 $f(t)$ 沿时间轴向右平移 t_0 得到;如果 $t_0 < 0$,$f(t - t_0)$ 的波形则由 $f(t)$ 向左平移 $|t_0|$ 得到。如图 1-19 所示,信号经过时移变换后,在波

形上完全相同,仅在时间轴上有一个水平移动。

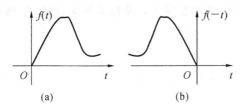

图 1-18 信号的反褶

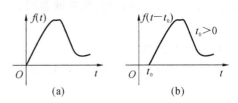

图 1-19 信号的平移

5. 信号的尺度变换

信号的尺度变换表示将信号 $f(t)$ 的自变量 t 变换为 $at(a\neq 0)$,得到的 $f(at)$ 的波形是 $f(t)$ 波形在 t 轴上的扩展或压缩。

若 $|a|>1$,则波形在 t 轴上压缩;若 $|a|<1$,则波形在 t 轴上扩展,如图 1-20 所示。若 $f(t)$ 表示正常语速的信号,则 $f(2t)$ 相当于是 2 倍语速的信号,$f(\frac{1}{2}t)$ 相当于降低一半语速的信号。

无论是时移、反褶还是尺度变换,都是针对自变量 t 而言,在进行上述变换的时候要格外注意。

6. 信号的微分

对连续时间信号而言,信号的微分运算定义为

$$f'(t) = \frac{\mathrm{d}}{\mathrm{d}t}f(t) \tag{1-38}$$

信号的微分如图 1-21 所示。可见信号经微分运算后突出显示了信号变化的部分,即表示了信号的变化速率。当 $f(t)$ 中含有间断点时,$f(t)$ 在这些点上仍有导数,即出现冲激,其冲激强度为该处的跳变量。

例 1.2 画出时间函数 $f(t)=\dfrac{\mathrm{d}}{\mathrm{d}t}[e^{-t}\sin t a(t)]$ 的波形图。

解 由于

$$\frac{\mathrm{d}}{\mathrm{d}t}[e^{-t}\sin t u(t)] = -e^{-t}\sin t u(t) + e^{-t}\cos t u(t) + e^{-t}\sin t \delta(t)$$

$$= -e^{-t}\sin t u(t) + e^{-t}\cos t u(t)$$

$$= \frac{1}{\sqrt{2}}\cos\left(t+\frac{\pi}{4}\right)e^{-t}u(t)$$

所以该信号是衰减正弦波,其波形图如图 1-22 所示。

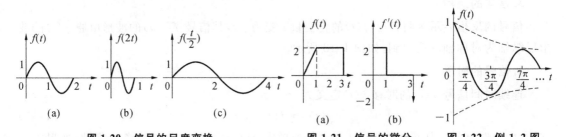

图 1-20 信号的尺度变换   图 1-21 信号的微分   图 1-22 例 1.2 图

7. 信号的积分

对连续时间信号而言,信号的积分定义为

$$f^{(-1)}(t) = \int_{-\infty}^{t} f(\tau)\mathrm{d}\tau \qquad (1\text{-}39)$$

信号的积分如图 1-23 所示。可见信号经积分运算后,其突变部分可以变得平滑。

8. 信号的卷积

将函数 $f_1(t)$ 与 $f_2(t)$ 的卷积定义为

$$f_1(t) * f_2(t) = \int_{-\infty}^{\infty} f_1(\tau)f_2(t-\tau)\mathrm{d}\tau \qquad (1\text{-}40)$$

式中:τ 是积分变量;t 是参变量。显然,上述卷积的结果是 t 的函数。

1) 图解法求解卷积

卷积的图解法能直观地理解卷积的计算过程,将运算中的抽象关系形象化。特别是对于只有波形而不易写出其函数表达式的函数进行卷积运算时,是一种极为有用的辅助求解方法。由式(1-40)可知,卷积运算包括如下五个步骤。

(1) 将自变量 t 变换为 τ:将函数 $f_1(t)$,$f_2(t)$ 变换为 $f_1(\tau)$,$f_2(\tau)$。

(2) 反褶:将函数 $f_2(\tau)$ 以纵轴为对称轴反褶,得到 $f_2(-\tau)$。

(3) 平移:将反褶后的信号 $f_2(-\tau)$ 沿横轴平移 t(这里 t 是一个参变量)。若 $t>0$,右移;若 $t<0$,左移。

(4) 相乘:将函数 $f_1(\tau)$ 与 $f_2(t-\tau)$ 的重叠部分相乘。

(5) 积分:沿 τ 轴对乘积函数积分,即 $f(t) = \int_{-\infty}^{\infty} f_1(\tau)f_2(t-\tau)\mathrm{d}\tau$。

例 1.3 设 $f_1(t)$ 和 $f_2(t)$ 的波形如图 1-24 所示,用图解法求 $f_1(t) * f_2(t)$。

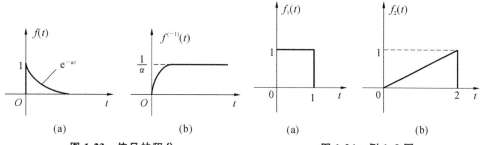

图 1-23 信号的积分   图 1-24 例 1.3 图

解 由图 1-24 可知 $f_1(t)$ 和 $f_2(t)$ 均为因果时限信号,有

$$f_1(t) = \begin{cases} 1 & 0 \leqslant t \leqslant 1 \\ 0 & t>1, t<0 \end{cases}, \qquad f_2(t) = \begin{cases} \dfrac{t}{2} & 0 \leqslant t \leqslant 2 \\ 0 & t>2, t<0 \end{cases}$$

(1) 当 $t<0$ 时,如图 1-25(a)所示,$f_1(t) * f_2(t) = 0$,重合面积为零。

(2) 当 $0 \leqslant t < 1$ 时,如图 1-25(b)所示,$f_1(t) * f_2(t) = \int_0^t \dfrac{1}{2}(t-\tau)\mathrm{d}\tau = \dfrac{t^2}{4}$。

(3) 当 $1 \leqslant t < 2$ 时,如图 1-25(c)所示,$f_1(t) * f_2(t) = \int_0^1 \dfrac{1}{2}(t-\tau)\mathrm{d}\tau = \dfrac{t}{2} - \dfrac{1}{4}$。

(4) 当 $2 \leqslant t < 3$ 时,如图 1-25(d)所示,$f_1(t) * f_2(t) = \int_{t-2}^1 \dfrac{1}{2}(t-\tau)\mathrm{d}\tau = \dfrac{1}{4}(3+2t-t^2)$。

(5) 当 $3 \leqslant t$ 时，如图 1-25(e) 所示，$f_1(t) * f_2(t) = 0$，重合面积为零。

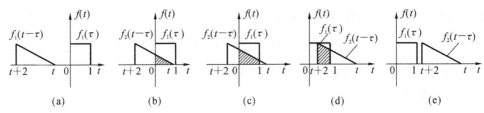

图 1-25　例 1.3 卷积过程图

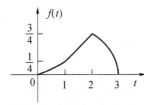

图 1-26　例 1.3 卷积结果

以上各图中阴影部分的面积即为相应的卷积，如图 1-26 所示为最后卷积的结果。

进一步分析可看出，卷积中积分限的确定取决于两个图形交叠部分的范围。卷积结果所占用的时宽等于两个函数各自时宽的总和。图解法进行卷积运算形象直观，但是计算步骤复杂，且得不到闭合解析表达式。由于常用信号多为因果信号，下面介绍用解析法来求解两因果信号的卷积。

2）解析法求解卷积

卷积定义式(1-40)中，$f_1(t)$ 和 $f_2(t)$ 是定义在 $(-\infty, \infty)$ 区间内的两个连续时间信号，而在信号与系统分析中，$f_1(t)$ 和 $f_2(t)$ 常常为因果时限信号，故可以按照下面的步骤计算卷积结果。

(1) 按照两个信号卷积的定义式带入运算。

(2) 由于是因果信号，缩小积分限。

(3) 保证积分的上限大于下限。

(4) 具体运算如下。

$$f_1(t) * f_2(t) = f_1(t)u(t-t_1) * f_2(t)u(t-t_2)$$

$$= \int_{-\infty}^{\infty} f_1(\tau) f_2(t-\tau) u(\tau-t_1) u(t-\tau-t_2) \mathrm{d}\tau$$

$$= \int_{t_1}^{t-t_2} f_1(\tau) f_2(t-\tau) \mathrm{d}\tau = \int_{t_1}^{t-t_2} f_1(\tau) f_2(t-\tau) \mathrm{d}\tau \cdot u(t-t_1-t_2) \tag{1-41}$$

不难看出，两个因果信号作卷积时，其结果也一定是一个因果信号。

3）卷积运算的性质

作为一种数学运算，卷积运算具有某些特殊性质，这些性质在信号与系统分析中有重要作用。利用这些性质可以使卷积运算简化。

(1) 卷积代数。

乘法运算中的某些代数定律也适用于卷积运算。

① 交换律。

$$f_1(t) * f_2(t) = f_2(t) * f_1(t) \tag{1-42}$$

② 分配律。

$$f_1(t) * [f_2(t) + f_3(t)] = f_1(t) * f_2(t) + f_1(t) * f_3(t) \tag{1-43}$$

③ 结合律。

$$[f_1(t) * f_2(t)] * f_3(t) = f_1(t) * [f_2(t) * f_3(t)] \tag{1-44}$$

以上代数定律运用卷积定义即可得到证明。

（2）时移特性。

具有时移量的两个函数卷积时，所存在的时移特性，可以在两个函数之间转移。

$$f_1(t-t_1)*f_2(t-t_2)=f_1(t-t_1-t_2)*f_2(t)=f_1(t)*f_2(t-t_1-t_2)$$
$$=f_1(t-t_2)*f_2(t-t_1) \tag{1-45}$$

上述关系，读者可直接由卷积定义证明。

（3）微积分特性。

两个函数卷积后的导数等于其中一个函数的导数与另一个函数的卷积，其表达式为

$$\frac{\mathrm{d}}{\mathrm{d}t}\left[f_1(t)*f_2(t)\right]=f_1(t)*\frac{\mathrm{d}f_2(t)}{\mathrm{d}t}=\frac{\mathrm{d}f_1(t)}{\mathrm{d}t}*f_2(t) \tag{1-46}$$

同理，两个函数卷积后的积分等于其中一个函数的积分与另一个函数的卷积。其表达式为

$$\int_{-\infty}^{t}\left[f_1(\tau)*f_2(\tau)\right]\mathrm{d}\tau=f_1(t)*\int_{-\infty}^{t}f_2(\tau)\mathrm{d}\tau=f_2(t)*\int_{-\infty}^{t}f_1(\tau)\mathrm{d}\tau \tag{1-47}$$

借助卷积定义可证明上述表达式，并且可以推导出卷积的高阶导数或多重积分的运算规律。设 $s(t)=f_1(t)*f_2(t)$，则有

$$s^{(i)}(t)=f_1^{(j)}(t)*f_2^{(i-j)}(t) \tag{1-48}$$

此处，当 i,j 取正整数时为导数的阶次，取负整数时为重积分的次数。

（4）与 $\delta(t)$ 的卷积。

根据卷积定义以及冲激函数的筛选特性容易证明，任意函数 $f(t)$ 与单位冲激函数 $\delta(t)$ 卷积的结果仍然是函数 $f(t)$ 本身。即

$$f(t)*\delta(t)=\int_{-\infty}^{\infty}f(\tau)\delta(t-\tau)\mathrm{d}\tau=\int_{-\infty}^{\infty}f(\tau)\delta(\tau-t)\mathrm{d}\tau=f(t) \tag{1-49}$$

进一步推导有

$$f(t)*\delta(t-t_0)=\int_{-\infty}^{\infty}f(\tau)\delta(t-t_0-\tau)\mathrm{d}\tau=f(t-t_0) \tag{1-50}$$

这表明，函数 $f(t)$ 与 $\delta(t-t_0)$ 信号相卷积的结果，相当于把函数本身延迟 t_0。

利用卷积的微积分特性，不难得到以下结论。

① 对于单位阶跃函数 $u(t)$，有

$$f(t)*u(t)=\int_{-\infty}^{t}f(\tau)\mathrm{d}\tau \tag{1-51}$$

② 对于冲激偶函数 $\delta'(t)$，有

$$f(t)*\delta'(t)=f'(t) \tag{1-52}$$

③ 推广到一般情况可得：

$$f(t)*\delta^{(k)}(t)=f^{(k)}(t) \tag{1-53}$$
$$f(t)*\delta^{(k)}(t-t_0)=f^{(k)}(t-t_0) \tag{1-54}$$

式中：k 取正整数时，表示求导数阶次，k 取负整数时为取重积分的次数。

4）常用信号的卷积

下面将一些常用函数的卷积积分的结果列于表 1-1 中，以供参考。

表 1-1　常用信号的卷积公式

序号	$f_1(t)$	$f_2(t)$	$f_1(t)*f_2(t)$
1	$f(t)$	$\delta(t)$	$f(t)$
2	$f(t)$	$\delta'(t)$	$\dfrac{\mathrm{d}f(t)}{\mathrm{d}t}$

序号	$f_1(t)$	$f_2(t)$	$f_1(t) * f_2(t)$
3	$f(t)$	$u(t)$	$\int_{-\infty}^{t} f(\tau)\mathrm{d}\tau$
4	$\dfrac{\mathrm{d}f(t)}{\mathrm{d}t}$	$\int_{-\infty}^{t} g(\tau)\mathrm{d}\tau$	$f(t) * g(t)$
5	$u(t)$	$u(t)$	$tu(t)$
6	$u(t)$	$\mathrm{e}^{-\alpha t}u(t)$	$\dfrac{1}{\alpha}(1-\mathrm{e}^{-\alpha t})u(t)$
7	$\mathrm{e}^{\alpha t}u(t)$	$\mathrm{e}^{\alpha t}u(t)$	$t\mathrm{e}^{\alpha t}u(t)$

1.1.5 连续时间信号的分解

为了便于研究信号传输与信号处理的问题,往往将一些信号分解为比较简单的、基本的信号分量之和,犹如在力学问题中将任一方向的力分解为几个分力一样。信号可以从不同角度来分解。

1. 直流分量与交流分量

电学中,一个信号零频处对应的分量称为直流分量;从另一个角度来理解,信号的时间均值即为信号的直流分量。例如一个变化的电流,我们可以把它看成直流分量和交流分量的叠加,其中直流分量是指可以认为不变的量(均值)的分量,而另一部分则是变化的分量。设原信号为 $f(t)$,可以分解为直流分量 f_D 与交流分量 $f_A(t)$,表示如下。

$$f(t) = f_D + f_A(t) \tag{1-55}$$

2. 偶分量与奇分量

任何信号都可以分解为偶分量和奇分量两部分之和。

$$f(t) = f_e(t) + f_o(t) \tag{1-56}$$

因为任何信号总可以写成如下形式。

$$f(t) = \frac{1}{2}[f(t) + f(t) + f(-t) - f(-t)] = \frac{1}{2}[f(t) + f(-t)] + \frac{1}{2}[f(t) - f(-t)] \tag{1-57}$$

显然,上式中第一部分是偶分量,第二部分是奇分量,也即

$$f_e(t) = \frac{1}{2}[f(t) + f(-t)] \tag{1-58}$$

$$f_o(t) = \frac{1}{2}[f(t) - f(-t)] \tag{1-59}$$

3. 实部分量与虚部分量

对于瞬时值为复数的信号 $f(t)$ 可分解为实、虚两个部分之和,其表达式如下。

$$f(t) = f_r(t) + \mathrm{j}f_i(t) \tag{1-60}$$

它的共轭复数是

$$f^*(t) = f_r(t) - \mathrm{j}f_i(t) \tag{1-61}$$

于是,实部和虚部可以表示为

$$f_r(t) = \frac{1}{2}[f(t) + f^*(t)] \tag{1-62}$$

$$f_i(t) = \frac{1}{2}[f(t) - f^*(t)] \tag{1-63}$$

还可以利用 $f(t)$ 和 $f^*(t)$ 来求解 $|f(t)|^2$，即

$$|f(t)|^2 = f(t)f^*(t) = f_r^2(t) + f_i^2(t) \tag{1-64}$$

虽然实际信号都为实信号，但在信号分析理论中，常借助复信号来研究某些实信号的问题，它可以建立某些有益的概念或简化运算。

4. 正交函数分量

连续时间信号可以分解为正交函数分量，组成信号的各分量相互正交。例如，一个矩形脉冲可以分解为各次谐波的正弦和余弦信号，这些正、余弦信号就是此脉冲信号的正交函数分量。这种分解在信号与系统的分析中占有重要地位，将在第3章中详细讨论。

5. 脉冲分量

任一信号可近似分解为许多矩形窄脉冲分量之和，如图 1-27 所示。

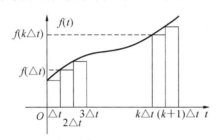

图 1-27 任意信号的脉冲分解

$f(t)$ 近似分解成宽为 Δt 的矩形窄脉冲之和，任意时刻 $k\Delta t$ 的矩形脉冲幅度为 $f(k\Delta t)$，这样各矩形窄脉冲可表示为

$$f_k(t) = f(k\Delta t)\{u(t-k\Delta t) - u[t-(k+1)\Delta t]\} \tag{1-65}$$

则信号 $f(t)$ 可近似表示为

$$f(t) \approx \sum_{k=-n}^{n} f(k\Delta t)\{u(t-k\Delta t) - u[t-(k+1)\Delta t]\}$$

$$\approx \sum_{k=-n}^{n} f(k\Delta t) \frac{u(t-k\Delta t) - u[t-(k+1)\Delta t]}{\Delta t} \cdot \Delta t \tag{1-66}$$

令 $\Delta t \to 0$，并求极限，得

$$f(t) = \lim_{\Delta t \to 0} \sum_{k=-n}^{n} f(k\Delta t) \frac{u(t-k\Delta t) - u[t-(k+1)\Delta t]}{\Delta t} \cdot \Delta t \tag{1-67}$$

再由冲激信号的定义，以及 $k\Delta t \to \tau$、$\Delta t \to d\tau$ 时，$\sum\limits_{k=-n}^{n} \to \int_{-\infty}^{\infty}$，有

$$f(t) = \lim_{\Delta t \to 0} \sum_{k=-n}^{n} f(k\Delta t)\delta(t-k\Delta t)\Delta t = \int_{-\infty}^{\infty} f(\tau)\delta(t-\tau)d\tau = f(t) * \delta(t) \tag{1-68}$$

与前面所推导的卷积运算的性质式(1-49)完全一致。将信号分解为冲激信号叠加的方法应用很广，在第2章中我们将进一步研究它在连续时间系统时域分析方法中的应用。

 1.2 系统

1.2.1 系统的概念

广义来说，系统是指由若干相互作用和相互依赖的事物组合而成并具有一定功能的整体。从数学的角度来说，系统可定义为实现某种功能的运算。在系统理论研究中，包含系统

分析和系统综合两个方面。系统分析是指对于给定的系统和输入激励信号求出所产生的输出响应;系统综合是指按照某种需要先提出对于给定激励的响应,再根据此要求设计系统。一般来说,分析是综合的基础。

1.2.2 系统的分类

系统的分类错综复杂,不同的系统具有不同的特性,下面按照系统数学模型的差异将系统进行如下分类。

1. 连续时间系统和离散时间系统

与连续时间信号和离散时间信号类似,系统可分为连续时间系统和离散时间系统。输入和输出信号均为连续时间信号的系统称为连续时间系统;输入和输出信号均为离散时间信号的系统称为离散时间系统。由二者混合组成的系统称为混合系统。

2. 线性系统与非线性系统

线性系统是指满足齐次性和叠加性的系统。所谓齐次性是指当输入信号乘以某常数时,响应也倍乘相同的常数;而叠加性的含义是指当几个激励信号同时作用于系统时,总的输出响应等于每个激励单独作用所产生的响应之和。不满足齐次性和叠加性的系统是非线性系统。

3. 时不变系统与时变系统

若构成系统的元件参数不随时间而变化,则称此系统为时不变系统,也称为非时变系统;若构成系统的元件参数随时间而改变,则称其为时变系统。

4. 因果系统与非因果系统

因果系统是指系统在 t_0 时刻的响应只取决于 $t=t_0$ 和 $t<t_0$ 时的输入,而与 $t>t_0$ 时的输入无关,否则即为非因果系统。一般而言,任何物理可实现系统都具有因果性;而理想系统,如各类理想滤波器,往往具有非因果性。

在信号与系统分析中,常取 $t=0$ 时刻作为初始观察时刻,故常常把从 $t=0$ 时刻开始的信号称为因果信号,即信号只定义在 $t \geq 0$ 区间上。

5. 稳定系统与不稳定系统

如果系统对任意有界输入都只产生有界输出,则称该系统为有界输入有界输出意义下的稳定系统,否则称为不稳定的系统。稳定系统可描述为:若 $|e(t)| \leq M_e < \infty$,则有

$$|r(t)| \leq M_r < \infty$$

系统除可按上述特性分类外,还可以按照系统内是否含有记忆元件,分为即时系统和动态系统。凡是包含具有记忆作用的元件或电路(如电容、电感、寄存器等)的系统,即为动态系统。其系统输出不仅取决于当前输入,而且与其过去的工作状态有关。而即时系统(或无记忆系统)的输出只取决于当前的输入,与它过去的工作状态无关,如只由电阻元件组成的系统就是即时系统。

另外,系统也可以按照系统参数是集总的或分布的分为集总参数系统和分布参数系统。只由集总参数元件组成的系统称为集总参数系统;含有分布参数元件的系统称为分布参数系统(如传输线等)。

本书主要研究集总参数线性时不变的连续时间系统或离散时间系统。

1.2.3 线性时不变系统的基本性质

下面对线性时不变系统的基本性质进行讨论。

1. 齐次性和叠加性

齐次性是指系统输入改变 k 倍,输出也相应改变 k 倍,这里 k 为任意常数。即

$$T[ke(t)] = kT[e(t)] \tag{1-69}$$

或用符号描述为:若 $e(t) \rightarrow r(t)$,则

$$ke(t) \rightarrow kr(t) \tag{1-70}$$

叠加性是指若有 n 个输入同时作用于系统时,系统的输出等于各个输入单独作用于系统所产生的输出之和,即

$$T[e_1(t) + e_2(t)] = T[e_1(t)] + T[e_2(t)] \tag{1-71}$$

或用符号描述为:若 $e_1(t) \rightarrow r_1(t), e_2(t) \rightarrow r_2(t)$,则

$$e_1(t) + e_2(t) \rightarrow r_1(t) + r_2(t) \tag{1-72}$$

因此,线性系统可以表示为

$$T[k_1 e_1(t) + k_2 e_2(t)] = k_1 T[e_1(t)] + k_2 T[e_2(t)] \tag{1-73}$$

或用符号描述为:若 $e_1(t) \rightarrow r_1(t), e_2(t) \rightarrow r_2(t)$,则

$$k_1 e_1(t) + k_2 e_2(t) \rightarrow k_1 r_1(t) + k_2 r_2(t) \tag{1-74}$$

2. 时不变特性

对于时不变系统而言,若在输入 $e(t)$ 作用下的响应为 $r(t)$,则输入延迟时间 τ 后,即 $e(t-\tau)$ 作用于该系统时的响应也相应地延时 τ,但形状不变,如图 1-28 所示,即若 $r(t) = T[e(t)]$,则

$$r(t-\tau) = T[e(t-\tau)] \tag{1-75}$$

用符号表示为:若 $e(t) \rightarrow r(t)$,则

$$e(t-\tau) \rightarrow r(t-\tau) \tag{1-76}$$

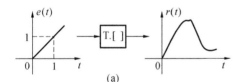 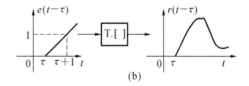

图 1-28 时不变系统的激励与响应波形

系统的线性和时变是两个互不相关的概念,常用的线性时不变系统的特性可表示为
若有 $r_1(t) = T[e_1(t)]$ 和 $r_2(t) = T[e_2(t)]$,则

$$k_1 r_1(t-\tau_1) + k_2 r_2(t-\tau_2) = T[k_1 e_1(t-\tau_1) + k_2 e_2(t-\tau_2)] \tag{1-77}$$

或用符号表示为:若有 $e_1(t) \rightarrow r_1(t)$ 和 $e_2(t) \rightarrow r_2(t)$,则

$$k_1 e_1(t-\tau_1) + k_2 e_2(t-\tau_2) \rightarrow k_1 r_1(t-\tau_1) + k_2 r_2(t-\tau_2) \tag{1-78}$$

例 1.4 判断系统 $y(t) = x(t)\cos\omega t$ 是否为线性、非移变、因果和稳定系统? 并说明理由。

解 为了便于讨论,将激励与响应的关系记为

$$y(t) = T[x(t)]$$

式中,$T[\ ]$ 可看成一种算子,不同的系统对应不同的具体化的算子。

(1) $\quad T[k_1 x_1(t) + k_2 x_2(t)] = [k_1 x_1(t) + k_2 x_2(t)]\cos\omega t$

$$= k_1 x_1(t)\cos\omega t + k_2 x_2(t)\cos\omega t \tag{a}$$

$$k_1 y_1(t) + k_2 y_2(t) = k_1 x_1(t)\cos\omega t + k_2 x_2(t)\cos\omega t \tag{b}$$

易知式(a)＝式(b),且同时满足齐次性与叠加性,所以系统为线性系统。

(2)
$$T[x(t-t_0)]=x(t-t_0)\cos\omega t \tag{c}$$
$$y(t-t_0)=x(t-t_0)\cos\omega(t-t_0) \tag{d}$$

易知式(c)≠式(d),不满足系统时不变性质,所以系统为移变系统。

(3) 因为输出不取决于输入未来时刻的值,所以系统为因果系统。

(4) 若$|x(t)|\leqslant M$,则$|x(t)\cos\omega t|<\infty$,所以系统为稳定系统。

3.微分特性

对于线性时不变系统,若系统在输入$e(t)$作用下的响应为$r(t)$,则当输入为$\dfrac{de(t)}{dt}$时,响应为$\dfrac{dr(t)}{dt}$。根据线性与时不变性容易证明此结论。首先由时不变特性可知,输入$e(t)$对应响应为$r(t)$,则输入$e(t-\Delta t)$产生响应$r(t-\Delta t)$。再由叠加性与齐次性可知,若输入为$\dfrac{e(t)-e(t-\Delta t)}{\Delta t}$,则响应等于$\dfrac{r(t)-r(t-\Delta t)}{\Delta t}$。取$\Delta t\to 0$得导数关系,当输入为$\dfrac{de(t)}{dt}$时,响应为$\dfrac{dr(t)}{dt}$。这表明,当系统的输入由原信号改为其导数时,输出也由原响应函数变成其导数。显然,此结论可推广至高阶导数与积分。

例 1.5 一个线性时不变系统,在相同的初始条件下,若当激励为$f(t)$时全响应为$y_1(t)=(2e^{-3t}+\sin2t)u(t)$,若激励为$2f(t)$时全响应为$y_2(t)=(e^{-3t}+2\sin2t)u(t)$。求若初始条件增大一倍,当激励为$0.5f(t-t_0)$时的全响应$y(t)$,$t_0$为大于零的实常数。

解 设输入响应为$y_{zi}(t)$,零状态响应为$y_{zs}(t)$,由题意得
$$\begin{cases}y_{zi}(t)+y_{zs}(t)=(2e^{-3t}+\sin2t)u(t)\\y_{zi}(t)+2y_{zs}(t)=(e^{-3t}+2\sin2t)u(t)\end{cases}$$

解方程得
$$\begin{cases}y_{zi}(t)=3e^{-3t}u(t)\\y_{zs}(t)=(\sin2t-e^{-3t})u(t)\end{cases}$$
则
$$y(t)=2y_{zi}(t)+0.5y_{zs}(t-t_0)$$
$$=6e^{-3t}u(t)+0.5[\sin2(t-t_0)-e^{-3(t-t_0)}]u(t-t_0)$$

1.2.4 线性时不变系统的模型描述

为了便于对系统进行分析,常常需要建立系统的模型,在模型的基础上运用数学工具进行研究。所谓模型,是系统物理特性的数学抽象,以数学表达式或具有理想特性的符号组合图形来表征系统特性。

1.数学表达式描述

1) 输入输出方程

如图 1-29 所示,由电阻、电容和电感组成的串联电路可由元件的理想特性与 KVL 定律建立如下的微分方程式。

$$LC\frac{di^2(t)}{dt^2}+RC\frac{di(t)}{dt}+i(t)=C\frac{de(t)}{dt} \tag{1-79}$$

这就是电阻、电容和电感串联组合系统的数学模型。对于线性时不变系统,我们可以用

一个常系数线性微分方程来对其进行数学描述,更复杂的系统,其数学模型则是高阶微分方程。规定此微分方程的阶次就是系统的阶数,如图 1-29 所示的系统就是二阶系统。对于离散时间系统,则是用差分方程来描述。在频域、复频域等变换域中,微分方程和差分方程则转化为代数方程来表示。

2)状态方程

输入输出方程着眼于描述系统激励与响应之间的关系,并不关心系统内部变量的情况。对于在通信系统中大量遇到的单输入单输出系统,应用这种方法较为方便。当我们把采用输入输出法描述的高阶微分方程改为以系统状态为变量的一阶联立方程组的形式给出,则得到相应状态方程。状态变量描述法不仅可以给出系统的响应,还可分析系统内部各变量的情况,也便于多输入多输出系统的分析。在近代控制系统的理论研究中,状态变量分析法应用广泛。显然,输入输出方程和状态方程之间可以相互转换。

2.系统方框图描述

除了利用数学表达式描述系统模型之外,也可借助方框图表示系统模型。线性时不变系统的模拟通常由以下三种基本单元组成,即加法器、系数乘法器和积分器,如图 1-30 所示。虽然也可以采用微分运算构成基本单元,但在实际应用中,考虑到噪声信号的影响,尽量不选用。

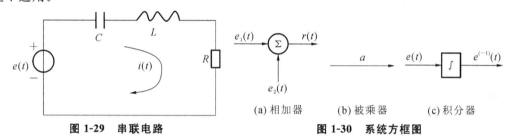

图 1-29　串联电路　　　　　图 1-30　系统方框图

(a) 相加器　　(b) 被乘器　　(c) 积分器

1.3　线性时不变系统分析方法概述

本节主要介绍系统分析方法,系统分析通常指在给定系统结构和参数的情况下,研究输入和输出之间的关系以及分析系统的相关特性。考虑到线性时不变系统(以下简称 LTI 系统)的重要性,这里着重说明线性时不变系统的分析方法。

前面已讨论了输入输出法和状态变量分析法两种系统模型的数学描述,对于系统数学模型的求解,则大致可分为时域法和变换域法。

时域法直接利用信号和系统的时域模型,研究系统的时域特性。对于输入输出法,可利用经典法求解常系数线性微分方程或差分方程;对于状态变量法,可求解响应的矩阵方程。在系统时域分析法中,利用卷积求解的方法尤为重要,本书将详细讨论。

变换域法是将信号和系统模型变换为相应的变换域函数,如通过傅里叶变换、拉普拉斯变换或 z 变换,在频域、复频域或 z 域求解。变换域法可以将时域的微分运算或差分运算转化为变换域的代数运算;将卷积运算转化为乘法运算,从而简化其求解。变换域法在系统分析中占有重要的地位。

在系统分析中,LTI 系统的分析具有十分重要的意义。在对 LTI 系统的研究中,将激励信号分解为某些类型的基本信号,以叠加性、齐次性和时不变特性作为分析一切问题的基础,再将基本信号分别作用下的响应叠加而得到最后的输出。按照这一观点,时域法和变换域法没有本质区别。本书将按照先连续后离散,先时域后变换域,先输入输出法后状态变量法的讲解顺序,研究线性时不变系统的基本分析方法。相应的也对一些常用的典型信号的时间特性和频率特性进行分析论述。

1.4 基本信号在 MATLAB 中的表示和运算

1.4.1 连续信号的 MATLAB 表示

MATLAB 提供了大量的生成基本信号的函数,如指数信号、正余弦信号等。表示连续时间信号有两种方法:数值法和符号法。数值法是定义某一时间范围和取样时间间隔,然后调用该函数计算这些点的函数值,得到两组数值矢量,可用绘图语句画出其波形;符号法是利用 MATLAB 的符号运算功能,需定义符号变量和符号函数,运算结果是符号表达的解析式,也可用绘图语句画出其波形图。

例 1.6 在 MATLAB 中用 exp 函数表示指数信号。

解 已知 $f(t)=Ae^{at}$,其 exp 函数调用格式为 ft=A * exp(a * t),具体程序如下。

```
A=1; a=-0.4;
t=0:0.01:10;           % 定义时间点
ft=A * exp(a * t);     % 计算这些点的函数值
plot(t,ft);            % 画图命令,用直线段连接函数值表示曲线
grid on;               % 在图上画方格
```

程序运行结果如图 1-31 所示。

例 1.7 在 MATLAB 中用 sin 函数表示正弦信号。

解 sin 函数的调用格式为:ft=A * sin(w * t+phi),具体程序如下。

```
A=1; w=2 * pi; phi=pi/6;
t=0:0.01:8;            % 定义时间点
ft=A * sin(w * t+phi); % 计算这些点的函数值
plot(t,ft);            % 画图命令
grid on;               % 在图上画方格
```

程序运行结果如图 1-32 所示。

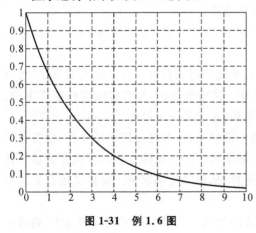

图 1-31 例 1.6 图

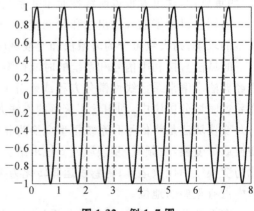

图 1-32 例 1.7 图

例 1.8 在 MATLAB 中用 tripuls 函数表示三角信号。

解 tripuls 函数调用格式为 ft＝tripuls(t,width,skew),其可产生幅度为 1、宽度为 width 且以 0 为中心左右各展开 width/2 大小,斜度为 skew 的三角波。width 的默认值是 1,skew 的取值范围是－1～＋1。一般最大幅度 1 出现在 t＝(width/2) * skew 的横坐标位置。具体程序如下。

```
t＝－3:0.01:3;
ft＝tripuls(t,4,0.5);
plot(t,ft);grid on;
axis([－3,3,－0.5,1.5]);
```

程序运行结果如图 1-33 所示。

例 1.9 在 MATLAB 中用 rectpuls 函数产生矩形脉冲信号。

解 rectpuls 函数的调用格式为 y＝rectpuls(t,width),其幅度为 1,宽度为 width,以 t＝0 为对称中心。具体程序如下。

```
t＝－2:0.01:2;
width＝1;
ft＝2 * rectpuls(t,width);
plot(t,ft)
grid on;
```

程序运行结果如图 1-34 所示。

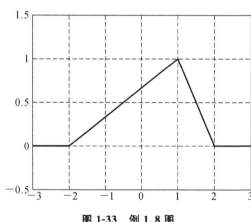

图 1-33 例 1.8 图

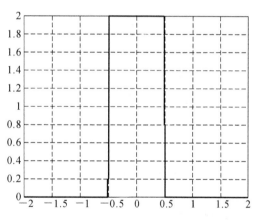

图 1-34 例 1.9 图

例 1.10 在 MATLAB 中表示单位阶跃信号。

解 单位阶跃信号 u(t)用"t＞＝0"产生,其调用格式为 ft＝(t＞＝0)。具体程序如下。

```
t＝－1:0.01:5;
ft＝(t＞＝0);
plot(t,ft);grid on;
axis([－1,5,－0.5,1.5]);
```

程序运行结果如图 1-35 所示。

1.4.2 信号基本运算的 MATLAB 实现

信号的基本运算包括乘法、加法、尺度、反转、平移、微分、积分等,其实现方法有数值法和符号法。

例 1.11 已知 $f(t)$ 为三角信号,求 $f(2t)$ 和 $f(2-2t)$。

解 具体程序如下。

```
t=-3:0.001:3;
ft=tripuls(t,4,0.5);
subplot(3,1,1);
plot(t,ft);grid on;
title('f(t)');
ft1=tripuls(2*t,4,0.5);
subplot(3,1,2);
plot(t,ft1);grid on;
title('f(2t)');
ft2=tripuls(2-2*t,4,0.5);
subplot(3,1,3);
plot(t,ft2);grid on;
title('f(2-2t)');
```

程序运行结果如图 1-36 所示。

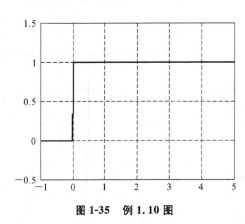

图 1-35 例 1.10 图

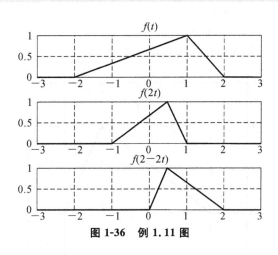

图 1-36 例 1.11 图

例 1.12 已知 $f_1(t)=\sin\omega t$,$f_2(t)=\sin 8\omega t$,$\omega=2\pi$,求 $f_1(t)+f_2(t)$ 和 $f_1(t)f_2(t)$ 的波形图。

解 具体程序如下。

```
w=2*pi;
t=0:0.01:3;
f1=sin(w*t);
f2=sin(8*w*t);
subplot(211)
plot(t,f1+1,':',t,f1-1,':',t,f1+f2)
grid on,title('f1(t)+f2(t)')
subplot(212)
plot(t,f1,':',t,-f1,':',t,f1.*f2)
grid on,title('f1(t)*f2(t)')
```

程序运行结果如图 1-37 所示。

例 1.13 已知两个信号 $f_1(t)=u(t-1)-u(t-2)$ 和 $f_2(t)=u(t-2)-u(t-3)$，求卷积 $g(t)=f_1(t)*f_2(t)$。

解 MATLAB 中是利用 conv 函数来实现卷积的，conv 函数调用格式为：g= $conv(f_1,f_2)$。具体程序如下。

```
t1=1:0.01:2;
t2=2:0.01:3;
t3=3:0.01:5;
f1=ones(size(t1));          % 高度为 1 的门函数,时间从 t=1 到 t=2
f2=ones(size(t2));          % 高度为 1 的门函数,时间从 t=2 到 t=3
g=conv(f1,f2);              % 对 f1 和 f2 进行卷积
subplot(3,1,1),plot(t1,f1); % 画 f1 的波形
subplot(3,1,2),plot(t2,f2); % 画 f2 的波形
subplot(3,1,3),plot(t3,g);  % 画 g 的波形
grid on;
```

程序运行结果如图 1-38 所示。

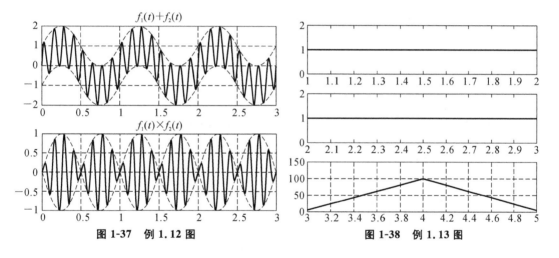

图 1-37　例 1.12 图　　　　图 1-38　例 1.13 图

习　题　1

1.1　分别判断如图 1-39 所示的各波形是连续时间信号还是离散时间信号。若是连续信号，则判断其是否是模拟信号；若是离散时间信号，则判断其是否为数字信号。

1.2　判断下列信号是否为周期信号。若是周期信号，则确定其周期 T。

(1) $f_1(t)=1+3\sin(\pi t)+\sin(2\pi t)$　　　　(2) $f_2(t)=\cos(2\pi t)-\cos(5t)$

(3) $f_3(n)=2\sin\left(\dfrac{3}{4}n+\dfrac{\pi}{6}\right)$　　　　(4) $f(t)=\cos(10\pi t)\cos(30\pi t)$

1.3　判断下列信号中哪些信号是能量信号，哪些信号是功率信号。

(1) $f_1(t)=\mathrm{e}^{-|t|}$　　　　(2) $f_2(t)=\mathrm{e}^{-t}$

(3) $f_3(n)=2\mathrm{e}^{\mathrm{j}2\pi n/4}$　　　　(4) $u(t)+5u(t-1)-2u(t-2)$

(5) $\mathrm{e}^{-5t}u(t)$

1.4　计算下列算式。

(1) $\displaystyle\int_{-\infty}^{\infty}\delta(t)\dfrac{\sin 2t}{t}\mathrm{d}t$　　　　(2) $\displaystyle\int_{-2}^{4}\delta'(t-2)\cos\dfrac{\pi}{4}t\mathrm{d}t$

(3) $\int_{-\infty}^{\infty} \delta(t^2 - 4)\,dt$　　　　　　　(4) $\sum_{m=-\infty}^{\infty} \delta(n-m)$

(5) $\sum_{n=-\infty}^{\infty} \sin\left(\frac{n\pi}{4}\right)\delta(n-2)$

1.5 周期信号的波形如图 1-40 所示，试计算信号的功率。

1.6 已知信号的波形如图 1-41 图所示，分别画出 $f(t)$ 与 $\dfrac{df(t)}{dt}$ 的波形。

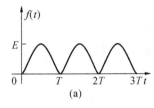

(a)

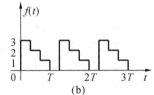

(b)

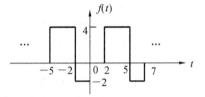

图 1-40　题 1.5 图

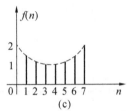

(c)

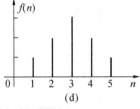

(d)

图 1-39　题 1.1 图

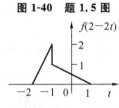

图 1-41　题 1.6 图

1.7 计算下列信号的卷积。

(1) 已知 $f_1(t) = e^{-2t}u(t)$，$f_2(t) = tu(t)$，求 $f_1(t) * f_2(t)$。

(2) 已知 $f_1(t) = tu(t-1)$，$f_2(t) = u(t+2)$，求 $f_1(t) * f_2(t)$。

(3) 已知 $f_1(n) = 3^n u(n-1)$，$f_2(n) = 2^n u(n+1)$，求 $f_1(n) * f_2(n)$。

1.8 画出下列信号的波形。

(1) $f_1(t) = 3t\delta(2t-2)$　　　　　　　(2) $f_2(t) = 2u(t) + \delta(t-2)$

(3) $f_3(t) = 2u(t)\delta(t-2)$

1.9 完成下列信号的计算。

(1) $(4t^2 + 2)\delta\left(\dfrac{t}{3}\right)$　　　　　　　(2) $e^{-3t}\delta(4-2t)$

(3) $\sin(2t + \dfrac{\pi}{3})\delta(t + \dfrac{\pi}{2})$　　　　　(4) $e^{-(t-2)}u(t)\delta(t-4)$

1.10 求下列积分。

(1) $\int_{-\infty}^{\infty} (4-t^2)\delta(t+3)\,dt$　　　　　(2) $\int_{-3}^{6} (4-t^2)\delta(t+4)\,dt$

(3) $\int_{-3}^{6} (6-t^2)[\delta(t+4) + 2\delta(2t+4)]\,dt$　　　(4) $\int_{-\infty}^{10} \delta(t)\dfrac{\sin 3t}{t}\,dt$。

1.11 画出如图 1-42 所示信号的一阶导数波形。

1.12 信号 $f(t)$ 的波形如图 1-43 所示，分别为以下各式画图。

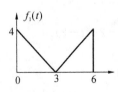

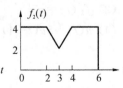

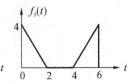

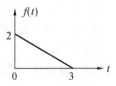

图 1-42　题 1.11 图　　　　　　　　图 1-43　题 1.12 图

(1) $y(t)=f(t+3)$ (2) $x(t)=f(2t-2)$

(3) $g(t)=f(2-2t)$ (4) $h(t)=f(-0.5t-1)$

1.13 周期信号的波形如图 1-44 所示,试计算信号的功率。

1.14 用基本信号或阶跃信号表示如图 1-45 所示的信号,并求出它们的能量。

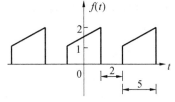
图 1-44 题 1.13 图

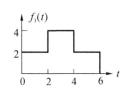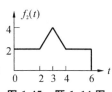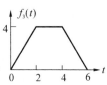
图 1-45 题 1.14 图

1.15 求下列积分。

(1) $\int_{-\infty}^{\infty} \cos\frac{\pi}{4}t[\delta'(t)-\delta(t)]\mathrm{d}t$ (2) $\int_{-\infty}^{t}[\delta(t+2)-\delta(t-2)]\mathrm{d}t$

(3) $\int_{-3}^{6}(4-t^2)\delta'(t-4)\mathrm{d}t$ (4) $\int_{-\infty}^{\infty}\delta(t-2)\delta(x-t)\mathrm{d}t$

1.16 信号 $f(t)$ 的波形如图 1-46 所示,分别为以下各式画图。

(a) $f_1(t)=f(t+3)$ (b) $f_2(t)=f(2t-2)$

(c) $f_3(t)=f(2-2t)$ (d) $f_4(t)=f(-0.5t-1)$

(e) $f_e(t)$(偶分量)   (f) $f_0(t)$(奇分量)。

1.17 求下列函数的卷积积分 $f_1(t)*f_2(t)$。

(1) $f_1(t)=\mathrm{e}^{-3t}u(t)$,$f_2(t)=u(t)$。

(2) $f_1(t)=f_2(t)=\mathrm{e}^{-3t}u(t)$。

(3) $f_1(t)=tu(t)$,$f_2(t)=\mathrm{e}^{-t}u(t)$。

(4) $f_1(t)=u(t-1)$,$f_2(t)=u(t-5)$。

(5) $f_1(t)=tu(t)$,$f_2(t)=u(t-1)-u(t-2)$。

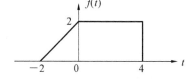
图 1-46 题 1.14 图

1.18 已知:

(1) $f_1(t)*tu(t)=(t+\mathrm{e}^{-t}-1)u(t)$;

(2) $f_1(t)*[\mathrm{e}^{-t}u(t)]=(1-\mathrm{e}^{-t})u(t)-(1-\mathrm{e}^{-(t-1)})u(t-1)$。

分别求(1)和(2)中的 $f_1(t)$。

1.19 判断下列系统是否为线性、时不变、因果、稳定系统?

(1) $\dfrac{\mathrm{d}}{\mathrm{d}t}r(t)+r(t)=\dfrac{\mathrm{d}}{\mathrm{d}t}e(t)+5e(t)$ (2) $r(t)=te(t)$

(3) $r(t)=3e(2t)$ (4) $r(t)=\mathrm{e}^{e(t)}$

1.20 一个线性时不变系统具有非零的初始状态,已知当激励为 $e(t)$ 时全响应为 $r_1(t)=\mathrm{e}^{-t}+2\cos(\pi t)$,$t>0$;若在初始状态不变,激励为 $2e(t)$ 时系统的全响应为 $r_2(t)=3\cos(\pi t)$,$t>0$。求在初始状态扩大一倍的条件下,如激励为 $3e(t)$ 时,系统的全响应 $r_3(t)$。

1.21 证明线性时不变系统有如下特性:若系统在激励 $e(t)$ 作用下响应为 $r(t)$,则当激励为 $\dfrac{\mathrm{d}e(t)}{\mathrm{d}t}$ 时响应必为 $\dfrac{\mathrm{d}r(t)}{\mathrm{d}t}$。(提示:$\dfrac{\mathrm{d}f(t)}{\mathrm{d}t}=\lim\limits_{\Delta t\to0}\dfrac{f(t)-f(t-\Delta t)}{\Delta t}$)

1.22 有一个线性时不变系统,当激励 $e_1(t)=\varepsilon(t)$ 时,响应 $r_1(t)=2\mathrm{e}^{-at}\varepsilon(t)$,试求当激励 $e_2(t)=\delta(t)$ 时,响应 $r_2(t)$ 的表达式。(假定起始时刻系统无储能。)

1.23 试用 MATLAB 绘制题 1.12 中各信号的时域波形。

第2章 连续时间系统的时域分析

本章将研究连续时间系统的时域分析方法,即根据线性时不变(LTI)系统的微分方程和给定的激励信号 $e(t)$,求出系统响应 $r(t)$ 的方法。由于该分析方法对系统的分析与计算都是在时间域进行的,因此称为时域分析方法。LTI 系统分析方法包括时域和变换域两大类,时域分析方法的物理概念清晰,是学习变换域分析方法的基础。在本章的学习过程中,除了要掌握 LTI 系统各种响应的时域求解方法,还要重点理解各种响应的物理概念,为后续的变换域分析方法打下基础。

本章首先介绍时域经典法求解系统的微分方程,在时域经典法的基础上再讨论系统的零输入响应、零状态响应、单位冲激响应和单位阶跃响应的求解方法。最后,引出系统零状态响应的第二种求解方法——时域卷积分析法。单位冲激响应和卷积积分概念的引入,使 LTI 系统的时域分析更加简洁明了,在 LTI 系统分析理论中有着重要作用。

2.1 时域经典法求解微分方程

一般而言,如果单输入-单输出系统的激励为 $e(t)$,响应为 $r(t)$,则描述 LTI 连续系统激励与响应之间关系的数学模型是一个 n 阶常系数线性微分方程,可表示如下。

$$r^{(n)}(t) + a_{n-1}r^{(n-1)}(t) + \cdots + a_1 r^{(1)}(t) + a_0 r(t)$$
$$= b_m e^{(m)}(t) + b_{m-1}e^{(m-1)}(t) + \cdots + b_1 e^{(1)}(t) + b_0 e(t) \tag{2-1}$$

也可以简写为

$$\sum_{i=0}^{n} a_i r^{(i)}(t) = \sum_{j=0}^{m} b_j e^{(j)}(t) \tag{2-2}$$

式中:$a_i(i=0,1,\cdots,n)$ 和 $b_j(j=0,1,\cdots,m)$ 均为常数,$a_n=1$。该微分方程的全响应 $r(t)$ 由齐次解 $r_h(t)$ 和特解 $r_p(t)$ 组成,即

$$r(t) = r_h(t) + r_p(t) \tag{2-3}$$

2.1.1 齐次解 $r_h(t)$

齐次解是齐次微分方程

$$r^{(n)}(t) + a_{n-1}r^{(n-1)}(t) + \cdots + a_1 r^{(1)}(t) + a_0 r(t) = 0 \tag{2-4}$$

的解,它是形式为 $Ce^{\lambda t}$ 的一系列函数的线性组合。将 $Ce^{\lambda t}$ 代入式(2-4),得

$$C\lambda^n e^{\lambda t} + Ca_{n-1}\lambda^{n-1}e^{\lambda t} + \cdots + Ca_1\lambda e^{\lambda t} + Ca_0 e^{\lambda t} = 0$$

由于 $C \neq 0$ 且对任意 t 上式均成立,因此上式可简化为

$$\lambda^n + a_{n-1}\lambda^{n-1} + \cdots + a_1\lambda + a_0 = 0 \tag{2-5}$$

式(2-5)称为微分方程(2-1)和(2-4)的特征方程,特征方程的 n 个根 $\lambda_i(i=1,2,\cdots,n)$ 称为微分方程的特征根。微分方程齐次解 $r_h(t)$ 的函数形式由特征根决定,表 2-1 列出了不同特征根的情况下,微分方程所对应的齐次解的形式,其中 C、D 均为待定系数。

表 2-1　不同特征根所对应的齐次解

特征根	齐次解 $y_h(t)$
单实根	$Ce^{\lambda t}$
r 重实根	$C_{r-1}t^{r-1}e^{\lambda t}+C_{r-2}t^{r-2}e^{\lambda t}+\cdots+C_1te^{\lambda t}+C_0e^{\lambda t}$
共轭复根 $\lambda_{1,2}=\alpha\pm j\beta$	$e^{\alpha t}[C\cos(\beta t)+D\sin(\beta t)]$

例如,若式(2-1)的 n 个特征根 λ_i 均为单实根,则微分方程的齐次解为

$$r_h(t)=\sum_{i=1}^{n}C_ie^{\lambda_i t}$$

式中:常数 C_i 将在求得全解 $r(t)$ 后,代入初始条件来确定。

2.1.2　特解 $r_p(t)$

微分方程特解的函数形式与激励信号 $e(t)$ 的形式有关。表 2-2 中列出了几种常见激励情况下,微分方程所对应的特解形式。得到特解的函数形式后,将特解代入到原微分方程中,即可求出各待定系数 P_i,从而得出微分方程的特解。

表 2-2　几种典型激励对应的特解

激励 $e(t)$	特解 $r_p(t)$
E(常数)	P(常数)
t^m	$P_mt^m+P_{m-1}t^{m-1}+\cdots+P_1t+P_0$
$e^{\alpha t}$	$Pe^{\alpha t}$,$\alpha\neq$特征根 $P_1te^{\alpha t}+P_0e^{\alpha t}$,$\alpha=$特征单根 $P_rt^re^{\alpha t}+P_{r-1}t^{r-1}e^{\alpha t}+\cdots+P_1te^{\alpha t}+P_0e^{\alpha t}$,$\alpha=r$ 重特征根
$\cos(\beta t)$ 或 $\sin(\beta t)$	$P_1\cos(\beta t)+P_2\sin(\beta t)$

2.1.3　全解 $r(t)$

常系数线性微分方程式(2-1)的完全解 $r(t)$ 是齐次解 $r_h(t)$ 与特解 $r_p(t)$ 之和。如果微分方程的特征根均为实单根 λ_i,则微分方程的全解为

$$r(t)=r_h(t)+r_p(t)=\sum_{i=1}^{n}C_ie^{\lambda_i t}+r_p(t) \tag{2-6}$$

设激励信号 $e(t)$ 是在 $t=0$ 时接入的,则微分方程的全解 $r(t)$ 适合于区间 $[0,\infty)$。对于 n 阶常系数线性微分方程,利用已知的 n 个初始条件 $r(0)$、$r^{(1)}(0)$、$r^{(2)}(0)$、$\cdots$、$r^{(n-1)}(0)$ 就可以求得全部待定系数 C_i。

■ **例 2.1**　描述某 LTI 系统的微分方程为

$$r''(t)+5r'(t)+6r(t)=e(t) \tag{2-7}$$

当 $e(t)=2e^{-t},t\geq 0,r(0)=2,r'(0)=-1$ 时,求 LTI 系统的全响应。

■ **解**　该微分方程的特征方程为

$$\lambda^2+5\lambda+6=0$$

求得其特征根为 $\lambda_1=-2,\lambda_2=-3$。由表 2-1 可知,微分方程的齐次解为

$$r_h(t)=C_1e^{-2t}+C_2e^{-3t} \tag{2-8}$$

由表 2-2 可知,当输入信号 $e(t)=2e^{-t}$ 时,微分方程的特解为

$$r_p(t) = Pe^{-t}$$

将 $r_p(t)=Pe^{-t}$、$r_p'(t)=-Pe^{-t}$、$rp''(t)=Pe^{-t}$ 以及 $e(t)=2e^{-t}$ 分别代入到原微分方程式(2-7)中,得到

$$Pe^{-t} + 5(-Pe^{-t}) + 6Pe^{-t} = 2e^{-t}$$

由上式解得 $P=1$,于是得微分方程的特解为

$$r_p(t) = e^{-t}$$

因此,微分方程的全解为

$$r(t) = r_h(t) + r_p(t) = C_1 e^{-2t} + C_2 e^{-3t} + e^{-t}$$

对上式求导,可得全响应的一阶导数为

$$r'(t) = -2C_1 e^{-2t} - 3C_2 e^{-3t} - e^{-t}$$

当 $t=0$ 时,代入初始值 $r(0)=2,r'(0)=-1$,得

$$\begin{cases} r(0) = C_1 + C_2 + 1 = 2 \\ r'(0) = -2C_1 - 3C_2 - 1 = -1 \end{cases}$$

将两方程联立,可解得 $C_1=3,C_2=-2$,最后得出微分方程的全解为

$$r(t) = 3e^{-2t} - 2e^{-3t} + e^{-t}, t \geqslant 0 \tag{2-9}$$

由以上求解过程可知,LTI 系统微分方程的全解 $r(t)$ 由齐次解 $r_h(t)$ 和特解 $r_p(t)$ 组成。其中,齐次解 $r_h(t)$ 的函数形式仅与微分方程的"特征根"有关,"特征根"又称为系统的"固有频率"(或"自由频率"、"自然频率"),反映了系统本身的特性。因此,齐次解也称为系统的"自由响应"或"固有响应",它的函数形式仅与系统本身的特性有关,而与激励函数 $e(t)$ 无关。但应注意,齐次解中的系数 C_i 是与激励函数有关的。

特解 $r_p(t)$ 的函数形式仅与激励的函数形式有关,称为"强迫响应"(或"受迫响应")。

系统的全响应 $r(t)$ 除了可以分解为齐次解 $r_h(t)$ 与特解 $r_p(t)$ 之外,还可将全响应分解为瞬态响应和稳态响应。瞬间响应是指随着时间 t 的增加将逐渐消失的部分,它是全响应中暂时出现的分量。例如,全响应中由指数衰减(如 $e^{-\alpha t}$、$e^{-\alpha t}\sin(\beta t+\theta)$ 等,其中 $\alpha>0$)信号所组成的部分即为瞬态响应。

稳态响应是指随着时间 t 的增加,全响应中保留下来的部分,它通常是由阶跃函数 $u(t)$ 或周期函数 $\sin(\beta t+\theta)$ 等组成的。用全响应减去瞬态响应就可以得到稳态响应。

■ 例 2.2 描述某系统的方程为

$$r''(t) + 5r'(t) + 6r(t) = e(t) \tag{2-10}$$

求输入 $e(t)=10\cos t, t \geqslant 0, r(0)=2, r'(0)=0$ 时的全响应。

■ 解 微分方程的特征方程为

$$\lambda^2 + 5\lambda + 6 = 0$$

求得其特征根为 $\lambda_1=-2, \lambda_2=-3$。

故微分方程的齐次解为

$$r_h(t) = C_1 e^{-2t} + C_2 e^{-3t}$$

由表 2-2 可知,由于输入信号为余弦函数,因此其特解为

$$r_p(t) = P\cos t + Q\sin t$$

将 $r_p(t)=P\cos t+Q\sin t$、$r_p'(t)=P\sin t+Q\cos t$、$r_p''(t)=-P\cos t-Q\sin t$ 以及 $e(t)=10\cos t$ 代入式(2-10)得

$$(-P+5Q+6P)\cos t+(-Q-5P+6Q)\sin t=10\cos t$$

因上式对所有的 $t\geqslant 0$ 成立，故有

$$5P+5Q=10$$
$$-5P+5Q=0$$

将以上两方程联立，可解得 $P=Q=1$，因此方程的特解为

$$r_p(t)=\cos t+\sin t=\sqrt{2}\cos(t-\frac{\pi}{4})$$

于是微分方程的全响应为

$$r(t)=r_h(t)+r_p(t)=C_1 e^{-2t}+C_2 e^{-3t}+\sqrt{2}\cos(t-\frac{\pi}{4})$$

全响应的一阶导数为：

$$r'(t)=-2C_1 e^{-2t}-3C_2 e^{-3t}-\sqrt{2}\sin(t-\frac{\pi}{4})$$

令 $t=0$，并代入初始条件，得

$$r(0)=C_1+C_2+1=2$$
$$r'(0)=-2C_1-3C_2+1=0$$

联立以上两式，可解得：$C_1=2$，$C_2=-1$，因此，微分方程的全响应为

$$r(t)=2e^{-2t}-e^{-3t}+\sqrt{2}\cos(t-\frac{\pi}{4}),t\geqslant 0$$

其中，系统的稳态响应为 $\sqrt{2}\cos(t-\frac{\pi}{4})$ $(t\geqslant 0)$，系统的暂态响应为 $2e^{-2t}-e^{-3t}$ $(t\geqslant 0)$。

2.2 从 0_- 到 0_+ 时刻的状态转换

用经典法解微分方程时，若激励信号 $e(t)$ 是在 $t=0$ 时接入的，由于激励信号的作用，响应 $r(t)$ 及其各阶导数有可能在 $t=0$ 时刻发生跳变。为了区分跳变前后的状态，我们以 $t=0_-$ 表示激励接入之前的瞬时，以 $t=0_+$ 表示激励接入以后的瞬时。相应地，有 $t=0_-$ 时刻和 $t=0_+$ 时刻的两组状态。其中，$r^{(j)}(0_-)$ $(j=0,1,\cdots,n-1)$ 这组状态称为"0_- 状态"或"起始状态"。而 $r^{(j)}(0_+)$ $(j=0,1,\cdots,n-1)$ 这组状态称为"0_+ 状态"或"初始状态"。

若系统的激励信号 $e(t)$ 是在 $t=0$ 时接入的，即 $t=0_+$ 时激励已经接入，因而 $r^{(j)}(0_+)$ 包含了输入信号的作用。而 $t=0_-$ 时激励尚未接入，因而 $r^{(j)}(0_-)$ 仅反映了系统的历史情况，而与激励无关。

为了求出全响应中的待定系数，若系统的激励信号 $e(t)$ 是在 $t=0$ 时接入的，则方程的解适用于 $t\geqslant 0$ 的时间范围，因此需要一组 $t=0_+$ 时刻的"初始状态"的值，即 $r^{(j)}(0_+)$ $(j=0,1,\cdots,n-1)$。当已知条件是一组 $t=0_-$ 时刻的"起始状态"时，就需要从已知的起始状态 $r^{(j)}(0_-)$ 设法求得初始状态 $r^{(j)}(0_+)$。下面以二阶系统为例具体说明。

例 2.3 描述某 LTI 系统的微分方程为
$$r''(t)+3r'(t)+2r(t)=2e'(t)+6e(t)$$
已知 $r(0_-)=2$，$r'(0_-)=0$，$e(t)=u(t)$，求初始状态 $r(0_+)$ 和 $r'(0_+)$ 的值。

解 将输入 $e(t)$ 代入以上微分方程，得
$$r''(t)+3r'(t)+2r(t)=2\delta(t)+6u(t)$$

在 $0_-<t<0_+$ 区间，根据方程左右两端各阶奇异函数应相等的原则，可以判断响应 $r(t)$ 及其各阶导数是否在 $t=0$ 时刻发生跳变。

由于微分方程右端含有 $2\delta(t)$，故最高阶导数 $r''(t)$ 中含有函数 $2\delta(t)$。对 $r''(t)$ 求原函数可知，在 $r'(t)$ 中必含有 $2u(t)$，即 $r'(t)$ 在 $t=0$ 处发生跃变，$r'(0_+)=r'(0_-)+2=2$。

由于 $r'(t)$ 中不含冲激函数 $\delta(t)$（否则 $r''(t)$ 将含有 $\delta'(t)$ 项），因此对 $r'(t)$ 求原函数可知，$r(t)$ 中没有阶跃函数 $u(t)$，即 $r(t)$ 在 $t=0$ 处是连续的，$r(0_+)=r(0_-)=2$。

由上可知，当微分方程式等号右端含有冲激函数（及其各阶导数）时，响应 $r(t)$ 及其各阶导数中，有些将发生跃变。这可利用微分方程两端各奇异函数项的系数相平衡的方法来判断，从而求得 0_+ 时刻的初始值。

2.3 零输入响应和零状态响应

LTI 系统的完全响应 $r(t)$ 除了可以分解为自由响应（即齐次解 $r_h(t)$）和强迫响应（即特解 $r_p(t)$）外，也可以分解为零输入响应 $r_{zi}(t)$ 和零状态响应 $r_{zs}(t)$。零输入响应 $r_{zi}(t)$ 是指不考虑系统的外加激励（即激励信号 $e(t)$ 为零时），仅由系统的起始状态 $r^{(j)}(0_-)$ 所引起的响应，用 $r_{zi}(t)$ 表示。零状态响应是指不考虑系统的起始状态（即系统的起始状态为零时），仅由输入信号 $e(t)$ 所引起的响应，用 $r_{zs}(t)$ 表示。这样，LTI 系统的全响应将是零输入响应和零状态响应之和，即

$$r(t)=r_{zi}(t)+r_{zs}(t)$$

在激励信号 $e(t)$ 为零的条件下，微分方程式（2-1）等号右端变为零，此时，系统的微分方程变为齐次方程，即

$$r^{(n)}(t)+a_{n-1}r^{(n-1)}(t)+\cdots+a_1r^{(1)}(t)+a_0r(t)=0$$

若其特征根均为单根，则零输入响应即为微分方程的齐次解

$$r_{zi}(t)=\sum_{k=1}^{n}C_{zik}e^{\lambda_k t}$$

式中：C_{zik} 为待定系数。

若系统的起始状态为零，这时式（2-1）仍是非齐次方程。若其特征根均为单根，则零状态响应与全响应的形式一致，即

$$r_{zs}(t)=\sum_{k=1}^{n}C_{zsk}e^{\lambda_k t}+r_p(t)$$

式中：C_{zsk} 为待定系数。

系统的全响应可以分为自由响应和强迫响应，也可分为零输入响应和零状态响应，它们之间的关系是

$$r(t)=\sum_{i=1}^{n}C_ie^{\lambda_i t}+r_p(t)=\sum_{k=1}^{n}C_{zik}e^{\lambda_k t}+\sum_{k=1}^{n}C_{zsk}e^{\lambda_k t}+r_p(t)$$

式中：$\sum_{i=1}^{n}C_ie^{\lambda_i t}=\sum_{k=1}^{n}C_{zik}e^{\lambda_k t}+\sum_{k=1}^{n}C_{zsk}e^{\lambda_k t}$。

可见，两种分解方式有明显的区别。虽然自由响应和零输入响应都是齐次方程的解，但二者的系数不相同。零输入响应的系数 C_{zik} 仅由系统的起始状态决定，而自由响应的系数 C_i 由系统的起始状态和激励信号共同决定。若系统的起始状态为零，则系统的零输入响应 $r_{zi}(t)$ 等于零；但在激励信号 $e(t)$ 的作用下，自由响应并不为零。也就是说，自由响应包含零输入响应 $r_{zi}(t)$ 以及零状态响应 $r_{zs}(t)$ 的一部分。

在用时域经典法求零输入响应 $r_{zi}(t)$ 和零状态响应 $r_{zs}(t)$ 时，也需要用响应及其各阶导数的初始状态来确定待定系数 C_{zik} 和 C_{zsk}。由式 $r(t)=r_{zi}(t)+r_{zs}(t)$ 可得，其响应的各阶导数均满足该关系式，即：

$$r^{(j)}(t) = r_{zi}^{(j)}(t) + r_{zs}^{(j)}(t), j = 0, 1, 2, \cdots, n-1$$

上式对 $t = 0_-$ 时刻以及 $t = 0_+$ 均成立,即:

$$r^{(j)}(0_-) = r_{zi}^{(j)}(0_-) + r_{zs}^{(j)}(0_-)$$

$$r^{(j)}(0_+) = r_{zi}^{(j)}(0_+) + r_{zs}^{(j)}(0_+)$$

对于零状态响应 $r_{zs}(t)$ 而言,因为起始状态为零,故应有

$$r_{zs}^{(j)}(0_-) = 0$$

对于零输入响应 $r_{zi}(t)$ 而言,由于激励 $e(t)$ 为零,则响应 $r(t)$ 及其各阶导数不会在 $t = 0$ 时刻发生跳变。故应有

$$r_{zi}^{(j)}(0_+) = r_{zi}^{(j)}(0_-)$$

又因为 $r^{(j)}(0_-) = r_{zi}^{(j)}(0_-) + r_{zs}^{(j)}(0_-) = r_{zi}^{(j)}(0_-) + 0 = r_{zi}^{(j)}(0_-)$,即

$$r^{(j)}(0_-) = r_{zi}^{(j)}(0_-)$$

因此,可得出

$$r_{zi}^{(j)}(0_+) = r_{zi}^{(j)}(0_-) = r^{(j)}(0_-)$$

根据系统给定的起始状态(即 0_- 时刻的值),利用以上公式,即可求出零输入响应和零状态响应的有关 0_+ 时刻的初始状态,从而求得零输入响应中的待定系数 C_{zik} 和零状态响应中的待定系数 C_{zsk}。

■ **例 2.4**　描述某 LTI 系统的微分方程为

$$r''(t) + 3r'(t) + 2r(t) = 2e'(t) + 6e(t)$$

已知 $r(0_-) = 2, r'(0_-) = 0, e(t) = u(t)$,求该系统的零输入响应 $r_{zi}(t)$ 和零状态响应 $r_{zs}(t)$。

■ **解**　(1) 求零输入响应 $r_{zi}(t)$。

零输入响应是激励为零时,仅由起始状态引起的响应,故 $r_{zi}(t)$ 是齐次方程

$$r''(t) + 3r'(t) + 2r(t) = 0$$

的解,且该解满足初始状态 $r_{zi}(0_+)$、$r'_{zi}(0_+)$。由于 $r_{zs}(0_-) = r'_{zs}(0_-) = 0$ 且激励为零,故有

$$r_{zi}(0_+) = r_{zi}(0_-) = r(0_-) = 2$$

$$r'_{zi}(0_+) = r'_{zi}(0_-) = r'(0_-) = 0$$

因为微分方程的特征根 $\lambda_{1,2}$ 为 $-1, -2$,故零输入响应为

$$r_{zi}(t) = C_{zi1} e^{-t} + C_{zi2} e^{-2t}$$

将初始值 $r_{zi}(0_+) = 2$ 和 $r'_{zi}(0_+) = 0$ 代入上式及其导数,得

$$r_{zi}(0_+) = C_{zi1} + C_{zi2} = 2$$

$$r'_{zi}(0_+) = -C_{zi1} - 2C_{zi2} = 0$$

联立以上两式,解得 $C_{zi1} = 4, C_{zi2} = -2$。将它们代入到 $r_{zi}(t) = C_{zi1} e^{-t} + C_{zi2} e^{-2t}$ 中,可得出系统的零输入响应为

$$r_{zi}(t) = 4e^{-t} - 2e^{-2t}, t \geqslant 0$$

(2) 求零状态响应 $r_{zs}(t)$。

零状态响应是起始状态为零时,仅由激励引起的响应,它是下面方程的解。

$$r''(t) + 3r'(t) + 2r(t) = 2e'(t) + 6e(t)$$

将系统的激励 $e(t) = u(t)$ 代入到微分方程,得

$$r_{zs}''(t) + 3r_{zs}'(t) + 2r_{zs}(t) = 2\delta(t) + 6u(t)$$

根据微分方程两端奇异函数平衡的原则,由于上式等号右端含有 $2\delta(t)$ 项,故最高阶导

数 $r_{zs}''(t)$ 中应含有冲激函数 $2\delta(t)$，从而 $r_{zs}'(t)$ 中含有 $2u(t)$，即 $r_{zs}'(t)$ 在 $t=0$ 发生跳变，且跳变量为 2，即

$$r_{zs}'(0_+)=r_{zs}'(0_-)+2=2$$

因为一阶导数 $r_{zs}'(t)$ 中不含 $\delta(t)$，所以 $r_{zs}(t)$ 中不含 $u(t)$，即 $r_{zs}(t)$ 在零点没有跳变，所以有

$$r_{zs}(0_+)=r_{zs}(0_-)=0$$

当 $t>0$ 时，微分方程 $r_{zs}''(t)+3r_{zs}'(t)+2r_{zs}(t)=2\delta(t)+6u(t)$ 可写为

$$r_{zs}''(t)+3r'_{zs}(t)+2r_{zs}(t)=6$$

该微分方程的齐次解为 $C_{zs1}e^{-t}+C_{zs2}e^{-2t}$，其特解为常数 3，于是有

$$r_{zs}(t)=C_{zs1}e^{-t}+C_{zs2}e^{-2t}+3$$

将之前求得的初始值 $r_{zs}(0_+)=0$ 和 $r_{zs}'(0_+)=2$ 代入到上式及其导数，可得

$$r_{zs}(0_+)=C_{zs1}+C_{zs2}+3=0$$
$$r_{zs}'(0_+)=-C_{zs1}-2C_{zs2}=2$$

联立以上两式，解得 $C_{zs1}=-4$，$C_{zs2}=1$。所以系统的零状态响应为

$$r_{zs}(t)=-4e^{-t}+e^{-2t}+3,t\geqslant0$$

由例 2.4 可知，当微分方程等号右端含有激励 $e(t)$ 的导数时，零状态响应 $r_{zs}(t)$ 或其导数在 $t=0$ 处可能跃变，因而需要根据零状态的起始条件 $r_{zs}(0_-)$、$r'_{zs}(0_-)$，求出 0_+ 时刻的初始状态 $r_{zs}(0_+)$、$r'_{zs}(0_+)$。

例 2.5 描述某 LTI 系统的微分方程为

$$r''(t)+3r'(t)+2r(t)=2e'(t)+6e(t)$$

若已知 $r(0_+)=3$，$r'(0_+)=1$，$e(t)=u(t)$，求该系统的零输入响应和零状态响应。

解 (1) 求零状态响应。

由于零状态响应是指当 $r_{zs}(0_-)=r'_{zs}(0_-)=0$ 时，仅由激励 $e(t)=u(t)$ 引起的响应，因此本例中的零状态响应的求解方法与例 2.4 相同，即

$$r_{zs}(t)=-4e^{-t}+e^{-2t}+3,t\geqslant0$$

(2) 求零输入响应。

由公式 $r^{(j)}(0_+)=r_{zi}^{(j)}(0_+)+r_{zs}^{(j)}(0_+)$，有

$$\begin{cases} r(0_+)=r_{zi}(0_+)+r_{zs}(0_+)=3 \\ r'(0_+)=r_{zi}'(0_+)+r_{zs}'(0_+)=1 \end{cases} \tag{2-11}$$

将 $t=0$ 代入零状态响应的表达式，可求出 $r_{zs}(0_+)=0$，$r_{zs}'(0_+)=2$。并且题目中已知 $r(0_+)=3$，$r'(0_+)=1$，将它们代入到式(2-11)，得 $r_{zi}(0_+)=3$，$r_{zi}'(0_+)=-1$。

本例中，零输入响应的形式与例 2.4 相同，即 $r_{zi}(t)=C_{zi1}e^{-t}+C_{zi2}e^{-2t}$。将初始状态 $r_{zi}(0_+)=3$，$r_{zi}'(0_+)=-1$ 代入零输入响应的表达式，可得

$$\begin{cases} C_{zi1}+C_{zi2}=3 \\ -C_{zi1}-2C_{zi2}=-1 \end{cases}$$

联立以上两式，解得 $C_{zi1}=5$，$C_{zi2}=-2$，于是该系统的零输入响应为

$$r_{zi}(t)=5e^{-t}-2e^{-2t},t\geqslant0$$

2.4 冲激响应和阶跃响应

2.4.1 冲激响应

当 LTI 系统的起始状态为零时，仅由单位冲激信号 $\delta(t)$ 作为激励，所引起的响应称为单

位冲激响应,简称冲激响应,用 $h(t)$ 表示。换句话说,单位冲激响应 $h(t)$ 就是当激励为单位冲激信号 $\delta(t)$ 时,系统的零状态响应。下面介绍系统单位冲激响应的求解方法。

例 2.6　设描述某二阶 LTI 系统的微分方程为

$$r''(t) + 5r'(t) + 6r(t) = e(t) \tag{2-12}$$

求该系统的冲激响应 $h(t)$。

解　根据冲激响应的定义,当 $e(t)=\delta(t)$ 时,系统的零状态响应 $r_{zs}(t)$ 就是单位冲激响应 $h(t)$。由系统的微分方程可知,$h(t)$ 满足

$$h''(t) + 5h'(t) + 6h(t) = \delta(t) \tag{2-13}$$
$$h(0_-) = h'(0_-) = 0$$

由冲激函数的定义可知,$\delta(t)$ 仅在 $t=0$ 处作用,而在 $t>0$ 区间为零。也就是说,激励信号 $\delta(t)$ 的作用是在 $t=0$ 的瞬间给系统输入了能量,而在 $t>0$(即 $t=0_+$ 以后)系统的激励为零。因此,系统的冲激响应 $h(t)$ 与系统的零输入响应(即微分方程的齐次解)具有相同的函数形式。

由于 LTI 系统微分方程的特征根为 $\lambda_{1,2}=-2,-3$,故系统的冲激响应为

$$h(t) = (C_1 e^{-2t} + C_2 e^{-3t}) u(t) \tag{2-14}$$

式中:C_1、C_2 为待定系数。为了求出待定系数 C_1 和 C_2,需要求出 0_+ 时刻的初始状态 $h(0_+)$ 和 $h'(0_+)$ 的值。由式(2-13)可知,该微分方程等号两端的奇异函数要平衡,则 $h''(t)$ 中应含有 $\delta(t)$,相应地,$h''(t)$ 的积分项 $h'(t)$ 中含有 $u(t)$,即

$$h'(0_+) = h'(0_-) + 1 = 1$$

由于 $h'(t)$ 中不含 $\delta(t)$(否则 $h''(t)$ 将含有 $\delta'(t)$),所以 $h(t)$ 中不含阶跃函数,它在 $t=0$ 处连续,即

$$h(0_+) = h(0_-) = 0$$

将以上初始状态代入式(2-14),得

$$h(0_+) = C_1 + C_2 = 0$$
$$h'(0_+) = -2C_1 - 3C_2 = 1$$

联立以上两式,解得 $C_1=1$,$C_2=-1$,因此系统的冲激响应为

$$h(t) = (e^{-2t} - e^{-3t}) u(t)$$

一般情况下,若 n 阶微分方程的等号右端只含激励 $e(t)$,即若

$$r^{(n)}(t) + a_{n-1} r^{(n-1)}(t) + \cdots + a_0 r(t) = e(t) \tag{2-15}$$

则当 $e(t)=\delta(t)$ 时,其零状态响应(即冲激响应 $h(t)$)满足以下方程

$$\left. \begin{array}{l} h^{(n)}(t) + a_{n-1} h^{(n-1)}(t) + \cdots + a_0 h(t) = \delta(t) \\ h^{(j)}(0_-) = 0, j = 0,1,2,\cdots,n-1 \end{array} \right\} \tag{2-16}$$

用上述的类似方法,可推得各 0_+ 时刻的初始状态为

$$\left. \begin{array}{l} h^{(j)}(0_+) = 0, j = 0,1,2,\cdots,n-2 \\ h^{(n-1)}(0_+) = 1 \end{array} \right\} \tag{2-17}$$

如果式(2-16)的微分方程特征根 $\lambda_i (i=1,2,\ldots,n)$ 均为单根,则其冲激响应为

$$h(t) = \left(\sum_{i=1}^{n} C_i e^{\lambda_i t} \right) u(t) \tag{2-18}$$

式中各常数 C_i 由式(2-17)中 0_+ 时刻的初始状态确定。

一般而言,若描述 LTI 系统的微分方程为

$$r^{(n)}(t) + a_{n-1} r^{(n-1)}(t) + \cdots + a_0 r(t) = b_m e^{(m)}(t) + b_{m-1} e^{(m-1)}(t) + \cdots + b_0 e(t)$$
$$\tag{2-19}$$

则求解系统的冲激响应 $h(t)$ 可分为如下两步进行。

第一步,先选择新的变量 $r_1(t)$,使它满足方程左端与式(2-19)相同,而方程右端只含 $e(t)$ 的微分方程,即 $r_1(t)$ 满足方程

$$r_1^{(n)}(t) + a_{n-1}r_1^{(n-1)}(t) + \cdots + a_0 r_1(t) = e(t) \tag{2-20}$$

求出微分方程(2-20)所对应系统的冲激响应 $h_1(t)$。

第二步,根据 LTI 系统零状态响应的线性性质和微分特性,可得出原微分方程的冲激响应为

$$h(t) = b_m h_1^{(m)}(t) + b_{m-1}h_1^{(m-1)}(t) + \cdots + b_0 h_1(t)$$

2.4.2 阶跃响应

当 LTI 系统的初始状态为零时,激励为单位阶跃函数时所引起的响应称为单位阶跃响应,简称为阶跃响应,用 $g(t)$ 表示。也就是说,阶跃响应是当激励为单位阶跃函数 $u(t)$ 时,系统的零状态响应。

若 n 阶微分方程等号右端只含激励 $e(t)$,当激励 $e(t) = u(t)$ 时,系统的零状态响应(即阶跃响应 $g(t)$)满足方程

$$\left.\begin{array}{l} g^{(n)}(t) + a_{n-1}g^{(n-1)}(t) + \cdots + a_0 g(t) = u(t) \\ g^{(j)}(0_-) = 0, j = 0,1,2,\cdots,n-1 \end{array}\right\} \tag{2-21}$$

由于等号右端只含 $u(t)$,故除 $g^{(n)}(t)$ 以外,$g(t)$ 及其直到 $n-1$ 阶导数均连续,即有

$$g^{(j)}(0_+) = g^{(j)}(0_-) = 0, j = 0,1,2,\cdots,n-1 \tag{2-22}$$

若式(2-21)的特征根均为单根,则阶跃响应为

$$g(t) = \left(\sum_{i=1}^{n} C_i e^{\lambda_i t} + \frac{1}{a_0}\right) u(t)$$

式中 $\frac{1}{a_0}$ 为式(2-21)的特解;待定系数 C_i 由式(2-22)0_+ 时刻的初始状态确定。

如果微分方程的等号右端含有 $e(t)$ 及其各阶导数,则可根据 LTI 系统的线性性质和微分特性求得系统的阶跃响应。

由于单位阶跃函数 $u(t)$ 与单位冲激函数 $\delta(t)$ 的关系为

$$\delta(t) = \frac{\mathrm{d}u(t)}{\mathrm{d}t}$$

$$u(t) = \int_{-\infty}^{t} \delta(x)\,\mathrm{d}x$$

根据 LTI 系统的微(积)分特性,同一系统的阶跃响应与冲激响应的关系为

$$h(t) = \frac{\mathrm{d}g(t)}{\mathrm{d}t}$$

$$g(t) = \int_{-\infty}^{t} h(x)\,\mathrm{d}x$$

例 2.7 设描述某二阶 LTI 系统的微分方程为

$$r''(t) + 3r'(t) + 2r(t) = -e'(t) + 2e(t)$$

求该系统的阶跃响应 $g(t)$。

解 选择一个新的变量 $r_1(t)$,使它满足如下方程

$$r_1''(t) + 3r_1'(t) + 2r_1(t) = e(t) \tag{2-23}$$

设式(2-23)所述系统的阶跃响应为 $g_x(t)$,根据 LTI 系统零状态响应的线性性质和微分特性可得,原微分方程所述系统的阶跃响应为

$$g(t) = -g_x{}'(t) + 2g_x(t) \tag{2-24}$$

由式(2-23)可知,阶跃响应 $g_x(t)$ 满足方程

$$g_x{}''(t) + 3g'_x(t) + 2g_x(t) = u(t) \tag{2-25}$$

$$g_x(0_-) = g'_x(0_-) = 0$$

其特征根 $\lambda_{1,2} = -1, -2$,其特解为 $\dfrac{1}{2}$,于是得

$$g_x(t) = \left(C_1 e^{-t} + C_2 e^{-2t} + \frac{1}{2}\right) u(t)$$

由式(2-22)可知,式(2-25)的 0_+ 时刻初始状态均为零,即 $g_x(0_+) = g'_x(0_+) = 0$。将其代入上式,有

$$g_x(0_+) = C_1 + C_2 + \frac{1}{2} = 0$$

$$g'_x(0_+) = -C_1 - 2C_2 = 0$$

联立以上两方程,可解得,$C_1 = -1, C_2 = \dfrac{1}{2}$,于是有

$$g_x(t) = \left(-e^{-t} + \frac{1}{2}e^{-2t} + \frac{1}{2}\right) u(t)$$

其一阶导数为

$$g_x{}'(t) = \left(-e^{-t} + \frac{1}{2}e^{-2t} + \frac{1}{2}\right)\delta(t) + (e^{-t} - e^{-2t})u(t) = (e^{-t} - e^{-2t})u(t)$$

将它们代入式(2-24)得系统的阶跃响应为

$$g(t) = -g_x{}'(t) + 2g_x(t) = (-3e^{-t} + 2e^{-2t} + 1)u(t)$$

2.5 时域卷积分析法

如果将接入线性时不变(LTI)系统的激励信号 $e(t)$ 进行分解,先求出激励信号中每个分量作用于系统所产生的响应,再根据叠加定理,将这些响应求和即可得到原激励信号 $e(t)$ 引起的响应。通过分解可以将激励信号 $e(t)$ 表示为冲激函数、阶跃函数或三角函数、指数函数等一些基本函数的组合。卷积(convolution)分析法的原理就是将信号分解为冲激信号 $\delta(t)$ 的组合,借助系统的单位冲激响应 $h(t)$,从而求出系统对任意激励信号的零状态响应。

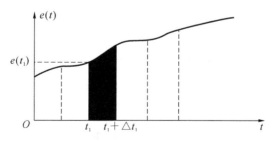

图 2-1　激励信号的分解

设激励信号 $e(t)$ 为如图 2-1 所示的曲线,我们可以将它分解为许多相邻的窄脉冲。以 $t = t_1$ 处的脉冲(图中的阴影部分)为例,设此脉冲的持续的时间等于 Δt_1。Δt_1 取得越小,则脉冲幅值与函数值越接近。当 Δt_1 趋于 0 时,$e(t)$ 可表示为

$$e(t) = \lim_{\Delta t_1 \to 0} \sum_{t_1=0}^{\infty} e(t_1)\delta(t - t_1)\Delta t_1$$

设此系统对单位冲激信号 $\delta(t)$ 的响应为 $h(t)$,那么根据线性时不变系统的时不变性和

齐次性可知，在 $t=t_1$ 处的冲激信号 $e(t_1)\Delta t_1\delta(t-t_1)$ 的响应必然等于

$$r(t_1) = e(t_1)\Delta t_1 h(t-t_1)$$

如果要求得 $t=t_2$ 时刻的响应 $r(t_2)$，只要将 $t=t_2$ 时刻以前所有冲激响应相加即可，其数学表达式为

$$r(t_2) = \lim_{\Delta t_1 \to 0}\sum_{t_1=0}^{t_2} e(t_1)h(t_2-t_1)\Delta t_1$$

也可写为积分式

$$r(t_2) = \int_0^{t_2} e(t_1)h(t_2-t_1)\mathrm{d}t_1$$

将上式中的 t_2 用 t 来代替，将 t_1 用 τ 来代替，可得

$$r(t) = \int_0^t e(\tau)h(t-\tau)\mathrm{d}\tau$$

上式表明，若已知系统的冲激响应 $h(t)$ 以及激励信号 $e(t)$，则系统的零状态响应 $r_{zs}(t)$ 可通过积分运算得到，此积分运算即为卷积积分为

$$r_{zs}(t)=e(t) * h(t)$$

上述导出过程也可以用线性时不变(LTI)系统的性质导出。假设系统的激励信号为 $e(t)$，单位冲激响应 $h(t)$。根据单位冲激响应的定义，有

$$\delta(t)\to h(t)$$

根据 LTI 系统的时不变性，由上式可得出

$$\delta(t-\tau)\to h(t-\tau)$$

再根据 LTI 系统的齐次性，可得出

$$[e(\tau)\Delta\tau]\delta(t-\tau)\to[e(\tau)\Delta\tau]h(t-\tau)$$

由 LTI 系统的叠加性，可得出

$$\sum_{\tau=0}^t e(\tau)\delta(t-\tau)\Delta\tau \to \sum_{\tau=0}^t e(\tau)h(t-\tau)\Delta\tau$$

当 $\Delta\tau$ 趋于 0 时，可将上式中的 $\Delta\tau$ 改写为 $\mathrm{d}\tau$，同时将求和式改写为积分式，可得

$$\int_0^t e(\tau)\delta(t-\tau)\mathrm{d}\tau \to \int_0^t e(\tau)h(t-\tau)\mathrm{d}\tau \qquad (2-26)$$

根据卷积的定义，可知：

$$\int_0^t e(\tau)\delta(t-\tau)\mathrm{d}\tau = e(t) * \delta(t) = e(t)$$

$$\int_0^t e(\tau)h(t-\tau)\mathrm{d}\tau = e(t) * h(t)$$

于是，式(2-26)可写为 $e(t)\to e(t) * h(t)$，即 LTI 系统的零状态响应等于单位冲击响应 $h(t)$ 与激励信号 $e(t)$ 的卷积积分 $r_{zs}(t)=e(t) * h(t)$。

例 2.8 已知激励信号 $e(t)=4u(t)$，系统的冲激响应为 $h(t)=[\delta(t)+(-\frac{4}{3}e^{-2t}+\frac{1}{3}e^{-5t})\cdot u(t)]$，求系统的零状态响应。

解 下面用卷积来计算系统的零状态响应。

$$i_{zs}(t)=e(t) * h(t)=4u(t) * [\delta(t)+(-\frac{4}{3}e^{-2t}+\frac{1}{3}e^{-5t}) * u(t)]$$

<u>分配律</u>$4u(t) * \delta(t) + 4u(t) * (-\frac{4}{3})e^{-2t}u(t) + 4u(t) * \frac{1}{3}e^{-5t}u(t)$

计算$4\varepsilon(t)+\left[\int_{-\infty}^{\infty}(-\frac{4}{3})\mathrm{e}^{-2\tau}u(\tau)\cdot 4u(t-\tau)\mathrm{d}\tau\right]+\left[\int_{-\infty}^{\infty}\frac{1}{3}\mathrm{e}^{-5\tau}\cdot u(\tau)4u(t-\tau)\mathrm{d}\tau\right]$

$$=4u(t)+\left[\int_{0}^{t}(-\frac{16}{3}\mathrm{e}^{-2\tau}\mathrm{d}\tau)\right]\cdot u(t)+\left(\int_{0}^{t}\frac{4}{3}\mathrm{e}^{-5\tau}\mathrm{d}\tau\right)\cdot u(t)$$

$$=4u(t)+\left[-\frac{16}{3}(\frac{1}{-2})\mathrm{e}^{-2\tau}\Big|_{0}^{t}\right]\cdot u(t)+\left[\frac{4}{3}(\frac{1}{-5})\mathrm{e}^{-5\tau}\Big|_{0}^{t}\right]\cdot u(t)$$

$$=4u(t)+\left[\frac{8}{3}(\mathrm{e}^{-2t}-1)\right]u(t)+\left[\frac{-4}{15}(\mathrm{e}^{-5t}-1)\right]\cdot u(t)$$

$$=(\frac{8}{3}\mathrm{e}^{-2t}-\frac{4}{15}\mathrm{e}^{-5t}+\frac{8}{5})u(t)$$

$t \geqslant 0_{+}$ 时系统的零状态响应为

$$i_{\mathrm{zs}}(t)=\frac{8}{3}\mathrm{e}^{-2t}-\frac{4}{15}\mathrm{e}^{-5t}+\frac{8}{5}$$

2.6　连续时间 LTI 系统的时域分析及 MATLAB 实现

2.6.1　连续时间系统零状态响应的数值计算

由 2.1 节可知,LTI 连续系统可用如下的线性常系数微分方程来描述。

$$\sum_{i=0}^{n}a_{i}r^{(i)}(t)=\sum_{j=0}^{m}b_{j}e^{(j)}(t)$$

在 MATLAB 中,控制系统工具箱提供了一个用于求解零初始条件微分方程数值解的函数 lsim,其调用格式为:

$$y=\mathrm{lsim}(sys,f,t)$$

式中:t 表示计算系统响应的抽样点向量;f 表示系统输入信号向量;sys 表示 LTI 系统模型,用于表示微分方程、差分方程或状态方程。sys 的调用格式为

$$sys=\mathrm{tf}(b,a)$$

式中:b 和 a 分别是微分方程的右端和左端系数向量。例如,对于以下方程:

$$a_{3}y'''(t)+a_{2}y''(t)+a_{1}y'(t)+a_{0}y(t)=b_{3}f'''(t)+b_{2}f''(t)+b_{1}f'(t)+b_{0}f(t)$$

可用 $a=[a_{3},a_{2},a_{1},a_{0}]$;$b=[b_{3},b_{2},b_{1},b_{0}]$;sys=tf(b,a)获得其 LTI 模型。

> **注意:**如果微分方程的左端或右端表达式中有缺项,则其向量 a 或 b 中的对应元素应为零,不能省略不写,否则会出错。

例 2.9　已知某 LTI 系统的微分方程为

$$y''(t)+2y'(t)+100y(t)=f(t)$$

其中,$y(0)=y'(0)=0$,$f(t)=10\sin(2\pi t)$,求系统的零状态响应 $y_{\mathrm{zs}}(t)$。

解　具体程序如下。

```
ts=0;te=5;dt=0.01;
sys=tf([1],[1,2,100]);
t=ts:dt:te;
f=10 * sin(2 * pi * t);
y=lsim(sys,f,t);
plot(t,y);
xlabel('Time(sec)');
ylabel('y(t)');
```

程序运行结果如图 2-2 所示。

例 2.10 若某连续系统的输入为 $e(t)$，输出为 $r(t)$，系统的微分方程为：

$$r''(t) + 5r'(t) + 6r(t) = 3e'(t) + ef(t)$$

$$f(t) = e^{-2t}u(t)$$

求出系统的零状态响应 $y_{zs}(t)$。

解 具体程序如下。

```
a=[1  5  6];b=[3  2];
p1=0.01;              % 定义取样时间间隔为 0.01
t1=0:p1:5;            % 定义时间范围
x1=exp(-2*t1);        % 定义输入信号
lsim(b,a,x1,t1),      % 对取样间隔为 0.01 时系统响应进行仿真
```

程序运行结果如图 2-3 所示。

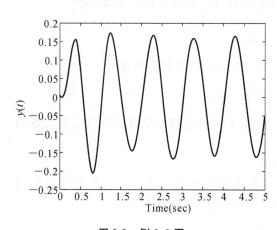

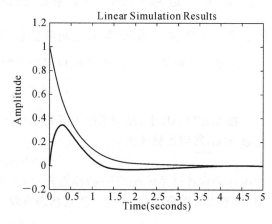

图 2-2   例 2.9 图   图 2-3   例 2.10 图

2.6.2 连续时间系统冲激响应和阶跃响应的求解

在 MATLAB 中，对于连续 LTI 系统的冲激响应和阶跃响应，可分别用控制系统工具箱提供的函数 impluse 和 step 来求解。其调用格式为：

```
y=impluse(sys,t)
y=step(sys,t)
```

式中：t 表示计算系统响应的抽样点向量；sys 表示 LTI 系统模型。

例 2.11 已知某 LTI 系统的微分方程为

$$y''(t) + 2y'(t) + 100y(t) = 10f(t)$$

求系统的冲激响应和阶跃响应的波形。

解 具体程序如下。

```
ts=0;te=5;dt=0.01;
sys=tf([10],[1,2,100]);
t=ts:dt:te;
h=impulse(sys,t);
subplot(1,2,1);
plot(t,h);
```

```
xlabel('Time(sec)');
ylabel('h(t)');
g=step(sys,t);
subplot(1,2,2);
plot(t,g);
xlabel('Time(sec)');
ylabel('g(t)');
```

程序运行结果如图 2-4 所示。

习　题　2

2.1　已知系统的微分方程为
$$r''(t)+3r'(t)+2r(t)=4e^{-3t}$$

其初始条件为 $r(0)=3$ 和 $r'(0)=4$。求系统的自由响应、强迫响应、零输入响应、零状态响应及全响应。并说明几种响应之间的关系。

2.2　设系统的微分方程为
$$r''(t)+4r'(t)+4r(t)=0$$

初始条件为 $r(0)=1$ 和 $r'(0)=2$，求系统的零输入响应。

2.3　求下列微分方程所描述的系统的冲激响应和阶跃响应。

(a) $r'(t)+2r(t)=3e(t)$

(b) $r'(t)+2r(t)=e'(t)+3e(t)$

(c) $r''(t)+3r'(t)+2r(t)=e''(t)$

2.4　如图 2-5 所示电路，求激励 $e(t)$ 分别为 $\delta(t)$ 及 $u(t)$ 时的响应电流 $i(t)$ 及响应电压 $u_L(t)$，并绘制其波形。

2.5　已知 $e_1(t)$ 和 $e_2(t)$ 的波形如图 2-6 所示，令 $e(t)=e_1(t)*e_2(t)$，求卷积值 $e(2)$、$e(3)$ 和 $e(4)$。

2.6　一个系统的阶跃响应是 $g(t)=e^{-t}u(t)$，求该系统的冲激响应 $h(t)$。并且计算这个系统对于以下输入的零状态响应。

(1) $e(t)=tu(t)$；(2) $e(t)=G_2(t)$；(3) $e(t)=\delta(t+1)-\delta(t-1)$。

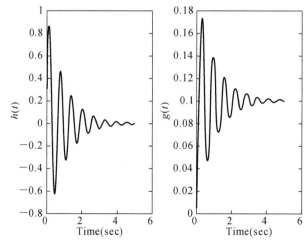

图 2-4　例 2.11 图

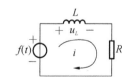

图 2-5　题 2.4 图

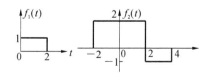

图 2-6　题 2.5 图

2.7 一个线性时不变系统,在某初始状态下,已知当输入 $e(t)=u(t)$ 时,全响应 $r_1(t)=3e^{-3t}u(t)$;当 $e(t)=-u(t)$ 时,全响应 $r_2(t)=e^{-3t}u(t)$。试求该系统的冲激响应 $h(t)$。

2.8 某线性系统由如图 2-7 所示的子系统组合而成。设子系统的冲激响应分别为 $h_1(t)=\delta(t-1)$,$h_2(t)=u(t)-u(t-3)$。求组合系统的冲激响应。

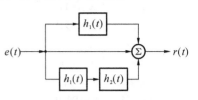

图 2-7 题 2.8 图

2.9 分别给出冲激响应和阶跃响应的定义,二者之间有什么关系?

2.10 在时域中如何求冲激响应?求冲激响应有何简便方法?

2.11 某线性非时变系统具有两个初始状态 $x_1(0)$、$x_2(0)$,其激励为 $e(t)$ 时输出响应为 $r(t)$,已知:

(1) 当 $e(t)=0,x_1(0)=3,x_2(0)=2$ 时,$r(t)=e^{-t}(5t+3)u(t)$;

(1) 当 $e(t)=0,x_1(0)=1,x_2(0)=5$ 时,$r(t)=e^{-t}(6t+1)u(t)$;

(1) 当 $e(t)=2u(t),x_1(0)=1,x_2(0)=1$ 时,$r(t)=e^{-t}(t+1)u(t)$;

求:$e(t)=4u(t)$ 时的零状态响应。

2.12 计算当 $t=0$ 时的 $e(t)=h(t)*e(t)$。

(1) $e(t)=u(t-1),h(t)=u(t+2)$。

(2) $e(t)=u(t),h(t)=tu(t-1)$。

(3) $e(t)=tu(t+1),h(t)=(t+1)u(t)$。

(4) $e(t)=u(t),h(t)=\cos(0.5\pi t)G_4(t)$。

2.13 试证明系统的零状态响应等于冲激响应与激励的卷积积分。

2.14 已知系统阶跃响应为 $g(t)=e^{-\frac{t}{RC}}u(t)$,当加入激励信号 $f(t)=(1-e^{-\alpha t})u(t)$ 时,求系统的零状态响应。

2.15 设系统方程为 $r''(t)+5r'(t)+6r(t)=e(t)$,当 $e(t)=e^{-t}u(t)$ 时,全响应为 $Ce^{-t}u(t)$。求:(1)系统的初始状态 $r(0),r'(0)$;(2)系数 C 的大小。

2.16 如图 2-8 所示为一个线性非时变系统的输入信号 $e(t)$ 和零状态响应 $r(t)$ 关系。试求系统的冲激响应 $h(t)$。

2.17 写出如图 2-9 所示的输入 $i(t)$ 和输出 $u_1(t)$ 及 $u_2(t)$ 之间关系的线性微分方程。

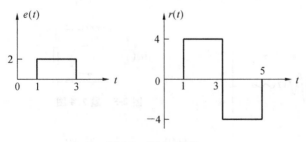

图 2-8 题 2.16 图

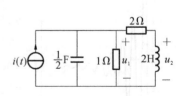

图 2-9 题 2.17 图

第③章 连续时间信号的傅里叶分析

前面我们已经学习了 LTE 系统的时域分析方法,不过对于高阶系统或激励信号较复杂的情况,其计算过程相当繁复,求解过程很不方便。

从本章开始由时域转入变换域分析,首先讨论傅里叶变换。傅里叶变换是在傅里叶级数正交函数展开的基础上发展而产生的,这方面的问题也称为傅里叶分析(或频域分析)。将信号进行正交分解,即分解为三角函数或复指数函数的组合。

频域分析将时间变量变换成频率变量,揭示了信号内在的频率特性以及信号时间特性与其频率特性之间的密切关系,从而导出了信号的频谱、带宽以及滤波、调制和频分复用等重要概念。

本章从傅里叶级数正交函数展开问题开始讨论,引出傅里叶变换,建立信号频谱的概念。
通过典型信号频谱以及傅里叶变换性质的研究,初步掌握傅里叶分析方法的应用。

对于周期信号而言,在进行频谱分析时,可以利用傅里叶级数,也可以利用傅里叶变换,傅里叶级数相当于傅里叶变换的一种特殊的表达形式。

3.1 周期信号的傅里叶级数

3.1.1 三角函数形式的傅里叶级数

在物理学中,我们已经知道的最简单的波是谐波(正弦波)。其他波如矩形波,锯形波等往往都可以用一系列谐波叠加表示出来。

傅里叶原理表明:任何连续测量的时序信号,都可以表示为不同频率的正弦波信号的无限叠加。而根据该原理创立的傅里叶变换算法则利用直接测量到的原始信号,以累加的方式来计算该信号中不同正弦波信号的频率、振幅和相位。

所以周期函数 $f(t)$ 可由三角函数的线性组合来表示,若 $f(t)$ 的周期为 T_1,角频率 $\omega_1 = \dfrac{2\pi}{T_1}$,频率 $f_1 = \dfrac{1}{T_1}$,三角函数形式的傅里叶级数展开表达式为

$$f(t) = a_0 + a_1\cos(\omega_1 t) + b_1\sin(\omega_1 t) + a_2\cos(\omega_1 t) + b_2\sin(\omega_1 t) + \cdots + a_n\cos(\omega_1 t) + b_n\sin(\omega_1 t)$$

$$= a_0 + \sum_{n=1}^{\infty} a_n\cos(n\omega_1 t) + b_n\sin(n\omega_1 t) \tag{3-1}$$

式中:n 为正整数。对式(3-1)在区间 $[t_0, t_0+T_1]$ 内积分,得

$$\int_{t_0}^{t_0+T_1} f(t)\,\mathrm{d}t = \int_{t_0}^{t_0+T_1} a_0\,\mathrm{d}t + \int_{t_0}^{t_0+T_1} \left[\sum_{n=1}^{\infty} a_n\cos(n\omega_1 t) + b_n\sin n(\omega_1 t)\right]\mathrm{d}t$$

$$= \int_{t_0}^{t_0+T_1} a_0\,\mathrm{d}t + 0$$

$$= a_0 T_1$$

这就求得了第一个系数 a_0 的表达式,直流分量为

$$a_0 = \frac{1}{T_1}\int_{t_0}^{t_0+T_1} f(t)\,\mathrm{d}t \tag{3-2}$$

接下来用 $\cos(m\omega_1 t)$ 乘式(3-1)的两边得到

$$\cos(m\omega_1 t) \cdot f(t) = a_0 \cdot \cos(m\omega_1 t) + \sum_{n=1}^{\infty} \left[a_n\cos(n\omega_1 t) \cdot \cos(m\omega_1 t) + b_n\sin(n\omega_1 t) \cdot \cos(m\omega_1 t)\right]$$

对上式在区间 $[t_0, t_0+T_1]$ 内积分，得

$$\int_{t_0}^{t_0+T_1} \cos(m\omega_1 t) \cdot f(t)\mathrm{d}t = a_0 \int_{t_0}^{t_0+T_1} \cos(m\omega_1 t)\mathrm{d}t +$$

$$\sum_{n=1}^{\infty} \left[a_n \int_{t_0}^{t_0+T_1} \cos(n\omega_1 t) \cdot \cos(m\omega_1 t)\mathrm{d}t + b_n \int_{t_0}^{t_0+T_1} \sin(n\omega_1 t)\mathrm{d}t \cdot \cos(m\omega_1 t)\mathrm{d}t \right]$$

根据三角函数的正交性 $\int_{t_0}^{t_0+T_1} \cos(m\omega_1 t)\mathrm{d}t = 0$，$\int_{t_0}^{t_0+T_1} \sin(n\omega_1 t) \cdot \cos(m\omega_1 t)\mathrm{d}t = 0$，

$\int_{t_0}^{t_0+T_1} \cos(n\omega_1 t) \cdot \cos(m\omega_1 t)\mathrm{d}t$ 仅有 $n=m$ 时不为 0 外，其余各项均为 0，所以有

$$\int_{t_0}^{t_0+T_1} \cos(n\omega_1 t) \cdot f(t)\mathrm{d}t = a_n \int_{t_0}^{t_0+T_1} \cos^2(n\omega_1 t)\mathrm{d}t = \frac{a_n}{2}T_1$$

则余弦分量的幅度为

$$a_n = \frac{2}{T_1}\int_{t_0}^{t_0+T_1} \cos(n\omega_1 t) \cdot f(t)\mathrm{d}t \tag{3-3}$$

同理，式(3-1)两边乘以 $\sin(m\omega_1 t)$，可得

正弦分量的幅度为

$$b_n = \frac{2}{T_1}\int_{t_0}^{t_0+T_1} \sin(n\omega_1 t) \cdot f(t)\mathrm{d}t \tag{3-4}$$

必须指出，并非任意周期信号都能进行傅里叶级数展开。被展开的函数 $f(t)$ 需要满足如下的一组充分条件，这组条件称为"狄利克雷(Dirichlet)条件"，具体如下。

(1) 在一个周期内，如果有间断点存在，则间断点的数目应为有限个。

(2) 在一个周期内，极大值和极小值的数目应为有限个。

(3) 在一个周期内，信号绝对可积，即 $\int_{t_0}^{t_0+T_1} |f(t)|\mathrm{d}t$ 等于有限值。

小结: 式(3-1)表明，任何周期信号只要满足狄利克雷条件就可以分解成直流分量及许多正弦、余弦分量。这些正弦、余弦分量的频率必定是 ω_1 的整数倍。

例 3.1 求周期锯齿波的三角函数形式的傅里叶级数展开式。

解
$$f(t) = \frac{A}{T_1}t \left(-\frac{T_1}{2} \leqslant t \leqslant \frac{T_1}{2}\right)$$

$$a_0 = \frac{1}{T_1}\int_{-\frac{T_1}{2}}^{\frac{T_1}{2}} \frac{A}{T_1}t\,\mathrm{d}t = 0$$

$$a_n = \frac{1}{T_1}\int_{-\frac{T_1}{2}}^{\frac{T_1}{2}} \frac{A}{T_1}t\cos(n\omega_1 t)\mathrm{d}t = 0$$

$$b_n = \frac{1}{T_1}\int_{-\frac{T_1}{2}}^{\frac{T_1}{2}} \frac{A}{T_1}t\cos(n\omega_1 t)\mathrm{d}t$$

式中: $\omega_1 = \frac{2\pi}{T_1}$。

所以周期锯齿波的傅里叶级数展开式为

$$f(t) = 0 + \frac{A}{\pi}\sin\omega_1 t - \frac{A}{2\pi}\sin2\omega_2 t - \cdots = \frac{A}{n\pi}(-1)^{n+1}, n=1,2,3\cdots$$

若将式(3-1)中同频率项合并，可以写成另一种形式，具体如下。

(1) 余弦形式。

$$f(t) = c_0 + \sum_{n=1}^{\infty} c_n \cos(n\omega_1 t + \varphi) \qquad (3\text{-}5)$$

（2）正弦形式。

$$f(t) = d_0 + \sum_{n=1}^{\infty} d_n \cos(n\omega_1 t + \theta) \qquad (3\text{-}6)$$

其中

$$\left. \begin{aligned}
a_0 &= c_0 = d_0 \\
c_n &= d_n = \sqrt{a_n^2 + b_n^2} \\
a_n &= c_n \cos\varphi_n = d_n \sin\theta_n \\
b_n &= -c_n \sin\varphi_n = d_n \cos\theta_n \\
\tan\varphi_n &= \frac{a_n}{b_n} \\
\tan\theta_n &= -\frac{b_n}{a_n}
\end{aligned} \right\} \qquad (3\text{-}7)$$

通常，我们将角频率为 ω_1 的分量称为基波，将角频率为 $2\omega_1, 3\omega_1, \cdots$ 的分量分别称为二次谐波、三次谐波……。显然，直流分量的大小以及基波与各次谐波的幅度、相位取决于周期信号的波形。

傅里叶级数是一种频域分析工具，也可以理解成一种复杂的周期波分解成直流项、基波（角频率为 ω_1）和各次谐波（角频率为 $n\omega_1$）的和，也就是级数中的各项。一般情况下，随着 n 的增大，各次谐波的能量逐渐衰减，所以一般从级数中取前 n 项之和就可以很好的接近原周期波形。这是傅里叶级数在电子学分析中的重要应用。

3.1.2 指数形式的傅里叶级数

周期信号的傅里叶级数展开也可以表示为指数形式，已知三角函数形式的傅里叶级数为

$$f(t) = a_0 + \sum_{n=1}^{\infty} a_n \cos(n\omega_1 t) + b_n \sin(n\omega_1 t)$$

将欧拉公式

$$\cos(n\omega_1 t) = \frac{1}{2}(e^{jn\omega_1 t} + e^{-jn\omega_2 t})$$

$$\sin(n\omega_1 t) = \frac{1}{2j}(e^{jn\omega_1 t} - e^{-jn\omega_2 t})$$

代入三角函数形式的傅里叶级数中，得到

$$f(t) = a_0 + \sum_{n=1}^{\infty} \left(\frac{a_n - jb_n}{2} e^{jn\omega_1 t} + \frac{a_n + jb_n}{2} e^{-jn\omega_1 t} \right)$$

令

$$F(n\omega_1) = \frac{a_n - jb_n}{2}, n = 1, 2, 3 \cdots \qquad (3\text{-}8)$$

因为 a_n 是 n 的偶函数，b_n 是 n 的奇函数（见式（3-3）和式（3-4）），所以有

$$F(-n\omega_1) = \frac{a_n + jb_n}{2}$$

则

$$f(t) = a_0 + \sum_{n=1}^{\infty} \left[F(n\omega_1) e^{jn\omega_1 t} + F(-n\omega_1) e^{-jn\omega_1 t} \right]$$

令 $F(0) = a_0$，考虑到 $\sum\limits_{n=1}^{\infty} F(-n\omega_1) e^{-jn\omega_1 t} = \sum\limits_{n=-1}^{-\infty} F(n\omega_1) e^{jn\omega_1 t}$，得到 $f(t)$ 的指数形式傅里叶

级数为

$$f(t) = \sum_{n=-\infty}^{\infty} F(n\omega_1) e^{jn\omega_1 t} \tag{3-9}$$

若将式(3-3)和式(3-4)代入式(3-8)，就可以得到指数形式傅里叶级数的系数 $F(n\omega_1)$（或写作 $F(n)$）为

$$F(n) = F(n\omega_1) = \frac{1}{T_1} \int_{t_0}^{t_0+T_1} f(t) e^{-jn\omega_1 t} dt, n = 0, \pm 1, \pm 2, \cdots \tag{3-10}$$

小结：(1) 周期信号可分解为 $(-\infty, +\infty)$ 上的指数信号 $e^{jn\omega_1 t}$ 的线性组合。

(2) 若给出 $F(n\omega_1)$，则 $f(t)$ 就唯一确定。

(3) 式(3-9)和式(3-10)是一对变换对。

从式(3-6)和式(3-8)可以看出，$F(n)$ 与其他系数的关系如下。

$$\left.\begin{aligned}
F_0 &= a_0 = c_0 = d_0 \\
F_n &= |F_n| e^{j\varphi_n} = \frac{1}{2}(a_n - jb_n) \\
F_{-n} &= |F_{-n}| e^{-j\varphi_n} = \frac{1}{2}(a_n + jb_n) \\
|F_n| &= |F_{-n}| = \frac{1}{2}c_n = \frac{1}{2}d_n = \frac{1}{2}\sqrt{a_n^2 + b_n^2} \\
|F_n| &+ |F_{-n}| = a_n \\
b_n &= j(F_n - F_{-n}) \\
c_n^2 &= d_n^2 = a_n^2 + b_n^2 = 4F_n F_{-n}
\end{aligned}\right\} \tag{3-11}$$

3.1.3　函数的对称性与傅里叶系数的关系

1. 偶函数

如果信号波形相对于纵轴是对称的，即满足

$$f(t) = f(-t)$$

此时 $f(t)$ 是偶函数，如图 3-1 所示。

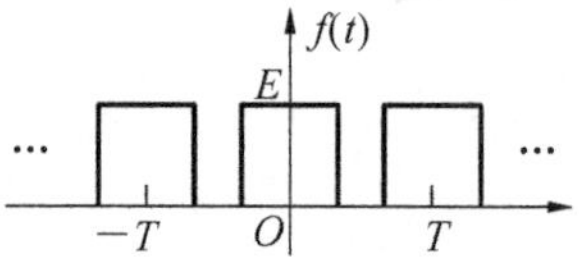

则由式(3-3)和式(3-4)可以得出

$$a_n = \frac{2}{T} \int_{-\frac{T}{2}}^{\frac{T}{2}} f(t) \cos(n\omega_1 t) dt = \frac{4}{T} \int_{0}^{\frac{T}{2}} f(t) \cos(n\omega_1 t) dt \neq 0$$

$$b_n = \frac{2}{T} \int_{-\frac{T}{2}}^{\frac{T}{2}} f(t) \sin(n\omega_1 t) dt = 0$$

图 3-1　偶函数示例

由式(3-8)得

$$F_n = F_{(n\omega_1)} = \frac{1}{2}(a_n - jb_n) = \frac{1}{2}a_n$$

由式(3-6)得

$$\varphi_n = 0$$

所以，偶函数的 F_n 为实数。在偶函数的傅里叶级数中不会含有正弦项，只可能含有直流项和余弦项。

2. 奇函数

如果信号波形相对于纵坐标是反对称的，即满足

$$f(t) = -f(-t)$$

此时 $f(t)$ 是奇函数，如图 3-2 所示。

则

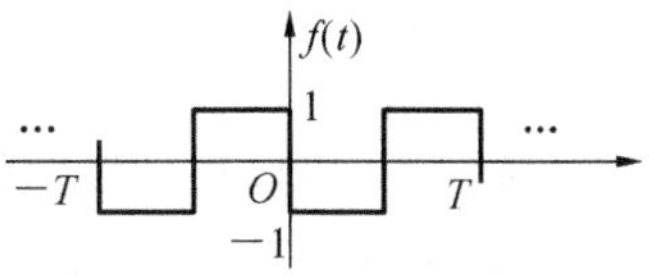

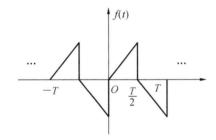

图 3-2 奇函数示例

$$a_0 = \frac{1}{T}\int_{-\frac{T}{2}}^{\frac{T}{2}} f(t)\mathrm{d}t = 0$$

$$a_n = \frac{2}{T}\int_{-\frac{T}{2}}^{\frac{T}{2}} f(t)\cos(n\omega_1 t)\mathrm{d}t = 0$$

$$b_n = \frac{2}{T}\int_{-\frac{T}{2}}^{\frac{T}{2}} f(t)\sin(n\omega_1 t)\mathrm{d}t = \frac{4}{T}\int_{0}^{\frac{T}{2}} f(t)\sin(n\omega_1 t)\mathrm{d}t \neq 0$$

$$F_n = F_{(n\omega_1)} = \frac{1}{2}(a_n - \mathrm{j}b_n) = -\frac{1}{2}\mathrm{j}b_n, \varphi_n = -\frac{\pi}{2}$$

所以，奇函数的 F_n 为虚数。在奇函数的傅里叶级数中不会含有余弦项，只可能包含正弦项。虽然在奇函数上加上直流成分，它不再是奇函数，但在它的级数中仍然不会含有余弦项。

3. 奇谐函数

若波形沿时间轴平移半个周期并相对于该轴上下反转，此时波形并不发生变化，即满足

$$f(t) = -f(t\pm\frac{T_1}{2})$$

这样的函数称为半波对称函数或称奇谐函数，如图 3-3 所示。

则有

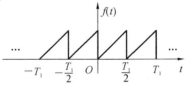

$$a_0 = 0$$

$$a_n = b_n = 0, n = 2,4,6,\cdots$$

$$a_n = \frac{4}{T}\int_{0}^{\frac{T}{2}} f(t)\cos(n\omega_1 t)\mathrm{d}t, n = 1,3,5,\cdots$$

图 3-3 奇谐函数示例图

$$b_n = \frac{4}{T}\int_{0}^{\frac{T}{2}} f(t)\sin(n\omega_1 t)\mathrm{d}t, n = 1,3,5,\cdots$$

可见，在半波对称周期函数的傅里叶级数中，只含有基波和奇次谐波的正弦项和余弦项，而不会含有偶次谐波项，这也是"奇谐函数"名称的由来。

4. 偶谐函数

若波形移动 $\pm\frac{T}{2}$ 与原波形重合，即满足

$$f(t) = f(t+\frac{T}{2}), \omega_1 = \frac{2\pi}{T}$$

这样的函数称为偶谐函数，如图 3-4 所示。

则有

$$a_n = b_n = 0, n = 1,3,5,\cdots$$

$$a_n = \frac{4}{T}\int_{0}^{\frac{T}{2}} f(t)\cos(n\omega_1 t)\mathrm{d}t, n = 0,2,4,6,\cdots$$

图 3-4 偶谐函数示例图

$$b_n = \frac{4}{T}\int_{0}^{\frac{T}{2}} f(t)\sin(n\omega_1 t)\mathrm{d}t, n = 2,4,6,\cdots$$

所以，在偶谐函数的傅里叶级数中，只含有直流分量和偶次谐波的正弦项和余弦项，而不会含有奇次谐波项。

由上可知，当波形满足某种对称关系时，在傅里叶变换中某些项将不会出现。从而可以

对波形中包含哪些谐波成分迅速做出判断,以便简化傅里叶系数的计算。一般函数可分解为奇函数和偶函数之和,则将其分别展开成傅里叶级数再相加,有时可使运算过程简化。在允许的情况下,可以移动函数的坐标使波形具有某种对称性,以便简化运算。

例 3.2　利用信号 $f(t)$ 的对称性,定性判断图 3-5 中各周期信号的傅里叶级数中所含的频率分量。

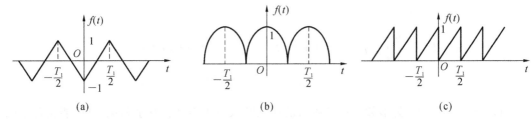

图 3-5　例 3.2 图

解　(1) 图 3-5(a)所示的是一个偶函数(不含正弦量),又是一个奇谐函数(不含直流和偶次谐波),所以 $f(t)$ 的傅里叶级数中仅含有基波和奇次谐波的余弦分量。

(2) 图 3-5(b)所示的是一个偶函数(不含正弦量),又是一个偶谐函数(不含基波和奇次谐波),所以 $f(t)$ 的傅里叶级数中仅含有直流分量和偶次谐波的余弦分量。

(3) 图 3-5(c)所示的既非奇函数也非偶函数,但若向下平移 $\frac{1}{2}$ 就成了奇函数,故可以看成是一个直流分量和一个奇函数的叠加,且实际周期为 $\frac{T_1}{2}$ 的偶谐函数,所以 $f(t)$ 的傅里叶级数中仅含有直流分量和偶次谐波的正弦分量。

3.2　周期信号的频谱

3.2.1　周期信号的频谱

一个周期信号 $f(t)$,只要满足狄利克雷条件,则可分解为一系列谐波分量之和。其各次谐波分量可以是正弦函数或余弦函数,也可以是指数函数。不同的周期信号,其展开式的组成情况也不尽相同。在实际工作中,为了表征不同信号的谐波组成情况,常常画出周期信号各次谐波的分布图形,这种图形称为信号的频谱,它是信号频域表示的一种方式。

描述各次谐波振幅与频率关系的图形称为振幅频谱(即 c_n-ω 关系曲线),或称为幅度频谱图,简称幅度图。描述各次谐波相位与频率关系的图形称为相位频谱(即 φ-ω 关系曲线)或称为相位频谱图,简称相位谱。根据周期信号展开成傅里叶级数的不同形式又可分为单边频谱和双边频谱。

1. 单边频谱

若周期信号 $f(t)$ 按式(3-5)的三角函数形式傅里叶级数展开,即

$$f(t) = c_0 + \sum_{n=1}^{\infty} c_n \cos(n\omega_1 t + \varphi)$$

则对应的振幅频谱 c_n 和相位频谱 φ_n 称为单边频谱。

例 3.3　已知 $f(t) = 1 + \sin\omega_1 t + 2\cos\omega_1 t + \cos(2\omega_1 t + \frac{\pi}{4})$,请画出其单边频谱。

解　将 $f(t)$ 变为余弦形式

$$f(t) = 1 + \sqrt{5}\cos(\omega_1 t - 0.15\pi) + \cos(2\omega_1 t + \frac{\pi}{4})$$

则三角函数形式的傅里叶级数的谱系数为

$$c_0 = 1, \varphi_0 = 0$$

$$c_1 = \sqrt{5} = 2.263, \varphi_1 = -0.15\pi$$

$$c_2 = 1, \varphi_2 = \frac{\pi}{4} = 0.25\pi$$

频谱图如图 3-6 所示。

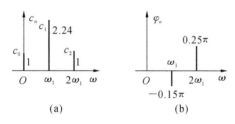

图 3-6　例 3.3 频谱图

2. 双边频谱

若周期信号 $f(t)$ 按式(3-9)的指数形式傅里叶级数展开,即

$$f(t) = \sum_{n=-\infty}^{\infty} F(n\omega_1) e^{jn\omega_1 t}$$

则 $|F_n|$ 与 ω 所描述的振幅频谱以及 F_n 的相位 $\arctan F_n = \theta_n$ 与 ω 所描述的相位频谱称为双边频谱。

■ 例 3.4　已知 $f(t) = 1 + \sin\omega_1 t + 2\cos\omega_1 t + \cos(2\omega_1 t + \frac{\pi}{4})$,请画出其双边频谱。

■ 解　将 $f(t)$ 变为指数形式

由欧拉公式,得

$$f(t) = 1 + \frac{1}{2j}(e^{j\omega_1 t} - e^{-j\omega_1 t}) + \frac{2}{2}(e^{j\omega_1 t} + e^{-j\omega_1 t}) + \frac{1}{2}(e^{2j\omega_1 t + \frac{\pi}{4}} + e^{-(2j\omega_1 t + \frac{\pi}{4})})$$

整理,得

$$f(t) = 1 + (1 + \frac{1}{2j})e^{j\omega_1 t} + (1 - \frac{1}{2j})e^{-j\omega_1 t} + \frac{1}{2}e^{2j\omega_1 t}e^{j\frac{\pi}{4}} + \frac{1}{2}e^{-2j\omega_1 t}e^{-j\frac{\pi}{4}}$$

$$= \sum_{n=-2}^{2} F(n\omega_1) e^{jn\omega_1 t}$$

则指数形式的傅里叶级数的谱系数为

$$F_0 = 1$$

$$F(\omega_1) = (1 + \frac{1}{2j}) = 1.12 e^{-j0.15\pi}, F(2\omega_1) = \frac{1}{2}e^{j\frac{\pi}{4}}$$

$$F(-\omega_1) = (1 - \frac{1}{2j}) = 1.12 e^{j0.15\pi}, F(-2\omega_1) = \frac{1}{2}e^{-j\frac{\pi}{4}}$$

谱线为

$$F_0 = |F(0)| = 1, \varphi_0 = 0$$

$$F_1 = |F(\omega_1)| = 1.12, \varphi_1 = -0.15\pi$$

$$F_{-1} = |F(-\omega_1)| = 1.12, \varphi_{-1} = 0.15\pi$$

$$F_2 = |F(2\omega_1)| = 0.5, \varphi_2 = 0.25\pi$$

$$F_{-2} = |F(-2\omega_1)| = 0.5, \varphi_{-2} = -0.25\pi$$

谱线图如图 3-7 所示。

三角形式与指数形式的频谱图对比,如图 3-8 所示。

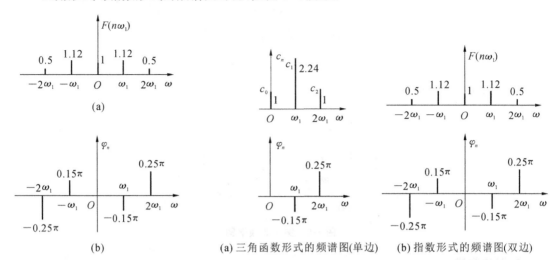

图 3-7　例 3.4 图　　　　　　图 3-8　指数形式与指数函数形式的频谱图

(a) 三角函数形式的频谱图(单边)　(b) 指数形式的频谱图(双边)

从上例的频谱图中可以看出,单边振幅频谱是指 $c_n = 2|F_n|$ 与正 n 值的关系,双边振幅频谱是指 $|F_n|$ 与正负 n 值的关系。负频率的出现完全是数学运算的结果,并没有任何物理意义,只有将负频率项和相应的正频率项成对合并起来,才是实际的频谱函数。例如上例中, $|F_n| = |F_{-n}|$,所以将双边振幅频谱 $|F_{-n}|$ 围绕纵轴从 $-n$ 一侧对折到 n 一侧,并将振幅相加,便得到单边振幅 c_n 频谱。

当 F_n 为实数且 $f(t)$ 各谐波分量的相位为零或 $\pm\pi$,图形比较简单时,也可将振幅频谱和相位频谱合在一幅图中。

3. 周期信号频谱的特点

周期信号频谱具有以下特点。

(1) 离散性:是指频谱由频率离散而不连续的谱线组成,这种频谱称为离散频谱或线谱。

(2) 谐波性:是指各次谐波分量的频率都是基波频率 $\omega_1 = \dfrac{2\pi}{T}$ 的整数倍,而且相邻谐波的频率间隔是均匀的,即谱线在频率轴上的位置是 ω_1 的整数倍。

(3) 收敛性:是指谱线幅度随 $n \to \infty$ 而衰减为零。因此这种频谱具有收敛性或衰减性。

3.2.2　周期信号的有效频谱宽度

在周期信号的频谱分析中,周期矩形脉冲信号的频谱具有典型的意义,得到了广泛的应用。下面以图 3-9 所示的周期矩形脉冲信号为例,进一步研究其频谱宽度与脉冲宽度之间的关系。

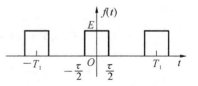

图 3-9　周期矩形信号的波形

此信号在一个周期内 $\left(-\dfrac{T_1}{2} \leqslant t \leqslant \dfrac{T_1}{2}\right)$ 的表达式为

$$f(t) = E\left[u\left(t+\dfrac{\tau}{2}\right) - u\left(t-\dfrac{\tau}{2}\right)\right]$$

利用式(3-1),可以把周期矩形脉冲信号 $f(t)$ 展开成三角函数形式的傅里叶级数为

$$f(t) = a_0 + \sum_{n=1}^{\infty} \left[a_n \cos(n\omega_1 t) + b_n \sin(n\omega_1 t) \right]$$

根据式(3-2)、式(3-3)、式(3-4)可以求出各系数,其中直流分量为

$$a_0 = \frac{1}{T_1} \int_{-\frac{T_1}{2}}^{\frac{T_1}{2}} f(t)\,\mathrm{d}t = \frac{1}{T_1} \int_{-\frac{\tau}{2}}^{\frac{\tau}{2}} E\,\mathrm{d}t = \frac{E\tau}{T_1}$$

余弦分量的幅度为

$$a_n = \frac{2}{T_1} \int_{-\frac{T_1}{2}}^{\frac{T_1}{2}} f(t)\cos(n\omega_1 t)\,\mathrm{d}t = \frac{2}{T_1} \int_{-\frac{\tau}{2}}^{\frac{\tau}{2}} E\left(n\,\frac{2\pi t}{T_1}\right)\mathrm{d}t = \frac{2E}{n\pi}\sin\left(\frac{n\pi\tau}{T_1}\right)$$

或写为

$$a_n = \frac{2E\tau}{T_1}\mathrm{Sa}\left(\frac{n\pi\tau}{T_1}\right) = \frac{E\tau\omega_1}{\pi}\mathrm{Sa}\left(\frac{n\omega_1\tau}{2}\right)$$

其中,Sa 为抽样函数,它等于

$$\mathrm{Sa}\left(\frac{n\pi\tau}{T_1}\right) = \frac{\sin\left(\dfrac{n\pi\tau}{T_1}\right)}{\dfrac{n\pi\tau}{T_1}}$$

由于 $f(t)$ 是偶函数,可知 $b_n = 0$,所以周期矩形脉冲信号的三角函数形式的傅里叶级数为

$$f(t) = \frac{E\tau}{T_1} + \frac{2E\tau}{T_1} \sum_{n=1}^{\infty} \mathrm{Sa}\left(\frac{n\pi\tau}{T_1}\right)\cos(n\omega_1 t)$$

或

$$f(t) = \frac{E\tau}{T_1} + \frac{E\tau\omega_1}{T_1} \sum_{n=1}^{\infty} \mathrm{Sa}\left(\frac{n\omega_1\tau}{2}\right)\cos(n\omega_1 t)$$

若将 $f(t)$ 展开成指数形式的傅里叶级数,由式(3-10)可得

$$F_n = \frac{1}{T_1} \int_{-\frac{\tau}{2}}^{\frac{\tau}{2}} E\mathrm{e}^{-\mathrm{j}n\omega_1 t}\,\mathrm{d}t = \frac{E\tau}{T_1}\mathrm{Sa}\left(\frac{n\omega_1\tau}{2}\right)$$

所以有

$$f(t) = \sum_{n=-\infty}^{\infty} F_n \mathrm{e}^{\mathrm{j}n\omega_1 t} = \frac{E\tau}{T_1} \sum_{n=-\infty}^{\infty} \mathrm{Sa}\left(\frac{n\omega_1\tau}{2}\right)\mathrm{e}^{\mathrm{j}n\omega_1 t}$$

如图 3-9 所示的信号 $f(t)$ 的脉冲宽度为 τ,脉冲幅度为 E,重复周期为 T,重复角频率为 $\omega_1 = \dfrac{2\pi}{T_1}$,可以求出直流分量、基波与各次谐波分量的幅度,分别为

$$c_0 = a_0 = \frac{E\tau}{T_1}$$

$$c_n = a_n = \frac{2E\tau}{T_1}\mathrm{Sa}\left(\frac{n\pi\tau}{T_1}\right)$$

则周期矩形波脉冲信号的频谱如图 3-10 所示。

其中,连接各谱线顶点的曲线(如图 3-10 中的虚线所示)称为包络线。图 3-10(a)、(b)分别为周期矩形脉冲信号的幅度频谱、相位频谱。在这里 F_n 为实数,因此一般把振幅频谱和相位频谱合在一幅图中,如图 3-10(c)所示。同样,也可以画出双边频谱,如图 3-10(d)所示。

由图 3-10 可以得出以下结论。

(1) 周期矩形脉冲信号的频谱是离散的,两谱线间隔为 $\omega_1 = \dfrac{2\pi}{T_1}$。

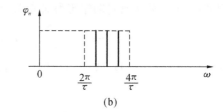

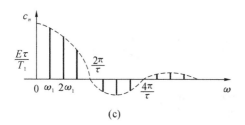

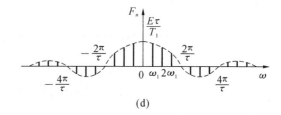

图 3-10　周期矩形脉冲信号的频谱

（2）直流分量、基波及各次谐波分量的大小正比于脉幅 E 和脉宽 τ，反比于周期 T_1，其变化受包络线 $\mathrm{Sa}\left(\dfrac{n\pi\tau}{T_1}\right) = \dfrac{\sin\left(\dfrac{n\pi\tau}{T_1}\right)}{\dfrac{n\pi\tau}{T_1}}$ 的限制。

（3）当 $\omega_1 = \dfrac{2m\pi}{\tau}(m = \pm 1, \pm 2\cdots)$ 时，谱线的包络线过零点。因此 $\omega_1 = \dfrac{2m\pi}{\tau}$ 称为零分量频率。

（4）周期矩形脉冲信号包含无限多条谱线，它可分解为无限多个频率分量，但其主要能量集中在第一个零分量频率之内。因此，通常把 $\omega_1 = 0 \to \dfrac{2\pi}{\tau}$ 这段频率范围称为矩形信号的频带宽度或信号的占有频带，记为 B，于是有

$$\left.\begin{aligned} B_\omega &= \frac{2\pi}{\tau} \\ B_f &= \frac{1}{\tau} \end{aligned}\right\} \tag{3-12}$$

显然，频带宽度 B 只与脉冲宽度 τ 有关，而且成反比关系。频带宽度是研究信号与系统频率特性的重要内容，要使信号通过线性系统不失真，就要求系统本身所具有的频率特性必须与信号的频宽相适应。

对于一般周期信号，同样也可得到离散频谱，也存在零分量频率和频带宽度。

3.2.3　周期信号频谱与周期 T_1 的关系

同样以周期矩形信号为例进行分析。因为

$$F_n = \frac{E\tau}{T_1}\mathrm{Sa}\left(\frac{n\omega_1\tau}{2}\right)$$

所以在脉冲宽度 τ 保持不变的情况下，若增大周期 T_1，则可以得出以下结论。

（1）离散谱线的间隔 $\omega_1 = \dfrac{2\pi}{T_1}$ 将变小，即谱线变密。

（2）各谱线的幅度将变小，包络线变化缓慢，即振幅收敛速度变慢。

（3）由于 τ 不变，故零分量频率位置不变，信号频带宽度亦不变。

脉冲宽度 τ 相同而周期 T_1 不同的周期矩形脉冲信号的频谱中,频谱包络线的零点所在位置不变,而当周期 T_1 增大时,频谱线变密,即在信号占有频带内谐波分量增多,同时振幅减小。当周期无限增大时,$f(t)$ 变为非周期信号,相邻谱线间隔趋近于零。相应振幅趋于无穷小量,从而使周期信号的离散频谱过渡到非周期信号的连续频谱,这将在下一节中讨论。

如果保持周期矩形信号的周期 T_1 不变,而改变脉冲宽度 τ,则可知此时谱线的间隔不变。若减小 τ,则信号频谱中的第一个零分量频率 $\omega_1 = \dfrac{2\pi}{\tau}$ 增大,即信号的频谱宽度增大,同时出现零分量频率的次数减少,相邻两个零分量频率间所含的谐波分量增大。并且各次谐波的振幅减小,即振幅收敛速度变慢。若 τ 增大,则反之,如图 3-11 所示。

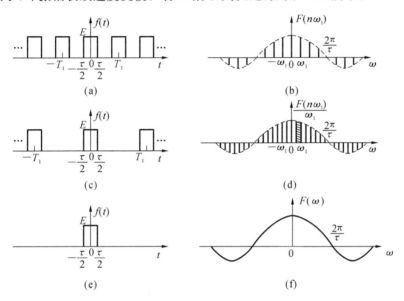

图 3-11 不同 τ 值下周期矩形信号的频谱

3.2.4 周期信号的功率谱

周期信号 $f(t)$ 的平均功率可定义为在 1Ω 电阻上消耗的平均功率,即

$$P = \frac{1}{T_1} \int_{-\frac{T_1}{2}}^{\frac{T_1}{2}} f^2(t)\,\mathrm{d}t \tag{3-13}$$

周期信号 $f(t)$ 的平均功率可以用式(3-13)在时域进行计算,也可以在频域进行计算。若 $f(t)$ 的指数型傅里叶级数展开式为

$$f(t) = \sum_{n=-\infty}^{\infty} F_n \mathrm{e}^{jn\omega_1 t}$$

则将上式代入式(3-13),并利用 F_n 的有关性质,可得

$$P = \frac{1}{T_1} \int_{-\frac{T_1}{2}}^{\frac{T_1}{2}} f^2(t)\,\mathrm{d}t = \sum_{n=-\infty}^{\infty} |F_n|^2 \tag{3-14}$$

该式称为帕塞瓦尔(Parseval)定理。它表明周期信号的平均功率完全可以在频域用 F_n 来确定。实际上它反映周期信号在时域的平均功率等于频域中的直流功率分量和各次谐波平均功率分量之和,也即时域和频域的能量守恒。$|F_n|^2$ 与 ω_1 的关系称为周期信号的功率频谱,简称为功率谱。显然,周期信号的功率谱也是离散谱。

3.3 非周期信号的傅里叶变换

在 3.1 和 3.2 小节我们已经讨论了周期信号的傅里叶级数,并得出了它的离散频谱。本节我们将讨论非周期信号的傅里叶变换。

3.3.1 傅里叶变换

下面仍以周期矩形信号为例。3.2 小节中已经指出,当周期信号的周期 T_1 无限增大时,则周期信号就转化为非周期性的单脉冲信号。所以可以把周期信号看成是周期 T_1 趋近于无限大的周期信号。

由图 3-11 可知,当周期信号的周期 T_1 增大时,谱线的间隔 $\omega_1\left(=\dfrac{2\pi}{T_1}\right)$ 变小,若周期 T_1 趋于无限大,则谱线的间隔趋于无限小,这样,离散频谱就变成连续频谱了。同时,由式 (3-10) 可知,由于周期 T_1 趋于无限大,线谱的长度 $F(n\omega_1)$ 趋于零。那我们在 3.2 节所表示的频谱将为零,失去了实际意义。

但是,从物理概念中的能量守恒来看,一个信号,必然含有一定的能量,无论信号怎么分解,其所含的能量是不变的。所以不论周期增大到什么程度,频谱的分布依然存在。

所以,对于周期信号的频谱必须引入一个新的量来表示,称之为"频谱密度函数"。

设有一个周期信号 $f(t)$ 及其复数频谱 $F(n\omega_1)$,将 $f(t)$ 展开成指数形式的傅里叶级数为

$$f(t) = \sum_{n=-\infty}^{\infty} F(n\omega_1)\mathrm{e}^{\mathrm{j}n\omega_1 t}$$

其频谱为

$$F(n\omega_1) = \frac{1}{T_1}\int_{-\frac{T_1}{2}}^{\frac{T_1}{2}} f(t)\mathrm{e}^{-\mathrm{j}n\omega_1 t}\mathrm{d}t$$

两边乘以 T_1,得到

$$F(n\omega_1)T_1 = \frac{2\pi F(n\omega_1)}{\omega_1} = \int_{-\frac{T_1}{2}}^{\frac{T_1}{2}} f(t)\mathrm{e}^{-\mathrm{j}n\omega_1 t}\mathrm{d}t$$

对于非周期信号,当周期 $T_1 \to \infty$ 时,频率 $\omega_1 \to 0$,谱线间隔 $\Delta(n\omega_1) \to d\omega$,则离散频率 $n\omega_1$ 变成连续频率 ω。在这种极限情况下,$F(n\omega_1) \to 0$,但 $\dfrac{2\pi F(n\omega_1)}{\omega_1}$ 不趋近于 0,而是趋近于有限值,并且是一个连续函数,记为 $F(\omega)$ 或 $F(\mathrm{j}\omega)$,即

$$F(\omega) = \lim_{T_1 \to \infty} F(n\omega_1)T_1 = \lim_{T_1 \to \infty}\frac{2\pi F(n\omega_1)}{\omega_1} = \lim_{T_1 \to \infty}\int_{-\frac{T_1}{2}}^{\frac{T_1}{2}} f(t)\mathrm{e}^{-\mathrm{j}n\omega_1 t}\mathrm{d}t = \int_{-\infty}^{+\infty} f(t)\mathrm{e}^{-\mathrm{j}\omega t}\mathrm{d}t$$

$$(3\text{-}15)$$

式 (3-15) 中,$\dfrac{F(n\omega_1)}{\omega_1}$ 表示单位频带的频谱值,即频谱密度的概念。$F(\omega)$ 称为原函数 $f(t)$ 的频谱密度,或简称为频谱函数。

$$F(\omega) = \int_{-\infty}^{+\infty} f(t)\mathrm{e}^{-\mathrm{j}\omega t}\mathrm{d}t \qquad (3\text{-}16)$$

式 (3-16) 称为傅里叶正变换。

同样,$f(t)$ 展开成指数形式傅里叶级数为

$$f(t) = \sum_{n=-\infty}^{\infty} F(n\omega_1)\mathrm{e}^{\mathrm{j}n\omega_1 t}$$

考虑到谱间间隔 $\Delta(n\omega_1) = \omega_1$,上式可改写为

$$f(t) = \sum_{n\omega_1=-\infty}^{\infty} \frac{F(n\omega_1)}{\omega_1} \mathrm{e}^{\mathrm{j}n\omega_1 t} \Delta(n\omega_1)$$

当周期 $T_1 \to \infty$ 时,取极限的情况下,上式中各量应进行如下改变

$$\Delta(n\omega_1) \to \mathrm{d}\omega, \ n\omega_1 \to \omega, \ \frac{F(n\omega_1)}{\omega_1} \to \frac{F(\omega)}{2\pi}, \ \sum_{n\omega_1=-\infty}^{\infty} \to \int_{-\infty}^{\infty}$$

于是,傅里叶级数变成如下的积分形式。

$$f(t) = \frac{1}{2\pi} \int_{-\infty}^{\infty} F(\omega) \mathrm{e}^{\mathrm{j}\omega t} \mathrm{d}\omega \qquad (3\text{-}17)$$

式(3-17)称为傅里叶逆变换。式(3-16)和式(3-17)是用周期信号的傅里叶级数通过极限的方法导出的非周期信号频谱的表达式,称为傅里叶变换。为了书写方便,习惯上采用如下符号。

(1) 傅里叶正变换

$$F(\omega) = \mathcal{F}[f(t)] = \int_{-\infty}^{+\infty} f(t) \mathrm{e}^{-\mathrm{j}\omega t} \mathrm{d}t$$

(2) 傅里叶逆变换

$$f(t) = \mathcal{F}^{-1}[F(\omega)] = \frac{1}{2\pi} \int_{-\infty}^{+\infty} F(\omega) \mathrm{e}^{\mathrm{j}\omega t} \mathrm{d}\omega$$

式中:$F(\omega)$ 是 $f(t)$ 的频谱函数,它一般是复函数,可以写为

$$F(\omega) = |F(\omega)| \mathrm{e}^{\mathrm{j}\varphi(\omega)}$$

其中:$|F(\omega)|$ 是 $F(\omega)$ 的模,它代表信号中各频率分量的相对大小,$|F(\omega)|$-ω 为周期函数的幅度频谱。$\varphi(\omega)$ 是 $F(\omega)$ 的相位函数,它表示信号中各频率分量之间的相位关系,$\varphi(\omega)$-ω 为周期函数的相位频谱。由图 3-7 可以看出,它们都是频率 ω 的连续函数,在形状上与相应的周期信号频谱的包络线相同。

与周期信号相类似,也可以将式(3-16)改写为三角函数的形式,即

$$F(\omega) = \int_{-\infty}^{\infty} f(t) \mathrm{e}^{-\mathrm{j}\omega t} \mathrm{d}t = \int_{-\infty}^{\infty} f(t)\cos(\omega t) \mathrm{d}t - \mathrm{j}\int_{-\infty}^{\infty} f(t)\sin(\omega t) \mathrm{d}t = R(\omega) + \mathrm{j}X(\omega)$$

其中

$$R(\omega) = \int_{-\infty}^{\infty} f(t)\cos(\omega t) \mathrm{d}t, \text{是偶函数}$$

$$X(\omega) = -\mathrm{j}\int_{-\infty}^{\infty} f(t)\sin(\omega t) \mathrm{d}t, \text{是奇函数}$$

若 $f(t)$ 是实函数,由式(3-16)可知

(1) $|F(\omega)|$ 是 ω 的偶函数。

$$|F(\omega)| = \sqrt{R^2(\omega) + X^2(\omega)}$$

(2) $\varphi(\omega)$ 是 ω 的奇函数。

$$\varphi(\omega) = \arctan\frac{X(\omega)}{R(\omega)}$$

(3) 若 $f(t)$ 是偶函数 $\Leftrightarrow F(\omega)$ 为实函数。

(4) 若 $f(t)$ 是奇函数 $\Leftrightarrow F(\omega)$ 为虚函数。

可见,非周期信号和周期信号一样,也可以分解成许多不同频率的正、余弦分量。所不同的是,由于非周期信号的周期趋于无限大、基波趋于无限小,于是它包含了从零到无限高的所有频率分量。同时,由于周期趋于无限大,因此,对任一能量有限的信号,在频率点的分量幅度趋于无限小。所以频谱不能再用幅度表示,而改用密度函数来表示。

在上面的讨论中,利用周期信号取极限变成非周期信号的方法,由周期信号的傅里叶级数到非周期信号的傅里叶变换,从离散谱变为连续谱。同样,也可由非周期信号演变成周期

信号,从连续谱引出离散谱。这表明周期信号与非周期信号,傅里叶级数与傅里叶变换,离散谱与连续谱,在一定条件下可以互相转换并统一起来。

> **结论:**(1) 与周期信号一样,非周期信号可分解为许多不同频率的正余弦信号。
> (2) 非周期信号的周期趋于无限大,基波趋于无限小,包含所有频率分量。
> (3) 各频率点的分量幅度 $\dfrac{|F(\omega)|\mathrm{d}\omega}{\pi}$ 趋于无限小,频谱不用幅度而改用密度函数表示。

3.3.2 傅里叶变换存在的条件

必须指出在前面推导傅里叶变换时并未遵循数学上的严格步骤。从理论上来说,傅里叶变换也应该满足一定的条件才能存在。这种条件类似于傅里叶级数的狄利克雷条件,其不同之处在于时间范围由一个周期变成无限的区间。傅里叶变换存在的充分条件是在无线区间内满足绝对可积条件,即要求

$$\int_{-\infty}^{\infty} |f(t)|\,\mathrm{d}t < \infty$$

但是,借助奇异函数(如冲激函数)的概念,可使许多不满足绝对可积条件的信号,如周期信号、阶跃信号、符号函数等存在傅里叶变换。

3.4 常用信号的傅里叶变换

通过前面的讨论,我们已经认识到奇异函数在信号与系统的时域分析中所起到的重要作用。3.3 小节中我们也指出,借助奇异函数(如冲激函数)的概念,可使许多不满足绝对可积条件的信号,如周期信号、阶跃信号、符号函数等存在傅里叶变换。本节将利用傅里叶变换求几种典型非周期信号的频谱。

3.4.1 单边指数信号

已知单边指数信号的表达式为

$$f(t) = \begin{cases} \mathrm{e}^{-at} & (t \geqslant 0) \\ 0 & (t \leqslant 0) \end{cases}, a \text{ 为正实数}$$

则

$$F(\omega) = \int_{-\infty}^{\infty} f(t)\mathrm{e}^{-j\omega t}\,\mathrm{d}t = \int_{0}^{\infty} \mathrm{e}^{-at}\mathrm{e}^{-j\omega t}\,\mathrm{d}t = \int_{0}^{\infty} \mathrm{e}^{-(a+j\omega)t}\,\mathrm{d}t = \frac{1}{a+j\omega}$$

得

$$|F(\omega)| = \frac{1}{\sqrt{a^2 + \omega^2}}$$

$$\varphi(\omega) = -\arctan\left(\frac{\omega}{a}\right)$$

单边指数信号的波形 $f(t)$、幅度谱 $|F(\omega)|$、相位谱 $\varphi(\omega)$ 如图 3-12 所示。

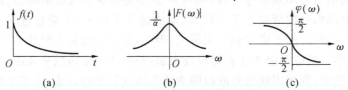

图 3-12 单边指数信号的波形及频谱

3.4.2　矩形脉冲信号

已知矩形脉冲信号的表达式为

$$f(t) = E\left[u\left(t + \frac{\tau}{2}\right) - u\left(t - \frac{\tau}{2}\right) \right]$$

其中，E 为脉冲幅度，τ 为脉冲宽度。

则

$$F(\omega) = \int_{-\infty}^{\infty} f(t)\mathrm{e}^{-\mathrm{j}\omega t}\,\mathrm{d}t = \int_{-\frac{\tau}{2}}^{\frac{\tau}{2}} E\mathrm{e}^{-\mathrm{j}\omega t}\,\mathrm{d}t = \frac{2E}{\omega}\sin\left(\frac{\omega\tau}{2}\right) = E\tau\left[\frac{\sin\left(\frac{\omega\tau}{2}\right)}{\frac{\omega\tau}{2}} \right] \tag{3-18}$$

因为

$$\frac{\sin\left(\frac{\omega\tau}{2}\right)}{\frac{\omega\tau}{2}} = \mathrm{Sa}\left(\frac{\omega\tau}{2}\right)$$

所以

$$F(\omega) = E\tau \cdot \mathrm{Sa}\left(\frac{\omega\tau}{2}\right) \tag{3-19}$$

则矩形脉冲信号的幅度谱和相位谱分别为

$$|F(\omega)| = E\tau \cdot Sa\left(\frac{\omega\tau}{2}\right)$$

$$\varphi(\omega) = \begin{cases} 0, & \dfrac{4n\pi}{\tau} \leqslant |\omega| \leqslant \dfrac{2(2n+1)\pi}{\tau} \\[2mm] \pi, & \dfrac{2(2n+1)\pi}{\tau} \leqslant |\omega| \leqslant \dfrac{4(n+1)\pi}{\tau} \end{cases} \quad (n = 0,1,2,\cdots)$$

因为 $F(\omega)$ 在这里是实函数，通常用一条 $F(\omega)$ 曲线同时表示幅度谱 $|F(\omega)|$ 和相位谱 $\varphi(\omega)$，如图 3-13 所示。

由图 3-13 可以看出，虽然矩形脉冲信号在时域集中在有限的范围内，但是它的频域是以 $\mathrm{Sa}\left(\dfrac{\omega\tau}{2}\right)$ 的规律变化，分布在无限宽的频率范围上，其主要的信号能量集中在 $f(t) = 0 \sim \dfrac{1}{\tau}$ 范围。因而，通常认为这种信号占有频率范围（频带）B 近似为 $\dfrac{1}{\tau}$，即

$$B \approx \frac{1}{\tau} \tag{3-20}$$

3.4.3　符号函数

符号函数（或正、负号函数）以符号 sgn 表示，其表达式为

$$f(t) = \mathrm{sgn}(t) = \begin{cases} +1 & (t > 0) \\ 0 & (t = 0) \\ -1 & (t < 0) \end{cases}$$

显然，符号函数不满足绝对可积条件，但它却存在傅里叶变换。

可以把 $f(t)$ 看成是符号函数和双边指数信号的乘积，如图 3-14 所示，即

$$f(t) = \mathrm{sgn}(t)\mathrm{e}^{-a|t|}$$

求频谱得

$$F_1(\omega) = \int_{-\infty}^{\infty} f(t)\mathrm{e}^{-\mathrm{j}\omega t}\,\mathrm{d}t = \int_{-\infty}^{0} (-\mathrm{e}^{at})\mathrm{e}^{-\mathrm{j}\omega t}\,\mathrm{d}t + \int_{0}^{\infty} \mathrm{e}^{-at}\mathrm{e}^{-\mathrm{j}\omega t}\,\mathrm{d}t = -\frac{1}{a - \mathrm{j}\omega} + \frac{1}{a + \mathrm{j}\omega} = \frac{-\mathrm{j}2\omega}{a^2 + \omega^2}$$

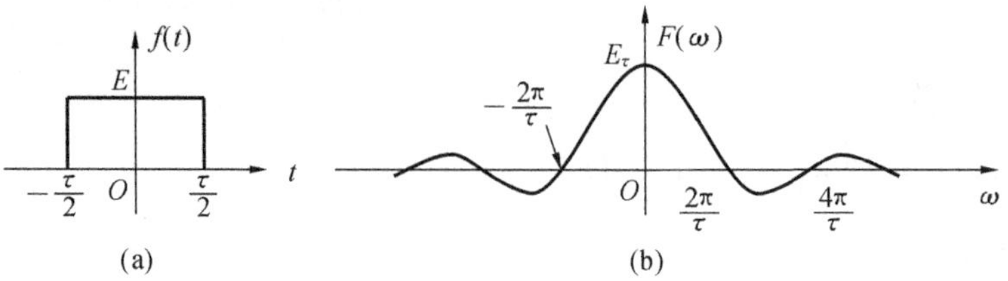

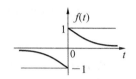

图 3-13　矩形脉冲信号的波形及频谱

图 3-14　符号函数和双边
指数信号的乘积

再求当 $a \rightarrow 0$ 时的极限，得

$$F(\omega) = \lim_{a \to 0} F_1(\omega) = \frac{2}{j\omega} \qquad (3\text{-}21)$$

则

$$|F(\omega)| = \frac{2}{|\omega|}$$

$$\varphi(\omega) = \begin{cases} -\dfrac{\pi}{2}, & \omega > 0 \\[2mm] \dfrac{\pi}{2}, & \omega < 0 \end{cases}$$

其波形、幅度谱、相位谱如图 3-15 所示。

3.4.4 冲激函数

1. 冲激函数的傅里叶变换

单位冲激函数 $\delta(t)$ 满足绝对可积的条件，可以直接求出其傅里叶变换为

$$F(\omega) = \int_{-\infty}^{\infty} f(t) e^{-j\omega t} dt = \int_{-\infty}^{\infty} \delta(t) e^{-j\omega t} dt$$

由冲激函数的抽样性可知

$$F(\omega) = \mathcal{F}[\delta(t)] = \int_{-\infty}^{\infty} \delta(t) e^{-j\omega t} dt = 1 \qquad (3\text{-}22)$$

上述结果也可以由矩形脉冲取极限得到。

已知矩形脉冲的脉宽为 τ，高度为 $E = \dfrac{1}{\tau}$，当 $\tau \rightarrow 0$，而 $E\tau = 1$，这个时候矩形脉冲就变成了 $\delta(t)$，由式 3-18 可知，其相应的频谱为

$$F(\omega) = \lim_{\tau \to 0} \left[\frac{2 \dfrac{1}{\tau}}{\omega} \sin\left(\frac{\omega \tau}{2}\right) \right] = \lim_{\tau \to 0} \left[\cos\left(\frac{\omega \tau}{2}\right) \right] = 1$$

可见，单位冲激函数的频谱等于常数，也就是说，在整个频谱范围内频谱是均匀分布的。显然，在时域中变化异常剧烈的冲激函数包含幅度相等的所有频率分量。因此，这种频谱常称为"均匀谱"或"白色谱"，如图 3-16 所示。

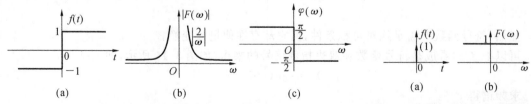

图 3-15　符号函数的波形及频谱　　　　图 3-16　单位冲激函数的波形及频谱

2. 冲激函数的傅里叶逆变换

冲激函数的频谱等于常数,反过来,什么样的函数其频谱为冲激函数呢？由冲激函数的逆变换容易求得

$$\mathcal{F}^{-1}[\delta(t)] = \frac{1}{2\pi}\int_{-\infty}^{\infty}\delta(t)\,e^{j\omega t}\,d\omega = \frac{1}{2\pi} \tag{3-23}$$

此结果表明,冲激函数的傅里叶逆变换是一个直流信号,即直流信号的傅里叶变换为冲激函数。下面我们来分析直流信号的傅里叶变换。

3.4.5 直流信号

已知直流信号的表达式为

$$f(t) = E \quad (-\infty < t < \infty)$$

显然,直流信号不满足绝对可积条件,它的傅里叶变换真的是一个冲激函数吗？

可以将直流信号看成是矩形脉冲信号在脉宽 $\tau \to \infty$ 时的极限,则

$$F(\omega) = \lim_{\tau \to \infty} E\tau \cdot \mathrm{Sa}\left(\frac{\omega\tau}{2}\right) = \lim_{\tau \to \infty} 2\pi E \cdot \frac{\frac{\tau}{2}}{\pi} \cdot \mathrm{Sa}\left(\frac{\tau}{2}\omega\right)$$

由冲激函数的定义可知

$$\delta(\omega) = \lim_{k \to \infty} \frac{k}{\pi}\mathrm{Sa}(k\omega)$$

则

$$F(\omega) = 2\pi E\delta(\omega) \tag{3-24}$$

可见,直流信号的傅里叶变换是位于 $\omega = 0$ 时的冲激函数。

直流信号的波形、频谱如图 3-17 所示。

3.4.6 冲激偶

前面我们介绍过冲激偶 $\delta'(t)$,通过冲激函数的傅里叶变换也可以求出其傅里叶变换。因为

$$\mathcal{F}[\delta(t)] = 1$$

$$\delta(t) = \frac{1}{2\pi}\int_{-\infty}^{\infty}\delta(t)\,e^{j\omega t}\,d\omega$$

将上式两边求导

$$\frac{\mathrm{d}}{\mathrm{d}t}[\delta(t)] = \frac{1}{2\pi}\int_{-\infty}^{\infty}(j\omega)\,e^{j\omega t}\,d\omega$$

得

$$\mathcal{F}[\delta'(t)] = j\omega \tag{3-25}$$

同理可得

$$\left.\begin{array}{l} \mathcal{F}\left[\dfrac{\mathrm{d}^n}{\mathrm{d}t^n}\delta(t)\right] = (j\omega)^n \\[2ex] \mathcal{F}[t^n] = 2\pi(j)^n\,\dfrac{\mathrm{d}^n}{\mathrm{d}t^n}\delta(\omega) \end{array}\right\} \tag{3-26}$$

3.4.7 阶跃函数

由波形可以很容易看出阶跃函数 $u(t)$ 不满足绝对可积条件,但它仍存在傅里叶变换。

因为

$$u(t) = \frac{1}{2} + \frac{1}{2}\mathrm{sgn}(t)$$

两边进行傅里叶变换，由式(3-24)和式(3-21)可得

$$\mathcal{F}[u(t)] = \mathcal{F}\left[\frac{1}{2}\right] + \frac{1}{2}\mathcal{F}[\mathrm{sgn}(t)] = \pi\delta(\omega) + \frac{1}{\mathrm{j}\omega} \tag{3-27}$$

单位阶跃函数 $u(t)$ 的频谱如图 3-18 所示。

图 3-17 直流信号的波形及频谱　　　图 3-18 单位阶跃函数的波形及频谱

可见，单位阶跃函数 $u(t)$ 的频谱在 $\omega=0$ 点存在一个冲激函数，因为 $u(t)$ 含有直流分量。此外，由于 $u(t)$ 不是纯直流信号，它在 $t=0$ 点有跳变，因此在频谱中还存在其他频率分量。

3.5　傅里叶变换的性质

在信号分析的理论研究与实际设计工作中经常需要了解当信号在时域进行某种运算后在频域会发生何种变化，或者反过来，从频域的运算推测时域的变化。我们可以利用傅里叶变换或逆变换的公式来计算，也可以借助傅里叶变换的性质给出结果。后者的计算过程比较简单，因此，熟悉傅里叶变换的性质成为信号与系统分析研究工作中重要的内容之一。下面我们将讨论这些基本性质。

3.5.1　对称性

若 $f(t) \leftrightarrow F(\omega)$，则有 $F(t) \leftrightarrow 2\pi f(-\omega)$。

 证明

$$f(t) = \frac{1}{2\pi}\int_{-\infty}^{\infty} F(\omega)\mathrm{e}^{\mathrm{j}\omega t}\mathrm{d}\omega$$

则

$$f(-t) = \frac{1}{2\pi}\int_{-\infty}^{\infty} F(\omega)\mathrm{e}^{-\mathrm{j}\omega t}\mathrm{d}\omega$$

将变量 t 与 ω 互换，可以得到

$$2\pi f(\omega) = \int_{-\infty}^{\infty} F(t)\mathrm{e}^{-\mathrm{j}\omega t}\mathrm{d}t$$

所以有

$$\mathcal{F}[F(t)] = 2\pi f(\omega) \tag{3-28}$$

一般情况下，若 $f(t)$ 的频谱为 $F(\omega)$，为求得 $F(t)$ 的频谱可以利用 $f(-\omega)$ 求出。

推论　若 $f(t)$ 是偶函数，则有 $F(t) \leftrightarrow 2\pi f(\omega)$。 $\tag{3-29}$

当 $f(t)$ 为偶函数时，这种对称关系得到了简化，即 $f(t)$ 频谱为 $F(\omega)$，那么形状为 $F(t)$ 的波形，其频谱必为 $f(\omega)$。

例如：已知 $\delta(t) \leftrightarrow F(\omega)$，则 $F(t) = 1 \leftrightarrow 2\pi\delta(\omega)$

已知 $\mathrm{sgn}(t) \leftrightarrow \dfrac{2}{\mathrm{j}\omega}$，则 $F(t) = \dfrac{2}{\mathrm{j}t} \leftrightarrow 2\pi\mathrm{sgn}(-\omega)$，即 $\dfrac{1}{t} \leftrightarrow -\mathrm{j}\pi\mathrm{sgn}(\omega)$

显然，直流信号的频谱为冲激函数，而冲激函数的频谱必为常数。同样，矩形脉冲的频

谱为 Sa 函数，而 Sa 形脉冲的频谱必为矩形函数等。

3.5.2 线性（叠加性）

若 $f_i(t) \leftrightarrow F_i(\omega)(i=1,2,3\cdots)$，则有

$$\sum_{i=1}^{\infty} a_i f_i(t) \leftrightarrow \sum_{i=1}^{\infty} a_i F_i(\omega), a_i \text{ 为常数} \tag{3-30}$$

傅里叶变换是一种线性运算，它满足叠加定理。所以，相加信号的频谱等于各个单独信号的频谱之和。

3.5.3 奇偶虚实性

若 $f(t) \leftrightarrow F(\omega)$，则有

$$\left. \begin{array}{l} f(-t) \leftrightarrow F(-\omega) \\ f'(t) \leftrightarrow F'(-\omega) \\ f''(-t) \leftrightarrow F''(\omega) \end{array} \right\} \tag{3-31}$$

奇偶虚实性存在如下两种特定情况。

（1）$f(t)$ 是实函数。

① $|F(\omega)|$ 是偶函数，$\varphi(\omega)$ 是奇函数。

② 若 $f(t)$ 是实偶函数，则 $F(\omega)$ 是实偶函数。

③ 若 $f(t)$ 是实奇函数，则 $F(\omega)$ 是实奇函数。

（2）$f(t)$ 是虚函数，则 $R(-\omega) = -(\omega)$，$X(-\omega) = X(\omega)$。

上述结论的推导证明方法略。如果读者有兴趣可查阅相关资料。

3.5.4 尺度变换特性

若 $f(t) \leftrightarrow F(\omega)$，则 $f(at) \leftrightarrow \dfrac{1}{|a|} F\left(\dfrac{\omega}{a}\right)$，$a$ 为非零实常数。

■ **证明**　因为

$$\mathcal{F}[f(at)] = \int_{-\infty}^{\infty} f(at) e^{-j\omega t} dt$$

令

$$x = at$$

当 $a>0$ 时，有

$$\mathcal{F}[f(at)] = \frac{1}{a} \int_{-\infty}^{\infty} f(at) e^{-j\omega \frac{x}{a}} dx = \frac{1}{a} F\left(\frac{x}{a}\right)$$

当 $a<0$ 时，有

$$\mathcal{F}[f(at)] = \frac{1}{a} \int_{+\infty}^{-\infty} f(at) e^{-j\omega \frac{x}{a}} dx = -\frac{1}{a} F\left(\frac{x}{a}\right)$$

综合上述两种情况，便可得到尺度变换特性表示式为

$$f(at) \leftrightarrow \frac{1}{|a|} F\left(\frac{\omega}{a}\right) \tag{3-32}$$

■ **推论**　（1）信号在时域压缩 $a>1$ 时，则其频谱将在频域扩展。

（2）信号在时域扩展 $0<a<1$ 时，则其频谱将在频域压缩。

（3）若 $a=-1$，即 $f(-t) \leftrightarrow F(-\omega)$，则信号在时域沿纵轴反褶，其频谱将在频域沿纵轴反褶。

（4）若 $F(0) = \int_{-\infty}^{\infty} f(t) dt$，即 $f(t)$ 所覆盖的面积等于 $F(0)$；若 $f(0) = \dfrac{1}{2\pi} \int_{-\infty}^{\infty} F(\omega) d\omega$，

即 $F(\omega)$ 所覆盖的面积等于 $2\pi f(0)$。

$$(5)\ \left.\begin{array}{l} f(0)\tau = F(0) \\ F(0)B = 2\pi f(0) \end{array}\right\} \Rightarrow B\tau = 2\pi \Rightarrow B = \frac{2\pi}{\tau},\ 即信号的等效脉宽和等效带宽成反比。$$

若要压缩信号的持续时间,则不得不以压缩带宽作代价,所以在通信系统中,通信速度和占用频带宽度是一对矛盾。

3.5.5 时移特性

若 $f(t) \leftrightarrow F(\omega)$,则有

$$\left.\begin{array}{l} f(t-t_0) \leftrightarrow F(\omega)\mathrm{e}^{-\mathrm{j}\omega t_0} \\ f(t+t_0) \leftrightarrow F(\omega)\mathrm{e}^{\mathrm{j}\omega t_0} \end{array}\right\} \tag{3-33}$$

证明 因为

$$\mathcal{F}[f(t-t_0)] = \int_{-\infty}^{\infty} f(t-t_0)\mathrm{e}^{-\mathrm{j}\omega t}\mathrm{d}t$$

令

$$x = t - t_0$$

则有

$$\mathcal{F}[f(t-t_0)] = \mathcal{F}[f(x)] = \int_{-\infty}^{\infty} f(x)\mathrm{e}^{-\mathrm{j}\omega(x+t_0)}\mathrm{d}x$$

$$= \mathrm{e}^{-\mathrm{j}\omega t_0}\int_{-\infty}^{\infty} f(x)\mathrm{e}^{-\mathrm{j}\omega x}\mathrm{d}x$$

即

$$\mathcal{F}[f(t-t_0)] = \mathrm{e}^{-\mathrm{j}\omega t_0} \cdot F(\omega)$$

同理可证明 $f(t+t_0)$ 的傅里叶变换式。

可以看出,信号 $f(t)$ 在时域中沿时间轴右移(延时)t_0 等效于在频域中频谱乘以因子 $\mathrm{e}^{-\mathrm{j}\omega t_0}$,也就是说信号右移后,其幅度谱不变,而相位谱变化($-\omega t_0$)。

推论 $$f(at-t_0) \leftrightarrow \frac{1}{|a|}F\left(\frac{\omega}{a}\right)\mathrm{e}^{-\mathrm{j}\frac{\omega t_0}{a}}$$

$$f(t_0-at) \leftrightarrow \frac{1}{|a|}F\left(-\frac{\omega}{a}\right)\mathrm{e}^{-\mathrm{j}\frac{\omega t_0}{a}}$$

显然尺度变换特性和时移特性是上式的两种特殊情况,即 $t_0=0$ 和 $a=\pm1$ 的情况。

例 3.5 已知 $f(t) \leftrightarrow F(\omega) = E\tau \cdot \mathrm{Sa}\left(\frac{\omega\tau}{4}\right)$,求 $f(2t-5)$ 的频谱密度函数。

解 $$f(2t) \leftrightarrow \frac{1}{2}E\tau \cdot \mathrm{Sa}\left(\frac{\omega\tau}{4}\right)$$

$$f(2t-5) \leftrightarrow \frac{1}{2}E\tau \cdot \mathrm{Sa}\left(\frac{\omega\tau}{4}\right)\mathrm{e}^{-\mathrm{j}\frac{5}{2}\omega}$$

3.5.6 频移特性

若 $f(t) \leftrightarrow F(\omega)$,则有

$$\left.\begin{array}{l} f(t)\mathrm{e}^{\mathrm{j}\omega_0 t} \leftrightarrow F(\omega-\omega_0) \\ f(t)\mathrm{e}^{-\mathrm{j}\omega_0 t} \leftrightarrow F(\omega+\omega_0) \end{array}\right\} \tag{3-34}$$

因为

$$\mathcal{F}[f(t)\mathrm{e}^{\mathrm{j}\omega_0 t}]=\int_{-\infty}^{\infty}f(t)\mathrm{e}^{\mathrm{j}\omega_0 t}\cdot\mathrm{e}^{-\mathrm{j}\omega t}\,\mathrm{d}t=\int_{-\infty}^{\infty}f(t)\mathrm{e}^{-\mathrm{j}(\omega-\omega_0)t}\,\mathrm{d}t$$

则

$$\mathcal{F}[f(t)\mathrm{e}^{\mathrm{j}\omega_0 t}]=F(\omega-\omega_0)$$

同理可求 $f(t)\mathrm{e}^{-\mathrm{j}\omega_0 t}$ 的傅里叶变换,其中 ω_0 为实常数。

可见,若时域 $f(t)$ 乘以 $\mathrm{e}^{\mathrm{j}\omega_0 t}$,则频域频谱 $F(\omega)$ 沿频率轴右移 ω_0;若时域 $f(t)$ 乘以 $\mathrm{e}^{-\mathrm{j}\omega_0 t}$,则频域频谱 $F(\omega)$ 沿频率轴左移 ω_0。反之,也可以说在频域中将频谱沿频率轴右(左)移 ω_0,等效于时域中 $f(t)$ 乘以因子 $\mathrm{e}^{\mathrm{j}\omega_0 t}(\mathrm{e}^{-\mathrm{j}\omega_0 t})$。

频谱搬移技术在通信系统中已得到了广泛应用,如调幅、同步解调、变频等过程都是在频谱搬移的基础上完成的。频谱搬移的实现原理是将信号 $f(t)$ 乘以载波信号 $\cos(\omega_0 t)$ 或 $\sin(\omega_0 t)$。下面分析这种相乘作用引起的频谱搬移。

根据欧拉公式,可得

$$\cos(\omega_0 t)=\frac{1}{2}(\mathrm{e}^{\mathrm{j}\omega_0 t}+\mathrm{e}^{-\mathrm{j}\omega_0 t})$$

$$\sin(\omega_0 t)=\frac{1}{2\mathrm{j}}(\mathrm{e}^{\mathrm{j}\omega_0 t}-\mathrm{e}^{-\mathrm{j}\omega_0 t})$$

而 $1\leftrightarrow 2\pi\delta(\omega)$,则有

$$\left.\begin{array}{l}\mathcal{F}[f(t)\cos(\omega_0 t)]=\dfrac{1}{2}\big[F(\omega+\omega_0)+F(\omega-\omega_0)\big]\\[3mm]\mathcal{F}[f(t)\sin(\omega_0 t)]=\dfrac{\mathrm{j}}{2}\big[F(\omega+\omega_0)+F(\omega-\omega_0)\big]\end{array}\right\} \tag{3-35}$$

若时域 $f(t)$ 乘以 $\cos(\omega_0 t)$ 或 $\sin(\omega_0 t)$,等效于频域内 $f(t)$ 的频谱 $F(\omega)$ 一分为二,沿频率轴向左向右各平移 ω_0。实际应用将在本章3.10节举例具体讨论。

3.5.7 微分特性

若 $f(t)\leftrightarrow F(\omega)$,则有

$$\left.\begin{array}{l}f'(t)\leftrightarrow\mathrm{j}\omega F(\omega)\\[1mm]f^{n}(t)\leftrightarrow(\mathrm{j}\omega)^{n}F(\omega)\\[1mm](-\mathrm{j}t)f(t)\leftrightarrow F'(\omega)\\[1mm](-\mathrm{j}t)^{n}f(t)\leftrightarrow F^{n}(\omega)\end{array}\right\} \tag{3-36}$$

证明 因为

$$f(t)=\frac{1}{2\pi}\int_{-\infty}^{\infty}F(\omega)\mathrm{e}^{\mathrm{j}\omega t}\,\mathrm{d}\omega$$

两边求导,得

$$\frac{\mathrm{d}f(t)}{\mathrm{d}t}=\frac{1}{2\pi}\int_{-\infty}^{\infty}\big[\mathrm{j}\omega F(\omega)\big]\mathrm{e}^{\mathrm{j}\omega t}\,\mathrm{d}\omega$$

所以

$$\mathcal{F}\left[\frac{\mathrm{d}f(t)}{\mathrm{d}t}\right]=\mathrm{j}\omega F(\omega)$$

同理,可以导出微分特性的其他各式。

时域的微分特性,说明在时域中 $f(t)$ 对 t 取 n 阶导数等效于在频域中 $f(t)$ 的频谱 $F(\omega)$ 乘以 $(\mathrm{j}\omega)^{n}$。

3.4 小节中介绍的冲激函数和冲激偶的傅里叶变换式利用时域的微分方程很容易就可以求出。

已知单位阶跃信号 $u(t)$ 的傅里叶变换为

$$u(t)\leftrightarrow \frac{1}{\mathrm{j}\omega}+\pi\delta(t)$$

则有

$$\mathcal{F}[\delta(t)]=\mathrm{j}\omega\left[\frac{1}{\mathrm{j}\omega}+\pi\delta(t)\right]=1$$

$$\mathcal{F}[\delta'(t)]=\mathrm{j}\omega$$

利用傅里叶变换性质来计算，过程是不是更简单些呢？

例 3.6 已知 $f(t)\leftrightarrow F(\omega)$，求$\mathcal{F}[(t-2)f(t)]$。

解 $\mathcal{F}[(t-2)f(t)]=\mathcal{F}[tf(t)]-2\mathcal{F}[f(t)]=\mathrm{j}F(\omega)-2F(\omega)$

3.5.8 积分特性

若 $f(t)\leftrightarrow F(\omega)$，则有

$$\left.\begin{aligned}&\int_{-\infty}^{t}f(\tau)\mathrm{d}\tau\leftrightarrow \frac{F(\omega)}{\mathrm{j}\omega}+\pi F(0)\delta(\omega)\\&-\frac{f(t)}{\mathrm{j}t}+\pi f(0)\delta(t)\leftrightarrow\int_{-\infty}^{\omega}F(\Omega)\mathrm{d}\Omega\end{aligned}\right\}\tag{3-37}$$

证明

$$\mathcal{F}\left[\int_{-\infty}^{t}f(\tau)\mathrm{d}\tau\right]=\int_{-\infty}^{\infty}\left[\int_{-\infty}^{t}f(\tau)\mathrm{d}\tau\right]\mathrm{e}^{-\mathrm{j}\omega t}\mathrm{d}t=\int_{-\infty}^{\infty}\left[\int_{-\infty}^{t}f(\tau)u(t-\tau)d\tau\right]\mathrm{e}^{-\mathrm{j}\omega t}\mathrm{d}t\tag{3-38}$$

此处，将被积函数 $f(\tau)$ 乘以 $u(t-\tau)$，同时将积分上限 t 改写成∞，结果不变。交换积分次序，并引用延时阶跃信号的傅里叶变换式

$$\mathcal{F}[u(t-\tau)]=\left[\pi\delta(\omega)+\frac{1}{\mathrm{j}\omega}\right]\mathrm{e}^{-\mathrm{j}\omega\tau}$$

则式(3-38)成为

$$\begin{aligned}\int_{-\infty}^{\infty}f(\tau)\left[\int_{-\infty}^{t}u(t-\tau)\mathrm{e}^{-\mathrm{j}\omega t}\mathrm{d}t\right]\mathrm{d}\tau&=\int_{-\infty}^{\infty}f(\tau)\pi\delta(\omega)\mathrm{e}^{-\mathrm{j}\omega\tau}\mathrm{d}\tau+\int_{-\infty}^{\infty}f(\tau)\frac{\mathrm{e}^{-\mathrm{j}\omega\tau}}{\mathrm{j}\omega}\mathrm{d}\tau\\&=\pi F(0)\delta(\omega)+\frac{F(\omega)}{\mathrm{j}\omega}\end{aligned}$$

推论 当 $F(0)=0$ 时，$\int_{-\infty}^{t}f(\tau)\mathrm{d}\tau\leftrightarrow\frac{F(\omega)}{\mathrm{j}\omega}$

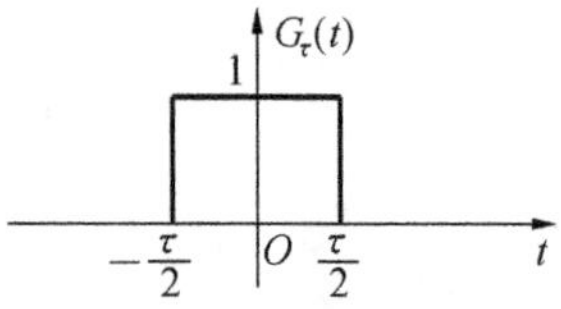

图 3-19 例 3.7 题图

例 3.7 求门函数 $G_\tau(t)$ 积分的频谱函数，$G_\tau(t)$ 如图 3-19 所示。

解 因为 $G_\tau(t)\leftrightarrow\tau\cdot\mathrm{Sa}\left(\frac{\omega\tau}{2}\right)$

所以$\displaystyle\int_{-\infty}^{t}G_\tau(\lambda)\mathrm{d}\lambda=\frac{1}{\mathrm{j}\omega}\cdot\tau\cdot\mathrm{Sa}\left(\frac{\omega\tau}{2}\right)+\pi\tau\delta(\omega)$

3.5.9 卷积特性(卷积定理)

这是在通信系统和信号处理研究领域中应用最广的傅里叶变换性质之一，在以后各章节中将认识到这一点。

1. 时域卷积定理

若给定两个时间函数 $f_1(t)$，$f_2(t)$，已知 $f_1(t) \leftrightarrow F(\omega)$，$f_2(t) \leftrightarrow F_2(\omega)$，则有

$$f_1(t) * f_2(t) \leftrightarrow F_1(\omega) \cdot F_2(\omega) \tag{3-39}$$

证明 根据卷积的定义，已知

$$f_1(t) * f_2(t) = \int_{-\infty}^{+\infty} f_1(\tau) f_2(t - \tau) \mathrm{d}\tau$$

所以

$$\begin{aligned}
\mathcal{F}[f_1(t) * f_2(t)] &= \int_{-\infty}^{\infty} \left[\int_{-\infty}^{\infty} f_1(\tau) f_2(t - \tau) \mathrm{d}\tau \right] \mathrm{e}^{-\mathrm{j}\omega t} \mathrm{d}t \\
&= \int_{-\infty}^{\infty} f_1(\tau) \left[\int_{-\infty}^{\infty} f_2(t - \tau) \mathrm{e}^{-\mathrm{j}\omega t} \mathrm{d}t \right] \mathrm{d}\tau \\
&= \int_{-\infty}^{\infty} f_1(\tau) F_2(\omega) \mathrm{e}^{-\mathrm{j}\omega t} \mathrm{d}\tau \\
&= F_2(\omega) \int_{-\infty}^{\infty} f_1(\tau) \mathrm{e}^{-\mathrm{j}\omega \tau} \mathrm{d}\tau \\
&= F_1(\omega) F_2(\omega)
\end{aligned}$$

时域卷积定理表明，两个时域的卷积的频谱等于各个时间函数频谱的乘积，即在时域中两个信号的卷积等于在频域中频谱相乘。

2. 频域卷积定理

若给定两个时间函数 $f_1(t)$，$f_2(t)$，已知 $f_1(t) \leftrightarrow F(\omega)$，$f_2(t) \leftrightarrow F_2(\omega)$，则有

$$f_1(t) \cdot f_2(t) \leftrightarrow \frac{1}{2\pi} F_1(\omega) * F_2(\omega) \tag{3-40}$$

证明方法同时域卷积定理。

频域卷积定理表明，两个时间函数乘积的频谱等于各个函数频谱的卷积乘以 $\frac{1}{2\pi}$。显然时域与频域卷积定理是对称的，这由傅里叶变换的对称性所决定。

下面举例说明如何用时域卷积定理求频谱密度函数。

例 3.8 已知 $f_1(t) \leftrightarrow E\tau \cdot \mathrm{Sa}\left(\frac{\omega\tau}{2}\right)$，求 $f(t) = f_1(t) * f_2(t)$ 的频谱密度。

解 $$F[f(t)] = F_1(\omega) \cdot F_2(\omega) = E^2 \tau^2 \mathrm{Sa}^2\left(\frac{\omega\tau}{2}\right)$$

最后，将傅里叶变换的性质列于表 3-1。

表 3-1 傅里叶变换的性质

性质	时域 $f(t)$	频域 $F(\omega)$	时域、频域对应关系
线性	$\sum_{i=1}^{n} a_i f_i(t)$	$\sum_{i=1}^{n} a_i F_i(\omega)$	线性叠加
对称性	$F(t)$	$2\pi f(-\omega)$	对称
尺度变换	$f(at)$	$\frac{1}{|a|} F\left(\frac{\omega}{a}\right)$	压缩与扩展
	$f(-t)$	$F(-t)$	反褶
时移	$f(t - t_0)$	$F(\omega) \mathrm{e}^{-\mathrm{j}\omega_0 t}$	时移与相移
	$f(at - t_0)$	$\frac{1}{|a|} F\left(\frac{\omega}{a}\right) \mathrm{e}^{-\mathrm{j}\frac{\omega t_0}{a}}$	

续表

性质	时域 $f(t)$	频域 $F(\omega)$	时域、频域对应关系
频移	$f(t)\mathrm{e}^{\mathrm{j}\omega_0 t}$	$F(\omega-\omega_0)$	调制与频移
	$f(t)\cos(\omega_0 t)$	$\dfrac{1}{2}\big[F(\omega+\omega_0)+F(\omega-\omega_0)\big]$	
	$f(t)\sin(\omega_0 t)$	$\dfrac{j}{2}\big[F(\omega+\omega_0)-F(\omega-\omega_0)\big]$	
时域微分	$\dfrac{\mathrm{d}f(t)}{\mathrm{d}t}$	$\mathrm{j}\omega F(\omega)$	
	$\dfrac{\mathrm{d}^n f(t)}{\mathrm{d}t^n}$	$(\mathrm{j}\omega)^n F(\omega)$	
频域微分	$-\mathrm{j}t f(t)$	$\dfrac{\mathrm{d}F(\omega)}{\mathrm{d}\omega}$	
	$(-\mathrm{j}t)^n f(t)$	$\dfrac{\mathrm{d}^n F(\omega)}{\mathrm{d}\omega^n}$	
时域积分	$\displaystyle\int_{-\infty}^{t} f(\tau)\mathrm{d}\tau$	$\dfrac{1}{\mathrm{j}\omega}F(\omega)+\pi F(0)\delta(\omega)$	
时域卷积	$f_1(t)*f_2(t)$	$F_1(\omega)\cdot F_2(\omega)$	乘积与卷积
频域卷积	$f_1(t)\cdot f_2(t)$	$\dfrac{1}{2\Omega}F_1(\omega)*F_2(\omega)$	
时域抽样	$\displaystyle\sum_{n=-\infty}^{\infty} f(t)\delta(t-nT_s)$	$\dfrac{1}{T_s}\displaystyle\sum_{n=-\infty}^{\infty} F\left(\omega-\dfrac{2\pi n}{T_s}\right)$	抽样与重复
频域抽样	$\dfrac{1}{\omega_s}\displaystyle\sum_{n=-\infty}^{\infty} f\left(t-\dfrac{2\pi n}{\omega_s}\right)$	$\displaystyle\sum_{n=-\infty}^{\infty} F(\omega)\delta(\omega-n\omega_s)$	

3.6 周期信号的傅里叶变换

前面已经指出,虽然周期信号不满足绝对可积条件,但是在允许冲激函数存在并认为它是有意义的前提下,绝对可积条件就成为不必要的限制了,从这种意义上来说周期信号的傅里叶变换是存在的。下面借助频移定理导出连续时间信号的频谱函数,在频域其进行分析。

3.6.1 一般周期信号的傅里叶变换

令周期信号 $f(t)$ 的周期为 T_1,角频率为 $\omega_1\left(=2\pi f_1=\dfrac{2\pi}{T_1}\right)$,可以将 $f(t)$ 展开成傅里叶级数为

$$f(t)=\sum_{n=-\infty}^{\infty} F_n \mathrm{e}^{\mathrm{j}n\omega_1 t}$$

将上式两边取傅里叶变换,得

$$\mathcal{F}[f(t)]=\mathcal{F}\sum_{n=-\infty}^{\infty} F_n \mathrm{e}^{\mathrm{j}n\omega_1 t}=\sum_{n=-\infty}^{\infty} F_n \mathcal{F}[\mathrm{e}^{\mathrm{j}n\omega_1 t}] \tag{3-41}$$

若

$$f_0(t)\leftrightarrow F_0(\omega)$$

由频移特性可知

$$\mathcal{F}\left[f_0(t)\mathrm{e}^{\mathrm{j}\omega_1 t}\right] = F(\omega - \omega_1)$$

令

$$f_0(t) = 1$$

其傅里叶变换为

$$F_0(\omega) = 2\pi\delta(\omega)$$

则

$$\mathcal{F}\left[\mathrm{e}^{\mathrm{j}n\omega_1 t}\right] = 2\pi\delta(\omega - n\omega_1) \qquad (3\text{-}42)$$

同理

$$\mathcal{F}\left[\mathrm{e}^{-\mathrm{j}n\omega_1 t}\right] = 2\pi\delta(\omega + n\omega_1) \qquad (3\text{-}43)$$

将式(3-42)代入式(3-41),便可得到周期信号 $f(t)$ 的傅里叶变换为

$$\mathcal{F}\left[f(t)\right] = 2\pi\sum_{n=-\infty}^{\infty} F_n\delta(\omega - n\omega_1) \qquad (3\text{-}44)$$

其中,F_n 是傅里叶级数的系数,可表示为

$$F_n = \frac{1}{T_1}\int_{t_0}^{t_0 + T_1} f(t)\mathrm{e}^{-\mathrm{j}n\omega_1 t}\mathrm{d}t$$

　　周期信号 $f(t)$ 的傅里叶变换是由一些冲激函数组成的,这些冲激函数位于信号的谐频 $(0,\pm\omega_1,\pm2\omega_1,\cdots)$ 处,每个冲激的强度等于 $f(t)$ 的傅里叶级数相应系数 F_n 的 2π 倍。显然,周期信号的频谱是离散的。然而,由于傅里叶变换时反映频谱密度的概念,因此周期信号的傅里叶变换不同于傅里叶级数,这里不是有限值,而是冲激函数,它表明在无穷小的频带范围($\omega = n\omega_1$)取得了无限大的频谱值。

3.6.2　正弦信号、余弦信号的傅里叶变换

　　由式(3-42)、式(3-43)及欧拉公式,可以得到

$$\mathcal{F}\left[\cos(\omega_1 t)\right] = \pi\left[\delta(\omega + \omega_1) + \delta(\omega - \omega_1)\right] \qquad (3\text{-}45)$$

$$\mathcal{F}\left[\sin(\omega_1 t)\right] = \pi\left[\delta(\omega + \omega_1) - \delta(\omega - \omega_1)\right] \qquad (3\text{-}46)$$

　　式(3-45)和式(3-46)表示余弦函数、正弦函数的傅里叶变换。这类信号的频谱只包含位于 $\pm\omega_1$ 处的冲激函数,如图 3-20 所示。

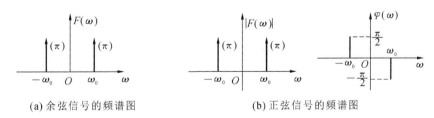

(a) 余弦信号的频谱图　　　　　　(b) 正弦信号的频谱图

图 3-20　余弦信号和正弦信号的频谱

3.6.3　由单脉冲傅里叶变换 $F_0(\omega)$ 求周期脉冲序列傅里叶级数的系数 $F(n\omega_1)$

　　已知周期信号 $f(t)$ 的傅里叶级数是

$$f(t) = \sum_{n=-\infty}^{\infty} F_n\mathrm{e}^{\mathrm{j}n\omega_1 t}$$

其中,傅里叶系数为

$$F_n = \frac{1}{T_1} \int_{t_0}^{t_0+T_1} f(t) \mathrm{e}^{-\mathrm{j}n\omega_1 t} \mathrm{d}t \tag{3-47}$$

从周期性脉冲序列 $f(t)$ 中截取一个周期,得到单脉冲信号。其傅里叶变换 $F_0(\omega)$ 为

$$F_0(\omega) = \int_{t_0}^{t_0+T_1} f(t) \mathrm{e}^{-\mathrm{j}n\omega_1 t} \mathrm{d}t \tag{3-48}$$

比较式(3-47)和式(3-48),可以得到

$$F_0(\omega) = \frac{1}{T_1} F_0(\omega) \bigg|_{\omega=n\omega_1} \tag{3-49}$$

或写为

$$F_n = \frac{1}{T_1} \left[\int_{t_0}^{t_0+T_1} f(t) \mathrm{e}^{-\mathrm{j}n\omega_1 t} \mathrm{d}t \right] \bigg|_{\omega=n\omega_1}$$

总结: 周期脉冲序列的傅里叶级数的系数 F_n 等于单脉冲的傅里叶变换 $F_0(\omega)$ 在 $n\omega_1$ 频率点的值乘以 $\frac{1}{T_1}$。利用单脉冲的傅里叶变换式可以很方便地求出周期性脉冲序列的傅里叶系数。

下面,我们利用这一点,来求周期单位冲激序列 $\delta_T(t) = \sum\limits_{n=-\infty}^{\infty} \delta(t-nT_1)$ 的傅里叶级数与傅里叶变换,其中 $\omega_1 = \frac{2\pi}{T_1}$。

因为 $\delta_T(t)$ 是周期函数,所以可以把它展开为如下的傅里叶级数。

$$\delta_T(t) = \sum_{n=-\infty}^{\infty} F_n \mathrm{e}^{\mathrm{j}n\omega_1 t}$$

$$F_n = \frac{1}{T_1} \int_{t_0}^{t_0+T_1} \delta_T(t) \mathrm{e}^{-\mathrm{j}n\omega_1 t} \mathrm{d}t = \frac{1}{T_1} \int_{t_0}^{t_0+T_1} \delta(t) \mathrm{e}^{-\mathrm{j}n\omega_1 t} \mathrm{d}t = \frac{1}{T_1} \tag{3-50}$$

就得到

$$\delta_T(t) = \frac{1}{T_1} \sum_{n=-\infty}^{\infty} \mathrm{e}^{\mathrm{j}n\omega_1 t}$$

在周期单位冲激序列的傅里叶级数中只包含位于 $\omega = 0, \pm\omega_1, \pm 2\omega_1, \cdots, \pm n\omega_1, \cdots$ 的频率分量,每个频率分量的大小是相等的,均等于 $\frac{1}{T_1}$。

由式(3-44)知

$$\mathcal{F}[f(t)] = 2\pi \sum_{n=-\infty}^{\infty} F_n \delta(\omega - n\omega_1)$$

因为 $\omega_1 = \frac{2\pi}{T_1}$,则

$$F(\omega) = \mathcal{F}[f(t)] = \omega_1 \sum_{n=-\infty}^{\infty} \delta(\omega - n\omega_1) \tag{3-51}$$

周期单位冲激序列的傅里叶变换中,同样也只包含位于 $\omega = 0, \pm\omega_1, \pm 2\omega_1, \cdots, \pm n\omega_1, \cdots$ 的频率处的冲激函数,其强度和间隔是相等的,均等于 ω_1,如图 3-21 所示。

3.7 系统无失真传输的条件

前面几节我们对信号在频域进行了分析,了解到在通信与控制系统的理论研究和实际

应用中,采用频域分析法较时域方法有许多突出的优点。下面我们将引出傅里叶变换形式的系统函数,了解信号在传输过程中的失真情况。

3.7.1 傅里叶变换形式的系统函数

傅里叶形式的系统函数是系统冲激响应 $h(t)$ 的傅里叶变换,用符号 $H(j\omega)$ 来表示,即 $h(t)\leftrightarrow H(j\omega)$。

例 3.9   如图 3-22 所示的电容模型,输入为电流源电流,输出为电容两端的电压,求冲激响应为 $h(t)$、系统函数 $H(j\omega)$。

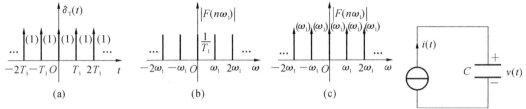

图 3-21   周期冲激序列的傅里叶级数与傅里叶变换   图 3-22   例 3.9 图

解   令输入信号 $i(t)=\delta(t)$,求出 $v(t)$ 即 $h(t)$ 为

$$h(t) = v(t) = \frac{1}{C}\int i(t)\,\mathrm{d}t = \frac{1}{C}u(t)$$

$$H(j\omega) = \mathcal{F}[h(t)] = \frac{1}{C}\left[\frac{1}{j\omega} + \pi\delta(\omega)\right]$$

如果系统零状态响应为

$$r(t)\leftrightarrow R(\omega)$$

系统冲激响应为

$$h(t)\leftrightarrow H(\omega)$$

激励信号为

$$e(t)\leftrightarrow E(\omega)$$

引用傅里叶变换的时域卷积定理可以得出

$$R(\omega) = H(\omega)E(\omega)$$

如果把 $r(t),h(t),e(t)$ 的傅里叶变换式改用符号 $R(j\omega),H(j\omega),E(j\omega)$ 表示,就可以得到系统的零状态响应为 $R(j\omega)=H(j\omega)E(j\omega)$。

例 3.10   已知系统频率响应特性 $H(j\omega)=\dfrac{2}{-\omega^2+j5\omega+6}$,求 $e(t)=u(t)$ 的零状态响应。

解
$$E(j\omega) = \frac{1}{j\omega} + \pi\delta(\omega)$$

所以
$$R(j\omega) = \frac{2}{(2+j\omega)(3+j\omega)}\left[\frac{1}{j\omega} + \pi\delta(\omega)\right]$$

$$R(j\omega) = \frac{1}{3}\left[\frac{1}{j\omega} + \pi\delta(\omega)\right] - \frac{1}{2+j\omega} + \frac{2}{3(3+j\omega)}$$

$$r_{zs}(t) = \left(\frac{1}{3}\cdot - e^{-2t} + \frac{2}{3}e^{-3t}\right)u(t)$$

引出 $H(j\omega)$ 的重要意义在于研究信号传输的基本特性、建立滤波器的基本概念并理解频率响应特性的物理意义,这些理论内容在信号传输和滤波器设计等实际问题中具有十分重要的指导意义。

3.7.2 无失真传输

一般情况下，系统的响应波形与激励波形不同，信号在传输过程中将产生失真。线性系统引起的信号失真主要由以下两方面因素造成。

（1）幅度失真　系统对信号中各频率分量幅度产生不同程度的衰减，使响应中各频率分量的相对幅度产生变化，引起幅度失真。

（2）相位失真　系统对信号中各频率分量产生的相移不与频率成正比，使响应中各频率分量在时间轴上的相对位置产生变化，即引起相位失真。

必须指出，线性系统的幅度失真与相位失真都不产生新的频率分量。而非线性系统，由于非线性特性对所传输信号产生非线性失真，非线性失真可能产生新的频率分量。本书中只研究有关线性系统的幅度失真和相位失真的问题。

在实际应用中，信号的失真有两个方面的应用：有时候需要有意识地利用系统进行波形变换，则要求信号经系统必然产生失真；有时要进行原信号的传输，则要求传输过程中信号失真最小，即要研究无失真传输的条件。

所谓无失真是指响应信号与激励信号相比，只是大小与出现时间不同，而无波形上的变化。

已知系统 $h(t) \leftrightarrow H(j\omega)$，若激励信号为 $e(t)$，响应信号为 $r(t)$，那么无失真传输的条件是

$$r(t) = Ke(t - t_0) \tag{3-52}$$

式中：K 为乘数；t_0 为滞后时间。其示意图如图 3-23 所示。

$r(t)$ 的波形是 $e(t)$ 的波形经过 t_0 时间的滞后。虽然，幅度方面有系数 K 倍的变化，但波形形状不变。

设 $r(t) \leftrightarrow R(j\omega)$，$e(t) \leftrightarrow E(j\omega)$，因为 $r(t) = Ke(t-t_0)$，借助傅里叶变换的时移性质，则有

$$R(j\omega) = KE(j\omega)e^{-j\omega t_0}$$

又因为

$$R(j\omega) = H(j\omega)E(j\omega)$$

所以

$$H(j\omega) = \frac{R(j\omega)}{E(j\omega)} = Ke^{-j\omega t_0} \tag{3-53}$$

式（3-53）就是对系统的频率响应特性提出的无失真传输条件。

信号无失真传输的条件（对系统提出的要求）具体如下。

（1）系统频率响应的幅度为一个常数 K，系统的通频带为无限宽（即 $|H(j\omega)| = K$）。

（2）其相位特性是通过原点的直线。相位特性与频率 ω 成正比，是一条过原点的负斜率直线，斜率为 $-t_0$（即 $\delta(\omega) = -\omega t_0$），如图 3-24 所示。

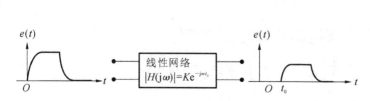

图 3-23　线性网络的无失真传输

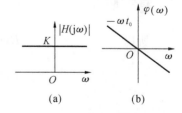

图 3-24　无失真传输系统的幅度和相位特性

对于传输系统相移特性的另一种描述方法是以群时延（或称群延时）特性来表示。群时延 τ 的定义为

$$\tau = -\frac{\mathrm{d}\delta(\omega)}{\mathrm{d}\omega} \tag{3-54}$$

也即将群时延定义为系统相频特性对频率的导数并取负号。在满足信号传输不产生相位失真的条件下，其群时延特性应为常数。

前面我们说明了满足无失真传输对于系统函数 $H(\mathrm{j}\omega)$ 的要求，这是就频域方面提出的。如果用时域特性表示，即对式(3-52)进行傅里叶逆变换，可以得出系统的冲激响应为

$$h(t) = K\delta(t - t_0) \tag{3-55}$$

此结果表明：当信号通过线性系统时，为了不产生失真，冲激响应也应该是冲激函数，而时间延后 t_0。

在实际应用中，与无失真传输这一要求相反的另一种情况是有意识地利用系统失真来形成某种特定波形，这时，系统传输函数 $H(\mathrm{j}\omega)$ 则应根据所需具体要求来设计。

例如：以冲激信号作用于系统产生某种特定波形。当希望得到 $r(t)$ 波形时，若已知 $r(t)$ 的频谱为 $R(\mathrm{j}\omega)$，那么，使系统函数满足

$$H(\mathrm{j}\omega) = R(\mathrm{j}\omega)$$

在系统输入端加入激励函数为冲激信号

$$e(t) = \delta(t)$$

输出端就得到响应 $H(\mathrm{j}\omega)$ 也即 $R(\mathrm{j}\omega)$，它的逆变换就是所需的 $r(t)$。

3.8 理想低通滤波器

3.8.1 理想低通滤波器频域特性

在研究系统特性的同时同样需要建立一些理想化的系统模型。理想滤波器就是将滤波网络的某些特性理想化而定义的滤波网络。理想滤波器可按不同的实际需要从不同的角度给予定义。最常用到的是具有矩形幅度特性和相移特性的理想低通滤波器，其频域特性如下。

（1）低于某一频率 ω_c（截止频率）的所有信号进行无失真传送。

（2）高于 ω_c 的所有信号完全衰减。

（3）其相移特性是通过原点的直线，也满足无失真传输的要求。

即

$$H(\mathrm{j}\omega) = \left| H(\mathrm{j}\omega) \right| \mathrm{e}^{-\mathrm{j}\varphi(\omega)} \tag{3-56}$$

其中

$$\left| H(\mathrm{j}\omega) \right| = u(\omega - \omega_c) - u(\omega + \omega_c), \varphi(\omega) = -t\omega \tag{3-57}$$

3.8.2 理想低通的冲激响应

对式(3-56)进行傅里叶逆变换，不难求得网络的冲激响应为。

$$h(t) = \mathcal{F}^{-1}\left[H(\mathrm{j}\omega) \right] = \frac{1}{2\pi}\int_{-\infty}^{\infty} H(\mathrm{j}\omega)\mathrm{e}^{-\mathrm{j}\omega t}\mathrm{d}\omega$$

$$= \frac{1}{2\pi}\int_{-\omega_c}^{+\omega_c} \mathrm{e}^{-\mathrm{j}\omega t_0}\mathrm{e}^{\mathrm{j}\omega t}\mathrm{d}\omega = \frac{1}{2\pi}\frac{\mathrm{e}^{\mathrm{j}\omega(t - t_0)}}{\mathrm{j}(t - t_0)}\bigg|_{-\omega_c}^{\omega_c}$$

$$= \frac{\omega_c}{\pi}\frac{\sin\left[\omega_c(t - t_0)\right]}{\omega_c(t - t_0)} = \frac{\omega_c}{\pi}\mathrm{Sa}\left[\omega_c(t - t_0)\right] \tag{3-58}$$

其波形如图 3-25 所示。

按照冲激响应的定义，激励信号 $\delta(t)$ 在 $t=0$ 时刻加入，然而，响应在 t 为负值时却已经出现了。实际上是不可能构成具有这种理想特性的网络的，有关理想滤波器的研究并不因为无法实现而失去价值，实际滤波器的分析与设计往往需要理想滤波器的理论做指导。

3.8.3 理想低通的阶跃响应

例 3.11 如图 3-26 所示的 RC 低通网络，输入 $u_1(t)$ 为如图 3-26(b)所示矩形脉冲，利用傅里叶分析法求 $u_2(t)$。

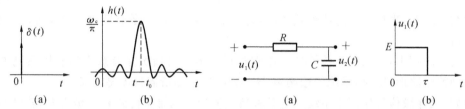

图 3-25 理想低通滤波器的冲激响应　　　图 3-26 RC 低通网络与输入信号波形

由 $h(t)$ 容易求得

$$H(j\omega) = \frac{\dfrac{1}{RC}}{j\omega + \dfrac{1}{RC}}$$

令 $\alpha = \dfrac{1}{RC}$，得到

$$H(j\omega) = \frac{\alpha}{j\omega + \alpha}$$

由图 $u_1(t) = E[u(t) - u(t-\tau)]$，则激励信号 $u_1(t)$ 的傅里叶变换式为

$$U_1(j\omega) = E\pi\delta(\omega) + \frac{E}{j\omega} - E\pi\delta(\omega)e^{-j\omega\tau} - \frac{E}{j\omega}e^{-j\omega\tau} = \frac{E}{j\omega}(1 - e^{-j\omega\tau}) = E\tau\frac{\sin\left(\dfrac{\omega\tau}{2}\right)}{\left(\dfrac{\omega\tau}{2}\right)}e^{-j\frac{\omega\tau}{2}}$$

因为

$$R(j\omega) = H(j\omega)E(j\omega)$$

则

$$U_2(j\omega) = H(j\omega)E(j\omega) = \frac{\alpha}{\alpha+\omega}\left[\frac{E\tau\sin\left(\dfrac{\omega\tau}{2}\right)}{\left(\dfrac{\omega\tau}{2}\right)}\right]e^{-j\frac{\omega\tau}{2}} = |U_2(j\omega)|e^{-j\delta_2(\omega)}$$

其中

$$|U_2(j\omega)| = \frac{2\alpha E\left|\sin\left(\dfrac{\omega\tau}{2}\right)\right|}{\omega\sqrt{\alpha^2+\omega^2}}$$

$$\varphi_2(\omega) = \begin{cases} -\left[\dfrac{\omega\tau}{2} + \arctan\left(\dfrac{\omega}{\alpha}\right)\right], & \dfrac{4n\pi}{\tau} < |\omega| < \dfrac{2(2n+1)\pi}{\tau} \\[3mm] -\left[\dfrac{\omega\tau}{2} + \arctan\left(\dfrac{\omega}{\alpha}\right)\right] \mp \pi, & \dfrac{2(2n+1)\pi}{\tau} < |\omega| < \dfrac{2(2n+2)\pi}{\tau} \end{cases}$$

$$(n = 0, 1, 2, \cdots)$$

输入、输出频谱如图 3-27 所示。

输入信号的高频分量比起低频分量受到较严重的衰减。

为了便于进行逆变换以求得 $u_2(t)$ 波形，把 $U_2(j\omega)$ 表示式写为

$$U_2(j\omega) = \frac{\alpha}{\alpha+\omega} \cdot \frac{E}{j\omega}(1-e^{-j\omega\tau}) = E\left(\frac{1}{j\omega}-\frac{1}{\alpha+j\omega}\right)(1-e^{-j\omega\tau})$$

$$= \frac{E}{j\omega}(1-e^{-j\omega\tau}) - \frac{E}{\alpha+j\omega}(1-e^{-j\omega\tau})$$

于是有

$$u_2(t) = E[u(t)-u(t-\tau)] - E[e^{-\alpha t}u(t)-e^{-\alpha(t-\tau)}u(t-\tau)]$$

$$= E(1-e^{-\alpha t})u(t) - E(1-e^{-\alpha(t-\tau)})u(t-\tau)$$

$u_2(t)$ 波形如图 3-28 所示。

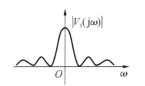 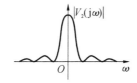

图 3-27　输入输出频谱图

图 3-28　输入输出波形比较

由图 3-28 可知，如果具有跃变不连续点的信号通过低通滤波器传输，则不连续点在输出时将被圆滑处理，产生渐变。这是由于信号随时间急剧改变意味着包含许多高频分量，而较平坦的信号则主要包含低频分量，所以低通滤波器滤除了一些高频分量。

阶跃信号 $u(t)$ 作用于理想低通滤波器时，同样在输出端要呈现逐渐上升的波形，不像输入信号那样急剧上升。响应的上升时间取决于滤波器的截止频率。

已知理想低通滤波器的系统函数为

$$H(j\omega) = \begin{cases} e^{-j\omega t_0}, & -\omega_c < \omega < \omega_c \\ 0, & \omega < -\omega_c, \omega > \omega_c \end{cases}$$

阶跃信号的傅里叶变换为

$$E(j\omega) = \mathcal{F}[u(t)] = \pi\delta(t) + \frac{1}{j\omega}$$

于是有

$$R(j\omega) = H(j\omega)E(j\omega) = \left[\pi\delta(\omega) + \left(\frac{1}{j\omega}\right)\right]e^{-j\omega t_0} \quad (-\omega_c < \omega < \omega_c)$$

按逆变换定义写出

$$r(t) = \mathcal{F}^{-1}[R(j\omega)] = \frac{1}{2\pi}\int_{-\omega_c}^{\omega_c}\left[\pi\delta(t)+\frac{1}{j\omega}\right]e^{-j\omega t_0}e^{j\omega t_0}d\omega = \frac{1}{2} + \frac{1}{2\pi}\int_{-\omega_c}^{\omega_c}\frac{e^{j\omega(t-t_0)}}{j\omega}d\omega$$

$$= \frac{1}{2} + \frac{1}{2\pi}\int_{-\omega_c}^{\omega_c}\frac{\cos[\omega(t-t_0)]}{j\omega}d\omega + \frac{1}{2\pi}\int_{-\omega_c}^{\omega_c}\frac{\sin[\omega(t-t_0)]}{j\omega}d\omega$$

$$\qquad\qquad\qquad\Uparrow\qquad\qquad\qquad\qquad\qquad\Uparrow$$

$$\text{奇函数，积分}=0\qquad\qquad\text{偶函数，积分有值}$$

所以

$$r(t) = \frac{1}{2} + \frac{1}{2\pi}\int_{-\omega_c}^{\omega_c} \frac{\sin[\omega(t-t_0)]}{j\omega}d\omega = \frac{1}{2} + \frac{1}{\pi}\int_{0}^{\omega_c(t-t_0)} \frac{\sin x}{x}dx$$

这里,引用符号 x 置换积分变量得

$$x = \omega(t-t_0)$$

函数 $\frac{\sin x}{x}$ 的积分称为"正弦积分",以符号 $\mathrm{Si}(y)$ 表示

$$\mathrm{Si}(y) = \int_0^y \frac{\sin x}{x}dx$$

函数 $\frac{\sin x}{x}$ 与 $\mathrm{Si}(y)$ 曲线同时画于图 3-29 中,可以看出 $\mathrm{Si}(y)$ 是奇函数,随着 y 值的增加,其值从 0 增长,以后围绕 $\frac{\pi}{2}$ 起伏,起伏逐渐衰减而趋于 $\frac{\pi}{2}$,几个点值与 $\frac{\sin x}{x}$ 函数的零点对应,如 $\mathrm{Si}(y)$ 第一个峰值就在 $y=\pi$ 处。

引用以上有关数学结论,响应 $r(t)$ 为

$$r(t) = \frac{1}{2} + \frac{1}{\pi}\mathrm{Si}[\omega(t-t_0)]$$

单位阶跃信号 $u(t)$ 及其响应 $r(t)$ 示于图 3-30 所示。

结论:结论:由图 3.30 可以看出,理想低通滤波器的截止频率 ω_c 越低,输出 $r(t)$ 上升越缓慢。

如果定义输出由最小值到最大值所需时间为上升时间 t_τ,由图可以得到

$$t_\tau = 2 \cdot \frac{\pi}{\omega_c} = \frac{1}{B} \tag{3-59}$$

其中:$B = \frac{\omega_c}{2\pi}$,是将角频率折合为频率的滤波器带宽(截止频率)。

结论:阶跃响应的上升时间与系统的截止频率(带宽)成正比。

一般来说,滤波器阶跃响应上升时间与带宽不能同时减小,对不同的滤波器二者之乘积取不同的常数值,而且此常数值有下限,这将由著名的"测不准原理"来决定。

3.9 调制与解调

在通信系统中,信号从发射端传输到接收端,为了实现信号的传输,往往需要进行调制和解调。

3.9.1 调制

调制是用一个信号去控制另一信号的某一参量的过程,将信号的频谱搬移到任何所需的较高频段上。被控制的信号称为载波,控制信号称为调制信号。载波是高频正弦波,正弦波有三个要素:幅值、相位和频率。控制载波的幅度称为调幅(AM);控制频率称为调频

(FM);控制相位称为调相(PM);

调制作用的实质是将各种信号的频谱搬移,使它们互不重叠地占据不同的频率范围。

(1) 高频信号容易以电磁波形式辐射出去。

(2) 多路信号的传输——多路复用。

多路信号传输问题的解决为在一个信道中传输多对通话提供了依据,这就是利用调制原理实现多路复用技术。在简单的通信系统中,每个电台只允许一对通话,而多路复用技术可以用同一部电台将各路信号的频谱分别搬移到不同频率区段,从而完成在一个信道内传送多路信号的多路通信。通信系统中,无论是有线传输还是无线电通信,都广泛采用多路复用技术。

下面应用傅里叶变换的某些性质说明搬移信号频谱的原理,如图 3-31 所示。

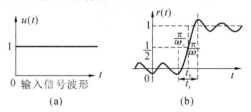

图 3-30 理想低通滤波器的阶跃响应

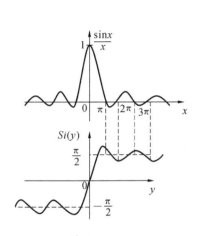

图 3-29 $\dfrac{\sin x}{x}$ 函数与 Si(y) 函数

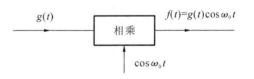

图 3-31 调制原理方框图

图中:$g(t)$ 为调制信号;$\cos(\omega_0 t)$ 为载波信号;$f(t)$ 为已调信号;ω_0 为载波角频率。

载波信号 $\cos(\omega_0 t)$ 的傅里叶变换为

$$\mathcal{F}[\cos(\omega_0 t)] = \pi[\delta(\omega + \omega_0) + \delta(\omega - \omega_0)]$$

若 $g(t)$ 的频谱为 $G(\omega)$,占据 $-\omega_m$ 至 ω_m 的有限频带,如图 3-32(a)所示。将 $g(t)$ 与 $\cos(\omega_0 t)$ 相乘,如图 3-32(b)所示,即可得到已调信号 $f(t)$。根据卷积定理,可以求出已调信号的频谱 $F(\omega)$,如图 3-32(c)所示。

$$f(t) = g(t)\cos(\omega_0 t)$$

根据卷积定理,有

$$\mathcal{F}[f(t)] = F(\omega) = \frac{1}{2\pi}G(\omega) * [\pi\delta(\omega + \omega_0) + \pi\delta(\omega - \omega_0)]$$

$$= \frac{1}{2}[G(\omega + \omega_0) + G(\omega - \omega_0)]$$

可见,信号的频谱被搬移到载频 ω_0 附近。

3.9.2 解调

在信号传输的终端,将已调信号恢复 $f(t)$ 成原来的调制信号 $g(t)$,这一过程称为解调。如图 3-33 所示为实现解调的一种原理方框图。

这里,$\cos(\omega_0 t)$ 信号是接收端的本地载波信号,它与发送端的载波同频同相。$f(t)$ 与

73

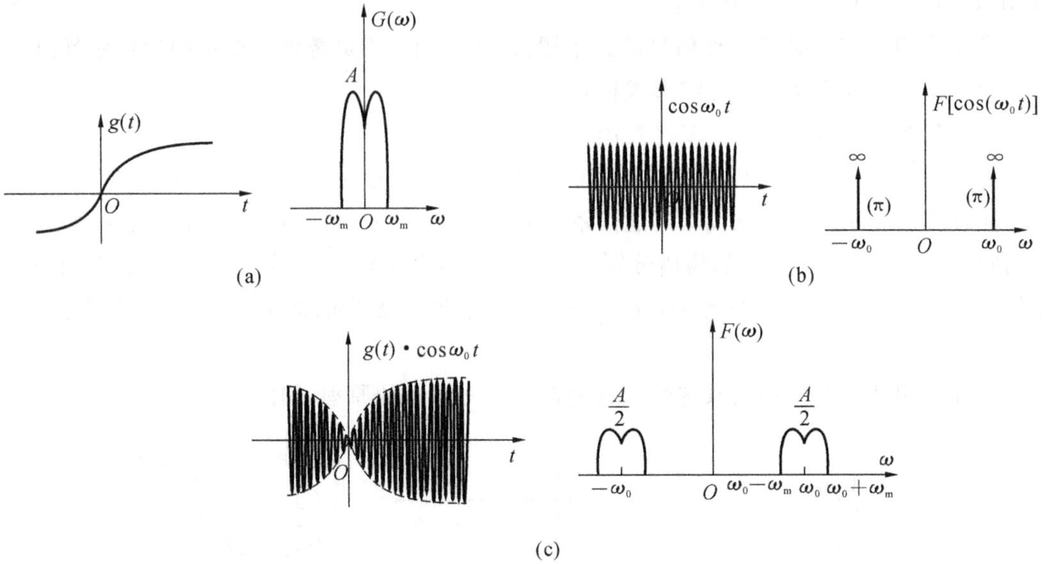

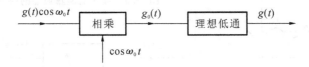

图 3-32　调制频谱

图 3-33　同步解调原理方框图

$\cos(\omega_0 t)$ 相乘的结果使频谱 $F(\omega)$ 向左、右分别移动 $\pm\omega_0$（并乘以系数 $\frac{1}{2}$），得到如图 3-34 所示的频谱 $G_0(\omega)$，此图也可从时域的相乘关系得到解释。

$$g_0(t) = [g(t)\cos(\omega_0 t)]\cos(\omega_0 t) = \frac{1}{2}g(t)[1 + \cos(2\omega_0 t)]$$

$$= \frac{1}{2}g(t) + \frac{1}{2}g(t)[1 + \cos(2\omega_0 t)]$$

$$\mathcal{F}[g(t)] = G_0(\omega) = \frac{1}{2}G(\omega) + \frac{1}{4}[G(\omega + 2\omega_0) + G(\omega - 2\omega_0)]$$

再利用一个低通滤波器（带宽大于 ω_m，小于 $2\omega_0 - \omega_m$），滤除在频率 $2\omega_0$ 附近的分量，即可取出 $g(t)$，完成解调。

这种解调器称为乘积解调，需要在接收端产生与发送端频率相同的本地载波，这将使接收机复杂化。为了在接收端省去本地载波，可在发射信号中加入一定强度的载波信号 $A\cos(\omega_0 t)$，这时，发送端的合成信号为 $[A + g(t)]\cos(\omega_0 t)$，如果 A 足够大，对于全部 t，有 $A + g(t) > 0$，于是，可调信号的包络就是 $A + g(t)$，如图 3-35 所示。

这时，使用包络检波器可以从图 3-34 相应的波形中提取包络，恢复 $g(t)$，不需要本地载波。在这种调制方法中，载波的振幅随信号 $g(t)$ 成比例地改变，称为"振幅调制"（AM）。前述不传送载波的方案则称为"抑制载波振幅调制"（AM-SC）。此外，还有"单边带调制"（SSB）、"残留边带调制"（VSB）等。

调制理论的详细研究将是通信原理课程的主要内容，而各种调制电路的分析将在高频电路课程中学习。

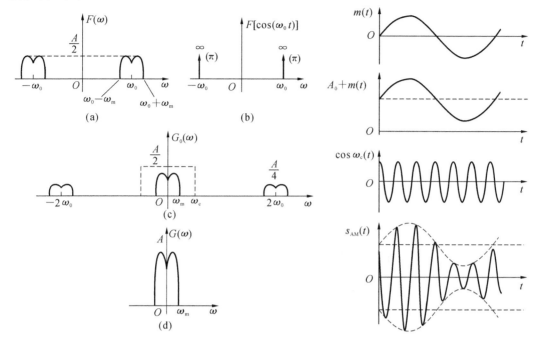

图 3-34　解调频谱　　　　　　　3-35　调幅、抑制载波调幅及其解调波形

3.10　MATLAB 实现连续时间信号傅里叶变换和系统的频域分析

3.10.1　傅里叶变换的 MATLAB 求解

MATLAB 的 symbolic Math Toolbox 提供了直接求解傅里叶变换及逆变换的函数 fourier()及 ifourier(),二者的调用格式如下。

(1)傅里叶变换的调用格式如下。

● F＝fourier(f):它是符号函数 f 的 fourier 变换,默认返回的是关于 w 的函数。

● F＝fourier(f,v):它返回函数 F 是关于符号对象 v 的函数,而不是默认的 w,即

$$F(v) = \int_{-\infty}^{+\infty} f(x)e^{-jvx}dx$$

(2)傅里叶逆变换的调用格式如下。

● f＝ifourier(f):它是符号函数 F 的傅里叶逆变换,默认的独立变量为 w,默认返回是关于 x 的函数。

● f＝ifourier(f,u):它的返回函数 f 是 u 的函数,而不是默认的 x。

注意:在调用函数 fourier()及 ifourier()之前,要用 syms 命令对所用到的变量(如 t,u,v,w)进行说明,即将这些变量说明成符号变量。

例 3.12　求 $f(t)=e^{-2|t|}$ 的傅里叶变换。

解　具体程序如下。

```
syms t
Fw= fourier(exp(-2* abs(t)))
```

程序运行结果如下。

```
Fw=
4/(w^2+4)
```

例 3.13 求 $F(\mathrm{j}\omega)\dfrac{1}{1+\omega^2}$ 的逆变换 $f(t)$。

解 具体程序如下。

```
syms t  w
ft= ifourier(1/(1+ w^2),t)
```

程序运行结果如下。

```
ft=
(pi* exp(-t)* heaviside(t)+pi* heaviside(-t)* exp(t))/(2* pi)
```

3.10.2 连续时间信号的频谱图

例 3.14 求调制信号 $f(t)=AG_\tau(t)\cos\omega_0 t$ 的频谱，其中

$$A=4, \omega_0=12\pi, \tau=\frac{1}{2}, G_\tau(t)=u(t+\frac{\tau}{2})-u(t-\frac{\tau}{2})$$

解 具体程序如下。

```
ft= sym('4* cos(2* pi* 6* t)* (heaviside(t+1/4)-heaviside(t-1/4))');
Fw= simplify(fourier(ft))
subplot(121)
ezplot(ft,[-0.5 0.5]),grid on
subplot(122)
ezplot(abs(Fw),[-24* pi 24* pi]),grid on
```

程序运行结果如图 3-36 所示。

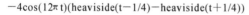

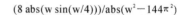

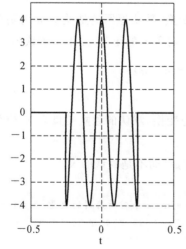

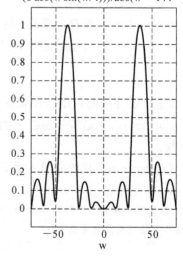

图 3-36 例 3.14 结果图

3.10.3 用 MATLAB 分析 LTI 系统的频率特性

当系统的频率响应 $H(j\omega)$ 是 $j\omega$ 的有理多项式时,有

$$H(j\omega) = \frac{B(\omega)}{A(\omega)} = \frac{b_M(j\omega)^M + b_{M-1}(j\omega)^{M-1} + \cdots + b_1(j\omega) + b_0}{a_N(j\omega)^N + a_{N-1}(j\omega)^{N-1} + \cdots + a_1(j\omega) + a_0}$$

MATLAB 信号处理工具箱提供的 freqs 函数可直接计算系统的频率响应的数值解,其调用格式如下。

```
H= freqs(b,a,w)
```

式中:a 和 b 分别是 $H(j\omega)$ 的分母和分子多项式的系数向量;w 为形如 w1:p:w2 的向量,定义系统频率响应的频率范围,w1 为频率起始值,w2 为频率终止值,p 为频率取样间隔。H 函数返回 w 所定义的频率点上系统频率响应的样值。

例 3.15 计算 $0\sim2\pi$ 频率范围内以间隔 0.5 取样的系统频率响应的样值。

解 具体程序如下。

```
a= [1 2 1];
b= [0 1];
h= freqs(b,a,0:0.5:2 * pi)
```

程序运行结果如下。

```
h=
Columns 1 through 5
1.0000 + 0.0000i   0.4800 - 0.6400i   0.0000 - 0.5000i   - 0.1183 - 0.2840i   - 0.
1200 - 0.1600i
Columns 6 through 10
- 0.0999 - 0.0951i   - 0.0800 - 0.0600i   - 0.0641 - 0.0399i   - 0.0519 - 0.0277i
- 0.0426 - 0.0199i
Columns 11 through 13
- 0.0355 - 0.0148i   - 0.0300 - 0.0113i   - 0.0256 - 0.0088i
```

例 3.16 三阶归一化的 Butterworth 低通滤波器的频率响应为

$$H(j\omega) = \frac{1}{(j\omega)^3 + 2(j\omega)^2 + 2(j\omega) + 1}$$

试画出该系统的幅度响应 $|H(j\omega)|$ 和相位响应 $\varphi(\omega)$。

解 具体程序如下。

```
w= 0:0.025:5;
b=[1];a=[1,2,2,1];
H= freqs(b,a,w);
subplot(2,1,1);
plot(w,abs(H));grid;
xlabel('omega(rad/s)');
ylabel('|H(jomega)|');
title('H(jw)的幅频特性');
subplot(2,1,2);
plot(w,angle (H));grid;
xlabel('omega(rad/s)');
```

```
ylabel('phi(omega)');
title('H(jw)的相频特性');
```

程序运行结果如图 3-37 所示。

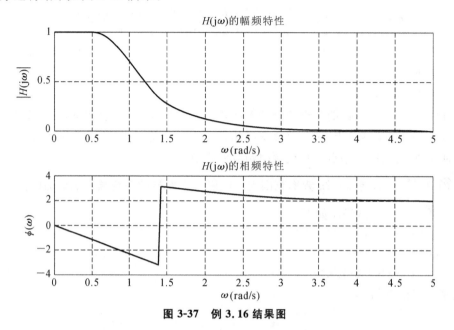

图 3-37　例 3.16 结果图

3.10.4　用 MATLAB 分析 LTI 系统的输出响应

例 3.17　已知某 RC 电路如图 3-38 所示,系统的输入电压为 $f(t)$,输出信号为电阻两端的电压 $y(t)$。当 $RC=0.04$,$f(t)=\cos 5t + \cos 100t$,$-\infty < t < +\infty$,试求该系统的响应 $y(t)$。

解　由图 3-38 可知,该电路为一个微分电路,其频率响应为

$$H(j\omega) = \cfrac{R}{R + \cfrac{1}{j\omega C}} = \cfrac{j\omega}{j\omega + \cfrac{1}{RC}}$$

由此可求出余弦信号 $\cos\omega_0 t$ 通过 LTI 系统的响应为

$$y(t) = |H(j\omega_0)|\cos(\omega_0 t + \varphi(\omega_0))$$

计算该系统响应的 MATLAB 程序及响应波形如下。

```
RC=0.04;
t=linspace(-2,2,1024);
w1=5;w2=100;
H1=j*w1/(j*w1+1/RC);
H2=j*w2/(j*w2+1/RC);
f=cos(5*t)+cos(100*t);
y=abs(H1)*cos(w1*t+angle(H1))+abs(H2)*cos(w2*t+angle(H2));
subplot(2,1,1);
plot(t,f);
ylabel('f(t)');
xlabel('Time(s)');
```

```
    subplot(2,1,2);
    plot(t,y);
    ylabel('y(t)');
    xlabel('Time(s)');
```

程序运行结果如图 3-39 所示。

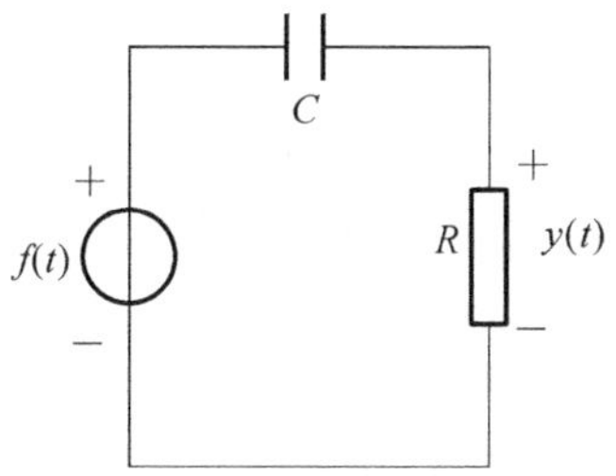

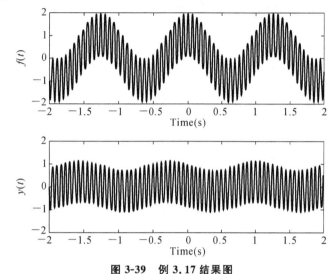

图 3-38 例 3.17 题图

图 3-39 例 3.17 结果图

习 题 3

3.1 将图 3-40 中的方波信号展开为傅里叶级数。

3.2 给出以下几种参数的周期矩形波信号的幅度值,比较这些参数变化对频谱的影响。

(1) 方波幅值 $E=1$,方波宽度 $\tau=1$,周期 $T_1=4$。

(2) 方波幅值 $E=2$,方波宽度 $\tau=1$,周期 $T_1=4$。

(3) 方波幅值 $E=1$,方波宽度 $\tau=2$,周期 $T_1=4$。

(4) 方波幅值 $E=1$,方波宽度 $\tau=1$,周期 $T_1=8$。

3.3 $f(t)$ 为周期信号,周期为 T_1,$f(t)$ 在四分之一周期区间 $(0, \frac{T_1}{4})$ 的波形如图 3-41 所示,其他四分之一周期的波形是已知四分之一周期波形的重复,但可能水平或垂直翻转,画出以下条件下 $f(t)$ 在一个周期区间 $(-\frac{T_1}{2}, \frac{T_1}{2})$ 的波形。

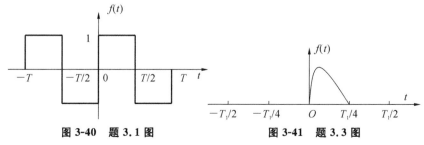

图 3-40 题 3.1 图

图 3-41 题 3.3 图

(1) $f(t)$ 是偶函数,只含偶次谐波。

(2) $f(t)$ 是偶函数,只含奇次谐波。

（3）$f(t)$是偶函数，只含偶次谐波和奇次谐波。

（4）$f(t)$是奇函数，只含偶次谐波。

（5）$f(t)$是奇函数，只含奇次谐波。

（6）$f(t)$是奇函数，只含偶次谐波和奇次谐波。

3.4 说明傅里叶级数系数 $F(k\omega_1)$的模、幅角、实部、虚部所表示的物理意义。

3.5 求 $f(t)=e^{-a|t|}$ $(-\infty<t<\infty)$（a 为正实数）双边指数信号的频谱，并与单边指数信号相比较。

3.6 求 $f(t)=Ee^{-(\frac{t}{\tau})^2}$ $(-\infty<t<\infty)$钟形脉冲信号（高斯脉冲）的频谱，并总结钟形脉冲信号的频谱的特点。

3.7 求图 3-42 中所示周期函数的频谱。

3.8 求出如图 3-43 所示冲激序列的指数傅里叶级数和三角傅里叶级数。

3.9 已知周期矩形信号及如图 3-44 所示。求：

（1）$f_1(t)$的参数为 $\tau=0.5\mu s, T=1\mu s, A=1V$，则谱线间隔和带宽分别为多少？

（2）$f_2(t)$的参数为 $\tau=1.5\mu s, T=3\mu s, A=3V$，则谱线间隔和带宽分别为多少？

（3）$f_1(t)$与 $f_2(t)$的基波幅度之比为多少？

（4）$f_1(t)$基波幅度与 $f_2(t)$的三次谐波幅度之比为多少？

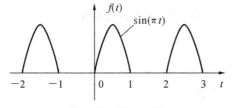

图 3-42 题 3.7 图

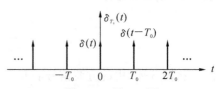

图 3-43 题 3.8 图

3.10 求下列信号的傅里叶变换。

（1）$f(t)=e^{-jt}\delta(t-2)$ 　　　　　　　　（2）$f(t)=e^{-3(t-1)}\delta'(t-1)$

3.11 根据傅里叶变换的对称性求出下列函数的傅里叶变换。

（1）$f(t)=\dfrac{\sin[2\pi(t-2)]}{\pi(t-2)}, -\infty<t<\infty$ 　　　（2）$f(t)=\dfrac{2\alpha}{\alpha^2+t^2}, -\infty<t<\infty$

3.12 计算下列信号的傅里叶变换。

（1）$e^{jt}\operatorname{sgn}(3-2t)$ 　　（2）$\dfrac{d}{dt}[e^{-2(t-1)}u(t)]$ 　　（3）$e^{2t}u(-t+1)$

（4）$\begin{cases}\cos\left(\dfrac{\pi t}{2}\right), & |t|<1 \\ 0, & |t|>1\end{cases}$ 　　（5）$\dfrac{2}{t^2+4}$

3.13 试分别利用下列几种方法证明 $u(t)\leftrightarrow\pi\delta(\Omega)+\dfrac{1}{j\Omega}$。

（1）利用符号函数：$u(t)=\dfrac{1}{2}+\dfrac{1}{2}\operatorname{sgn}(t)$。

（2）利用矩形脉冲取极限：$\tau\to\infty$。

（3）利用积分定理：$u(t)=\displaystyle\int_{-\infty}^{t}\delta(\tau)d\tau$。

（4）利用单边指数函数取极限：$u(t)=\lim_{a\to 0}e^{-at}, t\geq 0$

3.14 若已知 $f(t) \leftrightarrow F(j\Omega)$，求下列函数的频谱。

(1) $(1-t)f(1-t)$ 　　　　(2) $e^{jt}f(3-2t)$ 　　　　(3) $\dfrac{\mathrm{d}f(t)}{\mathrm{d}t} * \dfrac{1}{\pi t}$

3.15 求下列函数的傅里叶逆变换。

(1) $F(j\Omega) = \delta(\Omega + \Omega_0) - \delta(\Omega - \Omega_0)$ 　　　　(2) $F(j\Omega) = 2\cos(3\Omega)$

3.16 若 $f(t)$ 的傅里叶变换为 $F(j\Omega) = \dfrac{1}{2}[G_{2a}(\Omega - \Omega_0) + G_{2a}(\Omega + \Omega_0)]$，如图 3-45 所示，求 $f(t)$ 并画图。

3.17 已知信号 $f_1(t) \leftrightarrow F_1(j\Omega) = R(\Omega) + jX(\Omega)$，$f_1(t)$ 的波形如图 3-46(a) 所示，若有信号 $f_2(t)$ 的波形如图 3-46(b) 所示，求 $F_2(j\Omega)$。

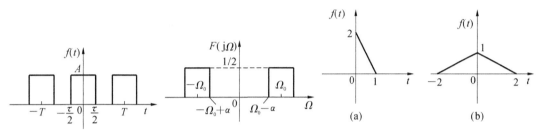

图 3-44 题 3.9 图　　　　图 3-45 题 3.16 图　　　　图 3-46 题 3.17 图

3.18 若已知 $f(t) \leftrightarrow F(j\Omega)$，确定下列信号的傅里叶变换。

(1) $f(1-t)$ 　　　　(2) $(1-t)f(1-t)$ 　　　　(3) $f(2t-5)$

3.19 已知三角脉冲 $f_1(t)$ 的傅里叶变换为 $F_1(j\Omega) = \dfrac{E\tau}{2}\mathrm{Sa}^2\left(\dfrac{\Omega\tau}{4}\right)$，试用有关定理求 $f_2(t) = f_1(t-2\tau)\cos(\Omega_0 t)$ 的傅里叶变换 $F_2(j\Omega)$。

3.20 若已知 $f(t) \leftrightarrow F(j\Omega)$，确定下列信号的傅里叶变换。

(1) $tf(2t)$ 　　　　　　　　　　(2) $(t-2)f(t)$

(3) $(t-2)f(-2t)$ 　　　　　　　(4) $t\dfrac{\mathrm{d}f(t)}{\mathrm{d}t}$

3.21 分别利用线性性质、时域积分性质和时域卷积定理求图 3-47 所示梯形脉冲的傅里叶变换，并大致画出 $\tau = 2\tau_1$ 情况下该脉冲的频谱图。

3.22 利用傅里叶变换的性质，求如图 3-48 所示的两个信号的傅里叶变换。

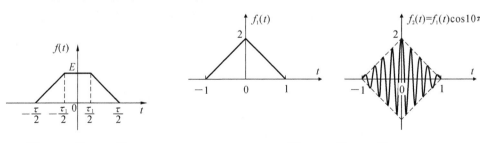

图 3-47 题 3.21 图　　　　　　　图 3-48 题 3.22 图

3.23 利用傅里叶变换的对称性，求傅里叶变换 $F(\omega) = \delta(\omega - \omega_0)$ 所对应的时域信号 $f(t)$。

3.24 已知系统频率响应特性 $H(j\omega) = \dfrac{2}{-\omega^2 + j5\omega + 6}$，求 $e(t) = e^{-t}u(t)$ 的零状态响应。

第4章 连续时间信号与系统的复频域分析

傅里叶分析方法之所以在信号与 LTI 系统分析中如此有用,很大程度上是因为相当广泛的一类信号都可以表示成复指数信号的线性组合,而复指数函数是一切 LTI 系统的特征函数。

傅里叶变换是以复指数函数的特例 $e^{j\omega t}$ 和 $e^{j\omega n}$ 为基底来分解信号的。对于更一般的复指数函数 e^{st} 和 Z^n,也能以此为基底对信号进行分解。将连续时间傅里叶变换推广到更一般的情况(拉普拉斯变换)就是本章要讨论的中心问题。

通过本章的学习,会发现拉普拉斯变换具有很多与傅里叶变换相同的重要性质,不仅能解决用傅里叶分析方法可以解决的信号与系统分析问题,而且还能用于傅里叶分析方法不适用的许多方面。拉普拉斯变换的分析方法是傅里叶分析方法的推广,傅里叶分析方法是拉普拉斯分析方法的特例。

拉普拉斯变换的主要作用如下。

(1) 在电路理论研究中,拉普拉斯变换是强有力的工具。

(2) 在连续、线性、时不变系统分析中,拉普拉斯变换是不可缺少的工具。

(3) 线性时不变系统的时域模型是常系数线性微分方程,拉普拉斯变换能方便求解微分方程的解。

本章首先通过傅里叶变换推导出拉普拉斯变换,然后对拉普拉斯正变换、拉普拉斯逆变换及拉普拉斯变换的性质进行讨论。重点在于以拉普拉斯变换为工具对系统进行复频域分析。最后介绍系统函数以及 $H(s)$ 零极点概念,并根据它们的分布来研究系统特性,分析频率响应,还要简略介绍系统稳定性问题。

应注意拉普拉斯变换与傅里叶变换的对比,以便于理解与记忆。

4.1 拉普拉斯变换

以傅里叶变换为基础的频域分析方法的优点在于它给出的结果有着清楚的物理意义,但也有不足之处,傅里叶变换只能处理符合狄利克雷条件的信号,而有些信号是不满足绝对可积条件的,因而其信号的分析受到限制;另外,在求时域响应时运用傅里叶逆变换对频率进行的无穷积分求解也较为困难。

4.1.1 拉普拉斯变换的定义

有些函数不满足绝对可积条件,求解傅里叶变换困难,为此,可用一个衰减因子 $e^{-\sigma t}$(σ 为实常数)乘以信号 $f(t)$,适当选取 σ 的值,使乘积信号 $f(t)e^{-\sigma t}$ 在 $t \to \pm\infty$ 时信号幅度趋近于 0,从而使 $f(t)e^{-\sigma t}$ 的傅里叶变换存在。根据傅里叶变换的定义,有

$$\mathcal{F}[f(t)e^{-\sigma t}] = \int_{-\infty}^{\infty} [f(t)e^{-\sigma t}] \cdot e^{-j\omega t} dt = \int_{-\infty}^{\infty} f(t)e^{-(\sigma+j\omega)t} dt \tag{4-1}$$

上述积分结果是 $(\sigma+j\omega)$ 的函数,令其为 $F_b(\sigma+j\omega)$,即

$$F_b(\sigma + j\omega) = \int_{-\infty}^{\infty} f(t)e^{-(\sigma+j\omega)t} dt = \int_{-\infty}^{\infty} [f(t)e^{-\sigma t}]e^{-j\omega t} dt \tag{4-2}$$

由傅里叶逆变换得

$$f(t)e^{-\sigma t} = \frac{1}{2\pi}\int_{-\infty}^{\infty} F_b(\sigma+j\omega)e^{j\omega t}\,d\omega \tag{4-3}$$

所以

$$f(t) = \frac{1}{2\pi}\int_{-\infty}^{\infty} F_b(\sigma+j\omega)e^{(\sigma+j\omega)t}\,d\omega \tag{4-4}$$

可见,式(4-2)与式(4-4)是一对变换对。令 $s=\sigma+j\omega$,则 $d\omega=\dfrac{ds}{j}$,于是上面两个式子变为

$$F_b(s) = \int_{-\infty}^{\infty} f(t)e^{-st}\,dt \tag{4-5}$$

$$f(t) = \frac{1}{2\pi j}\int_{\sigma-j\infty}^{\sigma+j\infty} F_b(s)e^{st}\,ds \tag{4-6}$$

式(4-5)和式(4-6)称为双边拉普拉斯变换对,$F_b(s)$ 称为 $f(t)$ 的双边拉普拉斯变换(或象函数);$f(t)$ 称为 $F_b(s)$ 的双边拉普拉斯逆变换(或原函数)。可分别简记为

$$F_b(s) = \mathcal{L}_b[f(t)] = \int_{-\infty}^{\infty} f(t)e^{-st}\,dt \tag{4-7}$$

$$f(t) = \mathcal{L}_b^{-1}[F_b(s)] = \frac{1}{2\pi j}\int_{\sigma-j\infty}^{\sigma+j\infty} F_b(s)e^{st}\,ds \tag{4-8}$$

下标 b 表示双边拉普拉斯变换,考虑到实际信号都是因果信号,可以定义单边拉普拉斯变换如下。

$$F(s) = \mathcal{L}[f(t)] = \int_0^{\infty} f(t)e^{-st}\,dt \tag{4-9}$$

$$f(t) = \mathcal{L}^{-1}[F(s)] = \left[\frac{1}{2\pi j}\int_{\sigma-j\infty}^{\sigma+j\infty} F_b(s)e^{st}\,ds\right]u(t) \tag{4-10}$$

较之于双边拉普拉斯变换,单边拉普拉斯变换的应用要广泛得多。今后不特别说明,拉普拉斯变换均指单边拉普拉斯变换。

> s 的物理意义:s 具有频率的量纲,称为复频率。其中:σ 描述了信号振荡幅度的增长速率或衰减速率;ω 描述振荡的重复频率。$s=\sigma+j\omega$ 可以用直角坐标的复平面(s 平面)表示,σ 是实轴,$j\omega$ 是虚轴。

4.1.2 拉普拉斯变换的收敛域

如前所述,选择适当的 σ 值才可能使 $f(t)e^{-\sigma t}$ 满足绝对可积,才可使式(4-7)的积分收敛,信号 $f(t)$ 的双边拉普拉斯变换存在。通常把 $f(t)e^{-\sigma t}$ 满足绝对可积的 σ 值的范围称为收敛域。我们先来研究下面两种信号。

(1) 因果信号:$f(t)=0,t<0$。

(2) 反因果信号:$f(t)=0,t>0$。

例 4.1 设因果信号 $f_1(t)=e^{\alpha t}u(t)=\begin{cases}0,t<0\\e^{\alpha t},t>0\end{cases}$,求其拉普拉斯变换。其中,$\alpha$ 为实数。

解
$$F_{b1}(s) = \int_{-\infty}^{\infty} e^{\alpha t}\varepsilon(t)e^{-st}\,dt = \int_0^{\infty} e^{-(s-\alpha)t}\,dt = \frac{e^{-(s-\alpha)t}}{-(s-\alpha)}\Bigg|_0^{\infty} = \frac{e^{-(\sigma-\alpha)t}e^{-j\omega t}}{-(s-\alpha)}\Bigg|_0^{\infty}$$
$$= \frac{1}{s-\alpha}$$

$$\mathrm{Re}[s]=\sigma>\alpha$$

此例中,只有当 $\mathrm{Re}[s]=\sigma>\alpha$ 时,信号的拉普拉斯变换才存在。

在复平面上 $\mathrm{Re}[s]=\sigma>\alpha$ 是一个区域,称为拉普拉斯变换的收敛域或象函数的收敛域。如图 4-1(a)所示。

例 4.2 设反因果信号 $f_2(t)=e^{\beta t}\varepsilon(-t)=\begin{cases}e^{\beta t},t<0\\0,t>0\end{cases}$,求其拉普拉斯变换。其中,$\beta$ 为实数。

解
$$F_{b2}(s)=\int_{-\infty}^{\infty}e^{\beta t}\varepsilon(-t)e^{-st}\,dt=\int_{-\infty}^{0}e^{-(s-\beta)t}\,dt$$
$$=\frac{e^{-(s-\beta)t}}{-(s-\beta)}\bigg|_{-\infty}^{0}=\frac{e^{-(\sigma-\beta)t}e^{-j\omega t}}{-(s-\beta)}\bigg|_{-\infty}^{0}$$
$$=\frac{-1}{s-\beta}$$
$$\mathrm{Re}[s]=\sigma<\beta$$

可见对于反因果信号,仅当 $\mathrm{Re}[s]=\sigma<\beta$ 时,其拉普拉斯变换才存在。其收敛域为 $\mathrm{Re}[s]=\sigma<\beta$,如图 4-1(b)所示。

若有一双边函数 $f(t)=f_1(t)+f_2(t)=\begin{cases}e^{\alpha t},t>0\\e^{\beta t},t<0\end{cases}$,则其双边拉氏变换为 $F_b(s)=F_{b1}(s)+F_{b2}(s)$。如果 $\alpha<\beta$,则存在共同的收敛域,收敛域是带状区域,其区间范围为 $\alpha<\mathrm{Re}[s]<\beta$;如果 $\alpha\geqslant\beta$,则没有共同的收敛域,拉普拉斯变换 $F_b(s)$ 不存在。

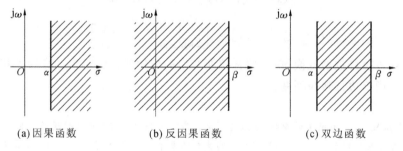

(a)因果函数　　　　　(b)反因果函数　　　　　(c)双边函数

图 4-1　拉普拉斯变换的收敛域

小结:(1)因果信号(单边)拉普拉斯变换,其收敛域一般为 $\sigma>a$。

(2)反因果信号的拉普拉斯变换,其收敛域一般为 $\sigma<b$。

(3)一般信号的双边拉普拉斯变换,如 $b>a$,则其收敛域一般为 $a<\sigma<b$;否则,其收敛域不存在。

由此可见,拉普拉斯变换与傅里叶变换一样存在收敛问题。并非任何信号的拉普拉斯变换都存在,也不是 s 平面上的任何复数都能使拉普拉斯变换收敛。收敛域对拉普拉斯变换是非常重要的概念。

当收敛域包含虚轴时,拉普拉斯变换与傅里叶变换同时存在,将 $s=j\omega$ 代入即可得其傅里叶变换。双边拉普拉斯变换便于分析双边信号,但其收敛条件较为苛刻,这也限制了它的应用。

另外,不同的时间函数可能有相同的拉普拉斯变换表达式,但它们的收敛域不同;不同原函数,收敛域不同,也可得到相同的象函数。因此,只有"$F(s)$+收敛域"条件均满足,才能唯一地确定原函数 $f(t)$。

在实际中主要面对的是因果系统与信号,而因果信号的拉普拉斯变换总是单边拉普拉斯变换,一般情况下其收敛域总为 $\sigma > a$。一般求函数的单边拉普拉斯变换可以不注明其收敛范围。

4.1.3 拉普拉斯变换与傅里叶变换比较

傅里叶变换是拉普拉斯变换的一个特例。拉普拉斯变换是傅里叶变换的推广。

拉普拉斯变换是傅里叶变换的拓展,它对信号的限制要宽得多。象函数是复变函数,它存在于收敛域的半平面内,而傅里叶变换仅是收敛域中虚轴上的函数。

拉普拉斯变换可同时求解零输入响应和零状态响应,且拉普拉斯逆变换容易求得。但拉普拉斯变换也有不足之处,单边拉普拉斯变换仅适用于因果信号,而且它们的物理意义不是很明确。例如,ω 有明确的物理含义,而 s 却没有明确的含义。

4.1.4 常用拉普拉斯变换

我们将常见函数的拉普拉斯变换列表见表 4-1。

表 4-1 常用拉普拉斯变换表

$f(t)$	$F(s)$	$f(t)$	$F(s)$
$\delta(t)$	1	$\mathrm{e}^{at}\cos bt$	$\dfrac{s-a}{(s-a)^2+b^2}$
$u(t)$	$\dfrac{1}{s}$	$t^n\mathrm{e}^{at}$	$\dfrac{n!}{(s-a)^{n+1}}$
t	$\dfrac{1}{s^2}$	$1-\cos at$	$\dfrac{a^2}{s(s^2+a^2)}$
t^n	$\dfrac{n!}{s^{n+1}}$	$at-\sin at$	$\dfrac{a^3}{s^2(s^2+a^2)}$
e^{at}	$\dfrac{1}{s-a}$	$\sin at-at\cos at$	$\dfrac{2a^3}{(s^2+a^2)^2}$
$\sin at$	$\dfrac{a}{s^2+a^2}$	$\sin at+at\cos at$	$\dfrac{2as^2}{(s^2+a^2)^2}$
$\cos at$	$\dfrac{s}{s^2+a^2}$	$t\sin at$	$\dfrac{2as}{(s^2+a^2)^2}$
$\mathrm{e}^{at}\sin bt$	$\dfrac{b}{(s-a)^2+b^2}$	$t\cos at$	$\dfrac{s^2-a^2}{(s^2+a^2)^2}$

 ## *4.2* 拉普拉斯变换的性质

拉普拉斯变换作为一种运算,我们有必要研究其运算性质。利用一些函数的拉普拉斯变换及拉普拉斯变换的性质,或者查拉普拉斯变换表来求函数的拉普拉斯变换显得更为方便。下面介绍拉普拉斯变换几个常用的性质。

由于拉普拉斯变换是傅里叶变换的推广,因此许多性质都可在傅里叶变换中找到类似的形式,下面仅进行概括介绍。以下假设函数的拉普拉斯变换是存在的。

4.2.1 线性性质

若 $\mathcal{L}[f_1(t)]=F_1(s),\mathcal{L}[f_2(t)]=F_2(s)$,则对于任意常数 α 与 β,有

$$\mathcal{L}[\alpha f_1(t)+\beta f_2(t)]=\alpha F_1(s)+\beta F_2(s) \tag{4-11}$$

这表明拉普拉斯变换是线性变换。

例 4.3 求 $\mathcal{L}[4t^3+2\sin 3t]$。

解 根据拉普拉斯变换的线性性质和表 4-1,有

$$\mathcal{L}[4t^3+2\sin 3t]=4\,\mathcal{L}[t^3]+2\,\mathcal{L}[\sin 3t]=4\,\frac{3!}{s^4}+2\,\frac{3}{s^2+9}=\frac{24}{s^2}+\frac{6}{s^2+9}$$

例 4.4 求 $\mathcal{L}[\mathrm{sh}t]$。

解 函数 $\mathrm{sh}t=\dfrac{e^x-e^{-x}}{2}$ 和 $\mathrm{ch}t=\dfrac{e^x+e^{-x}}{2}$ 分别称为双曲正弦和双曲余弦。根据拉普拉斯变换的线性性质和表 4-1,有

$$\mathcal{L}[\mathrm{sh}t]=\mathcal{L}[\frac{e^x-e^{-x}}{2}]=\frac{1}{2}\,\mathcal{L}[e^x]-\frac{1}{2}\,\mathcal{L}[e^{-x}]=\frac{1}{2}\,\frac{1}{s-1}-\frac{1}{2}\,\frac{1}{s+1}=\frac{1}{s^2-1}$$

4.2.2 时移性质

若 $\mathcal{L}[f(t)u(t)]=F(s)$,则对于任意正实数 t_0,有

$$\mathcal{L}[f(t-t_0)u(t-t_0)]=F(s)e^{-st_0} \tag{4-12}$$

证明 $\mathcal{L}[f(t-t_0)u(t-t_0)]=\int_{0_-}^{\infty}f(t-t_0)u(t-t_0)e^{-st}\mathrm{d}t=\int_{t_0}^{\infty}f(t-t_0)e^{-st}\mathrm{d}t$

由于 $t<t_0$ 时,$u(t-t_0)=0$,故上式积分下限改为 t_0,令 $\tau=t-t_0$,则有 $t=\tau+t_0$,$\mathrm{d}t=\mathrm{d}\tau$,当 $t=t_0$ 时,$\tau=0_-$,代入上式得

$$\mathcal{L}[f(t-t_0)u(t-t_0)]=\int_{0_-}^{\infty}f(\tau)e^{-st_0}e^{-s\tau}d\tau=F(s)e^{-st_0}$$

这一性质表明,如果信号 $f(t)$ 在时域中延迟时间 t_0,那么它的拉普拉斯变换应乘以 e^{-st_0}。

此外要特别注意的是延时信号是指 $f(t-t_0)u(t-t_0)$,而非 $f(t)u(t-t_0)$,对于后者,不能应用时移性质。

例 4.5 已知 $f(t)=tu(t-1)$,求 $F(s)$。

解 $F(s)=\mathcal{L}[tu(t-1)]=\mathcal{L}[(t-1)u(t-1)+u(t-1)]=(\frac{1}{s^2}+\frac{1}{s})e^{-s}$

4.2.3 比例性质

若 $\mathcal{L}[f(t)]=F(s)$,且 $a>0$,则

$$\mathcal{L}[f(at)]=\frac{1}{a}F(\frac{s}{a}) \tag{4-13}$$

该性质在工程技术中也称为尺度变换。

例 4.6 已知 $\mathcal{L}[\sin t]=\dfrac{1}{s^2+1}$,求 $\mathcal{L}[\sin at](a>0)$。

解 由比例性质得

$$\mathcal{L}[\sin at]=\frac{1}{a}\frac{1}{(\frac{s}{a})+1}=\frac{a}{s^2+a^2}$$

4.2.4 频移性质

若 $\mathcal{L}[f(t)]=F(s)$,s_0 是任意常数,则

$$\mathcal{L}[e^{s_0t}f(t)]=F(s-s_0) \tag{4-14}$$

该性质表明,信号 $f(t)$ 在时域乘以因子 $e^{s_0 t}$,相当于其象函数 $F(s)$ 在复频域右移 s_0。

例 4.7　求 $\mathcal{L}[e^{-s_0 t}\sin at]$。

解　先令
$$f(t)=\sin at$$

那么
$$\mathcal{L}[f(t)]=\frac{a}{s^2+a^2}$$

再由频移性质得　$\mathcal{L}[e^{-s_0 t}\sin at]=\mathcal{L}[e^{-s_0 t}f(t)]=\dfrac{a}{(s+s_0)^2+a^2}$

例 4.8　已知 $\mathcal{L}[f(t)]=F(s)$,若 $a>0,b>0$,求 $\mathcal{L}[f(at-b)u(at-b)]$。

解　(1)方法一。

由时移性质得　　　　$\mathcal{L}[f(t-b)u(t-b)]=F(s)e^{-sb}$

再由比例性质得　　　$\mathcal{L}[f(at-b)u(at-b)]=\dfrac{1}{a}F\left(\dfrac{s}{a}\right)e^{-s\frac{b}{a}}$

(2)方法二。

由比例性质得　　　　$\mathcal{L}[f(at)u(at)]=\dfrac{1}{a}F\left(\dfrac{s}{a}\right)$

再由时移性质得
$$\mathcal{L}[f(at-b)u(at-b)]=\mathcal{L}\left\{f\left[a\left(t-\frac{b}{a}\right)\right]u\left[a\left(t-\frac{b}{a}\right)\right]\right\}=\frac{1}{a}F\left(\frac{s}{a}\right)e^{-s\frac{b}{a}}$$

4.2.5　时域微分性质

若 $f(t)$ 在 $t\geqslant 0$ 中可微,且存在两个常数 $M>0$ 及 $\sigma>0$,对一切 $t\geqslant 0$ 都有 $|f(t)|\leqslant Me^{\sigma t}$ 成立,同时导函数 $f'(t)$ 的拉普拉斯变换也存在,设 $\mathcal{L}[f(t)]=F(s)$,则有
$$\mathcal{L}[f'(t)]=sF(s)-f(0_-) \tag{4-15}$$

证明
$$\mathcal{L}[f'(t)]=\int_{0_-}^{+\infty}e^{-st}f'(t)dt$$
$$=\int_{0_-}^{+\infty}e^{-st}df(t)$$
$$=\lim_{b\to+\infty}(e^{-st}f(t))\Big|_{0_-}^{b}-\int_{0_-}^{b}f(t)d(e^{-st})$$
$$=\lim_{b\to+\infty}e^{-sb}f(b)-f(0_-)+s\int_{0_-}^{+\infty}e^{-st}f(t)dt$$

对于 $\lim\limits_{b\to+\infty}e^{-sb}f(b)$,根据所给条件有
$$|e^{-st}f(t)|\leqslant e^{-st}|f(t)|\leqslant Me^{-st}e^{\sigma t}=Me^{-(s-\sigma)t}$$

因此,当 $s>\sigma$ 时,有
$$\lim_{b\to+\infty}e^{-sb}f(b)=0$$

故 $\mathcal{L}[f'(t)]=sF(s)-f(0_-)$。

这个性质表明,一个函数的导函数的拉普拉斯变换等于这个函数的拉普拉斯变换乘以参数 s,再减去该函数的初值。

推论　若 $f(t)$ 在 $t\geqslant 0$ 中 n 次可微,且 $f^{(n)}(t)$ 都满足时域微分性质的条件,又 $\mathcal{L}[f(t)]=F(s)$,则
$$\mathcal{L}[f^{(n)}(t)]=s^n F(s)-s^{n-1}f(0_-)-s^{n-2}f(0_-)-\cdots-sf^{(n-2)}(0_-)-f^{(n-1)}(0_-) \tag{4-16}$$

对于因果函数,在 $t < 0$ 时,$f(t) = 0$,则有

$$f(0_-) = f'(0_-) = \cdots = f^{(n-2)}(0_-) = f^{(n-1)}(0_-) = 0$$

故式(4-15)和式(4-16)可以简化为

$$\mathcal{L}[f'(t)] = sF(s) \tag{4-17}$$

$$\mathcal{L}[f^{(n)}(t)] = s^n F(s) \tag{4-18}$$

例 4.9 函数 $f(t)$ 的波形如图 4-2 所示,求其拉普拉斯变换。

解 由图 4-2 可知

$$f(t) = 2 + u(t)$$

对其求导得

$$f'(t) = \delta(t)$$

又由于 $f(0) = 2$,由时域微分性质可得 $\delta(t) \leftrightarrow 1 = sF(s) - 2$。

所以 $F(s) = \dfrac{3}{s}$。

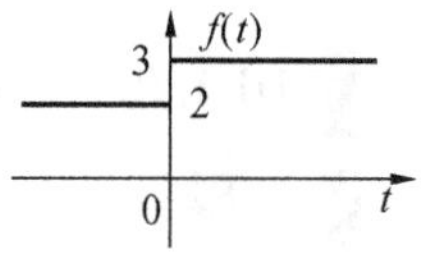

图 4-2　例 4.9 图

4.2.6　频域微分性质

若 $F(s) = \mathcal{L}[f(t)]$,则有

$$F'(s) = -\mathcal{L}[tf(t)] \tag{4-19}$$

证明 根据拉普拉斯变换的定义有 $F(s) = \mathcal{L}[f(t)] = \displaystyle\int_0^{+\infty} e^{-st} f(t) dt$,那么

$$F'(s) = \int_0^{+\infty} (e^{-st} f(t))_s' dt = \int_0^{+\infty} -te^{-st} f(t) dt = -\int_0^{+\infty} e^{-st} tf(t) dt = \mathcal{L}[tf(t)]$$

这个性质表明,对函数 $f(t)$ 的拉普拉斯变换 $F(s)$ 求导,等于这个函数乘以 $(-t)$ 的拉普拉斯变换。

将其推广到 n 阶导数,有

$$F^{(n)}(s) = (-1)^{(n)} \mathcal{L}[t^n f(t)] \tag{4-20}$$

例 4.10 已知 $\mathcal{L}[\sin at] = \dfrac{a}{s^2 + a^2}$,求 $\mathcal{L}[t\sin at]$。

解 根据频域微分性质有

$$\mathcal{L}[t\sin at] = -\frac{d}{ds}\mathcal{L}[\sin at] = -\frac{d}{ds}\left(\frac{a}{s^2 + a^2}\right) = \frac{2as}{(s^2 + a^2)^2}$$

4.2.7　时域积分性质

若 $\mathcal{L}[f(t)] = F(s)$,则有

$$\mathcal{L}\left[\int_{-\infty}^t f(\tau) d\tau\right] = \frac{f^{(-1)}(0_-)}{s} + \frac{F(s)}{s} \tag{4-21}$$

式中:$f^{(-1)}(t)$ 表示积分运算,$\displaystyle\int_{-\infty}^{0_-} f(\tau) d\tau = f^{(-1)}(0_-)$。

证明
$$\mathcal{L}\left[\int_{-\infty}^t f(\tau) d\tau\right] = \mathcal{L}\left[\int_{-\infty}^{0_-} f(\tau) d\tau + \int_{0_-}^t f(\tau) d\tau\right]$$

$$= \mathcal{L}\left[\int_{-\infty}^{0_-} f(\tau) d\tau\right] + \mathcal{L}\left[\int_{0_-}^t f(\tau) d\tau\right]$$

其中:$\mathcal{L}\left[\displaystyle\int_{0_-}^t f(\tau) d\tau\right] = \int_{0_-}^{+\infty}\left[\int_{0_-}^t f(\tau) d\tau\right] e^{-st} dt = \int_{0_-}^{+\infty}\left[\int_{0_-}^t f(\tau) d\tau\right] \frac{-de^{-st}}{s}$

分部积分得

$$\mathcal{L}\left[\int_{0_-}^{t}f(\tau)\mathrm{d}\tau\right] = \frac{-\mathrm{e}^{-st}}{s}\int_{0_-}^{t}f(\tau)\mathrm{d}\tau\bigg|_{0_-}^{\infty} + \frac{1}{s}\int_{0_-}^{+\infty}f(t)\mathrm{e}^{-st}\mathrm{d}t$$

当 $t\to\infty$ 或 $t=0_-$ 时,上式第 1 项为零,则

$$\mathcal{L}\left[\int_{0_-}^{t}f(\tau)\mathrm{d}\tau\right] = \frac{1}{s}\int_{0_-}^{+\infty}f(t)\mathrm{e}^{-st}\mathrm{d}t = \frac{1}{s}F(s)$$

另外,$\int_{-\infty}^{0_-}f(\tau)\mathrm{d}\tau$ 为常量,故有

$$\mathcal{L}\left[\int_{-\infty}^{0_-}f(\tau)\mathrm{d}\tau\right] = \frac{1}{s}\int_{-\infty}^{0_-}f(\tau)\mathrm{d}\tau$$

所以

$$\mathcal{L}\left[\int_{-\infty}^{t}f(\tau)\mathrm{d}\tau\right] = \frac{f^{(-1)}(0_-)}{s} + \frac{F(s)}{s}$$

对于因果函数,$\int_{-\infty}^{0_-}f(\tau)\mathrm{d}\tau = f^{(-1)}(0_-) = 0$,式(4-21) 可简化为

$$\mathcal{L}\left[\int_{-\infty}^{t}f(\tau)\mathrm{d}\tau\right] = \frac{F(s)}{s} \tag{4-22}$$

例 4.11　已知信号 $f(t)=t^2 u(t)$,求其象函数 $F(s)$。

解　由 $\int_{0}^{t}u(\tau)\mathrm{d}\tau = tu(t)$,$u(t)\leftrightarrow\dfrac{1}{s}$,结合时域积分性质,有

$$tu(t)\leftrightarrow\frac{1}{s^2}$$

又因为 $\int_{0}^{t}\tau u(\tau)\mathrm{d}\tau = \dfrac{1}{2}t^2 u(t)$,结合时域积分性质和线性性质,有

$$t^2 u(t)\leftrightarrow\frac{2}{s^3}$$

所以

$$F(s)=\frac{2}{s^3}$$

以此类推,可得

$$\mathcal{L}[t^n u(t)] = \frac{n!}{s^{n+1}} \tag{4-23}$$

4.2.8　频域积分性质

若 $\mathcal{L}[f(t)]=F(s)$,则有

$$\mathcal{L}\left[\frac{f(t)}{t}\right] = \int_{s}^{\infty}F(\eta)\mathrm{d}\eta \tag{4-24}$$

试证明式中 $\lim\limits_{t\to 0}\dfrac{f(t)}{t}$ 存在。

证明　由单边拉普拉斯变换定义及交换积分顺序得

$$\int_{s}^{\infty}F(\eta)\mathrm{d}\eta = \int_{s}^{\infty}\left[\int_{0_-}^{\infty}f(t)\mathrm{e}^{-\eta t}\mathrm{d}t\right]\mathrm{d}\eta = \int_{0_-}^{\infty}f(t)\int_{s}^{\infty}\mathrm{e}^{-\eta t}\mathrm{d}\eta\mathrm{d}t$$

$$= \int_{0_-}^{\infty}-\frac{f(t)}{t}(\mathrm{e}^{-\eta t})\bigg|_{s}^{\infty}\mathrm{d}t$$

$$= \int_{0_-}^{\infty}\frac{f(t)}{t}\mathrm{e}^{-st}\mathrm{d}t = \mathcal{L}\left[\frac{f(t)}{t}\right]$$

例 4.12　求信号 $f(t)=\dfrac{\sin t}{t}u(t)$ 的拉普拉斯变换。

解 由 $\sin t \cdot u(t) \leftrightarrow \dfrac{1}{s^2+1}$，结合频域积分性质，得

$$\frac{\sin t}{t}u(t) \leftrightarrow F(s) = \int_s^\infty \frac{1}{\eta^2+1}\mathrm{d}\eta = \arctan\eta \Big|_s^\infty = \frac{\pi}{2} - \arctan s = \arctan\frac{1}{s}$$

4.2.9 初值定理

初值定理和终值定理常用于由 $F(s)$ 直接求得 $f(0_+)$ 和 $f(\infty)$，而不必求出原函数 $f(t)$。若 $\mathcal{L}[f(t)]=F(s)$ 且 $\lim\limits_{s\to\infty}F(s)$ 存在，则 $f(t)$ 的初值为

$$f(0_+) = \lim_{t\to 0_+} f(t) = \lim_{s\to\infty} sF(s) \tag{4-25}$$

注意：初值定理应用的条件为 $F(s)$ 必须是真分式；若不是真分式，则必须利用除法将 $F(s)$ 变为一个整式与一个真分式 $F_0(s)$ 之和，而此时函数 $f(t)$ 的初值 $f(0_+)$ 应使用下式计算。

$$f(0_+) = \lim_{s\to\infty} sF_0(s) \tag{4-26}$$

初值定理只适用于 $f(t)$ 在原点处没有冲激的函数。

4.2.10 终值定理

若 $\mathcal{L}[f(t)]=F(s)$，且当 $t\to\infty$ 时 $f(t)$ 存在，则 $f(t)$ 的终值为
$$f(\infty) = \lim_{t\to\infty} f(t) = \lim_{s\to 0} sF(s) \tag{4-27}$$

注意：终值定理应用的条件必须是 $f(t)$ 的终值存在，具体判别可采用如下标准。
(1) $F(s)$ 的极点必须位于 s 平面的左半开平面。
(2) 若 $F(s)$ 在 $s=0$ 处有极点，则只能是一阶极点。

例 4.13 利用初值定理和终值定理，求下列各象函数逆变换 $f(t)$ 的初值和终值。
(1) $F(s) = \dfrac{s^2+2s+1}{(s-1)(s+2)(s+3)}$
(2) $F(s) = \dfrac{s^3+s^2+2s+1}{s^3+6s^2+11s+6} = \dfrac{s^3+s^2+2s+1}{(s+1)(s+2)(s+3)}$
(3) $F(s) = \dfrac{2s+1}{s^3+3s^2+2s} = \dfrac{2s+1}{s(s+1)(s+2)}$

解 (1) 因为 $F(s)$ 为真分式，所以有
$$f(0_+) = \lim_{s\to\infty} s \cdot \frac{s^2+2s+1}{(s-1)(s+2)(s+3)} = 1$$
由于 $F(s)$ 在 s 平面的右半开区间上有一个极点 $p_1=1$，故 $f(t)$ 不存在终值。
(2) 因为 $F(s)$ 为假分式，故应先化为真分式，即
$$F(s) = 1 + \frac{-(5s^2+9s+5)}{s^3+6s^2+11s+6} = 1 + F_0(s)$$
所以有
$$f(0_+) = \lim_{s\to\infty} sF_0(s) = \lim_{s\to\infty} s \cdot \frac{-(5s^2+9s+5)}{s^3+6s^2+11s+6} = -5$$
由于 $F(s)$ 的所有极点均位于 s 平面的左半开区间上，故 $f(t)$ 的终值存在，即

$$f(\infty) = \lim_{s \to 0} s \cdot F(s) = \lim_{s \to 0} s \cdot \frac{s^3 + s^2 + 2s + 1}{s^3 + 6s^2 + 11s + 6} = 0$$

（3）因为 $F(s)$ 为真分式，所以有

$$f(0_+) = \lim_{s \to \infty} s \cdot \frac{2s+1}{s^3 + 3s^2 + 2s} = 0$$

由于 $F(s)$ 的极点位于 s 平面的左半开区间上，且在 $s=0$ 处只有一阶极点，故 $f(t)$ 的终值存在，即

$$f(\infty) = \lim_{s \to 0} s \cdot F(s) = \lim_{s \to 0} s \cdot \frac{2s+1}{s^3 + 3s^2 + 2s} = \frac{1}{2}$$

4.2.11 卷积定理

若 $\mathcal{L}[f_1(t)] = F_1(s), \mathcal{L}[f_2(t)] = F_2(s)$，则有

$$\mathcal{L}[f_1(t) * f_2(t)] = F_1(s) \cdot F_2(s) \tag{4-28}$$

时域卷积特性表明：时域中两函数的卷积对应于复频域中两象函数的相乘，该性质在复频域分析中占有十分重要的地位。

在频域中也有类似的关系，具体为：

$$\mathcal{L}[f_1(t) \cdot f_2(t)] = \frac{1}{2\pi j} F_1(s) * F_2(s) \tag{4-29}$$

频域的卷积关系计算较复杂，一般在工程上使用得比较少。

例 4.14 已知 $f_1(t) = u(t), \mathcal{L}[f_1(t) * f_2(t)] = \dfrac{1}{s^2}$，求 $f_2(t)$。

解 因为
$$\mathcal{L}[f_1(t)] = \frac{1}{s}$$

又
$$\mathcal{L}[f_1(t) * f_2(t)] = \frac{1}{s^2} = \mathcal{L}[f_1(t)] \cdot \mathcal{L}[f_2(t)]$$

故
$$\mathcal{L}[f_2(t)] = \frac{\mathcal{L}[f_1(t) * f_2(t)]}{\mathcal{L}[f_1(t)]} = \frac{\dfrac{1}{s^2}}{\dfrac{1}{s}} = \frac{1}{s}$$

所以
$$f_2(t) = u(t)$$

4.3 拉普拉斯逆变换

在采用拉普拉斯变换进行系统分析时，不仅需要对时域函数 $f(t)$ 进行拉普拉斯变换，而且常常需要由象函数 $F(s)$ 求去原函数 $f(t)$，即要进行拉普拉斯逆变换。一般来说，直接利用定义式求取拉普拉斯逆变换涉及复变函数积分，因此比较困难。通常还可采取其他方法，如部分分式法、留数法，以及查表法和利用性质等。本节主要介绍采用部分分式法求取拉普拉斯逆变换。

4.3.1 查表法

查表法就是直接应用典型信号的拉普拉斯变换对及拉普拉斯变换的性质得到。

若表中已有变换对的象函数，可直接套用来得到原函数；若表中未直接给出，但是经过数学变换可以变成表中象函数的形式，则可变换后再套用来得到原函数。

例如，若 $F(s) = \dfrac{1}{s+4}$，查表可得对应的 $f(t) = \mathrm{e}^{-4t}$，我们称 $f(t) = \mathrm{e}^{-4t}$ 为 $F(s) = \dfrac{1}{s+4}$ 的

拉普拉斯逆变换。

例 4.15 已知 $F(s) = \dfrac{1}{s^2}$，求其 $\mathcal{L}^{-1}[F(s)]$($s>0$)。

解 因为 $\mathcal{L}[t] = \displaystyle\int_0^{+\infty} \mathrm{e}^{-st} t \mathrm{d}x = \dfrac{1}{s^2}$，所以 $\mathcal{L}^{-1}[F(s)] = \mathcal{L}^{-1}\left[\dfrac{1}{s^2}\right] = t$。

例 4.16 求 $F(s) = \dfrac{s}{(s^2+3)^2}$ 的原函数。

解 因为
$$\frac{\sqrt{3}}{s^2+3} \leftrightarrow \sin\sqrt{3}t$$

利用频域微分性质

$$\frac{\mathrm{d}}{\mathrm{d}s}\left(\frac{\sqrt{3}}{s^2+3}\right) = -\frac{2\sqrt{3}s}{(s^2+3)^2} \leftrightarrow -t\sin\sqrt{3}t$$

所以
$$F(s) = \frac{s}{(s^2+3)^2} \leftrightarrow \frac{1}{2\sqrt{3}}t\sin\sqrt{3}t \cdot u(t)$$

即原函数
$$f(t) = \frac{1}{2\sqrt{3}}t\sin\sqrt{3}t \cdot u(t)$$

查表法求拉普拉斯逆变换，方法直接、简单易行，但是常用的函数拉普拉斯变换对表不可能包含所有的象函数，总有一些函数无法列在表中，如此一来查表法就无能为力了。

4.3.2 部分分式法

在实际系统问题分析中所遇到的象函数大都是 s 的有理函数，这类情况求拉普拉斯逆变换，可以应用部分分式展开法，并结合使用线性性质及常用函数拉普拉斯变换对。

常见的拉普拉斯变换象函数 $F(s)$ 是两个 s 的多项式之比，一般形式为

$$F(s) = \frac{a_m s^m + a_{m-1}s^{m-1} + \cdots + a_1 s + a_0}{b_n s^n + b_{n-1}s^{n-1} + \cdots + b_1 s + b_0} = \frac{A(s)}{B(s)} \tag{4-30}$$

其中，多项式的系数 a_i 和 b_j 均为实数，m 和 n 均为正整数。

如果分母多项式的阶次低于分子多项式的阶次（即 $n \leqslant m$），这样的分式称为假分式，否则称为真分式。若为假分式，则可以用长除法将其变为有理多项式与有理真分式之和的形式，即

$$F(s) = P(s) + \frac{A_0(s)}{B(s)} \tag{4-31}$$

对于多项式，其拉普拉斯逆变换是冲激函数及其各阶导数；对于有理真分式，可以用部分分式展开法将其表示为许多简单分式之和的形式，而这些简单项的逆变换容易得到。

下面着重讨论 $n>m$，$F(s)$ 为真分式情况下的逆变换。为了便于分解，将 $A(s)$ 和 $B(s)$ 分别写成

$$A(s) = a_m(s-z_1)(s-z_2)\cdots(s-z_m) \tag{4-32}$$

$$B(s) = b_n(s-p_1)(s-p_2)\cdots(s-p_n) \tag{4-33}$$

式中：$z_1, z_2 \cdots z_m$ 和 $p_1, p_2 \cdots p_n$ 分别为 $A(s)=0$ 和 $B(s)=0$ 的根。这些根分别称为 $F(s)$ 的零点和极点。以下根据极点的三种不同情况，讨论部分分式展开法求拉普拉斯逆变换的方法。

1. 单实根情况

$p_1, p_2 \cdots p_n$ 均为实数，且无重根，则 $F(s)$ 可以展开成几个简单的部分分式之和，每个部分分式分别以 $B(s)$ 的一个因子作为分母，即

$$F(s) = \frac{K_1}{s - p_1} + \frac{K_2}{s - p_2} + \cdots + \frac{K_n}{s - p_n} \quad\quad (4\text{-}34)$$

式中：$K_1, K_2, \cdots, K_n$ 为待定系数，可用下列方法确定。

$$K_i = (s - p_i) \cdot F(s)|_{s = p_i} \quad (i = 1, 2, \cdots, n) \quad\quad (4\text{-}35)$$

由于 $K_i \mathrm{e}^{p_i t} \leftrightarrow \dfrac{K_i}{s - p_i}$，则原函数可表示为

$$f(t) = (K_1 \mathrm{e}^{p_1 t} + K_2 \mathrm{e}^{p_2 t} + \cdots + K_n \mathrm{e}^{p_n t}) u(t) = \sum_{i=1}^{n} K_i \mathrm{e}^{p_i t} u(t) \quad\quad (4\text{-}36)$$

例 4.17 求 $F(s) = \dfrac{2s^2 + 3s + 3}{s^3 + 6s^2 + 11s + 6}$ 的原函数。

解 将分母因式分解，可得分母多项式有三个单实根。

$$F(s) = \frac{2s^2 + 3s + 3}{(s+1)(s+2)(s+3)}$$

展开成部分分式

$$F(s) = \frac{K_1}{s+1} + \frac{K_2}{s+2} + \frac{K_3}{s+3}$$

用式(4-35)求系数得

$$K_1 = (s+1) \cdot F(s)|_{s=-1} = 1, \quad K_2 = -5, \quad K_3 = 6$$

即

$$F(s) = \frac{1}{s+1} + \frac{-5}{s+2} + \frac{6}{s+3}$$

由式(4-36)得原函数

$$f(t) = (\mathrm{e}^{-t} - 5\mathrm{e}^{-2t} + 6\mathrm{e}^{-3t}) u(t)$$

例 4.18 已知 $F(s) = \dfrac{s^3 + 5s^2 + 9s + 7}{(s+1)(s+2)}$，求其逆变换。

解 此函数为假分式，先用长除法变换为真分式的形式。

$$
\begin{array}{r}
s + 2 \\
s^2 + 3s + 2\overline{\smash{\big)}\ s^3 + 5s^2 + 9s + 7} \\
\underline{s^3 + 3s^2 + 2s} \\
2s^2 + 7s + 7 \\
\underline{2s^2 + 6s + 4} \\
s + 3
\end{array}
$$

所以

$$F(s) = s + 2 + \frac{K_1}{s+1} + \frac{K_2}{s+2}$$

再用部分分式法求解

$$K_1 = (s+1) \cdot \frac{s+3}{(s+1)(s+2)}\bigg|_{s=-1} = 2$$

$$K_2 = \frac{s+3}{s+1}\bigg|_{s=-2} = -1$$

所以有

$$F(s) = s + 2 + \frac{2}{s+1} - \frac{1}{s+2}$$

其逆变换为

$$f(t) = \delta'(t) + 2\delta(t) + (2\mathrm{e}^{-t} - \mathrm{e}^{-2t}) u(t)$$

2. 共轭复根情况

因 $F(s)$ 是实系数有理分式，当 $F(s)$ 有复数极点时，必定共轭成对出现，假设含有一对共轭复根，则有

$$F(s) = \frac{A(s)}{D(s)[(s+\alpha)^2 + \beta^2]} = \frac{A(s)}{D(s)(s+\alpha-j\beta)(s+\alpha+j\beta)}$$

式中：$D(s)$ 为分母多项式中的其他部分。

一对共轭复极点分别为：$p_1 = -\alpha - j\beta$，$p_2 = -\alpha + j\beta$。p_1、p_2 仍为单阶极点，故仍可用公式(4-35)求部分分式展开系数，用公式(4-36)求原函数。

例 4.19 已知 $F(s) = \dfrac{s^2+3}{(s^2+2s+5)(s+2)}$，求其逆变换。

解 有一对共轭复极点 $p_{1,2} = -\alpha \pm j\beta (\alpha=1, \beta=2)$

所以有

$$F(s) = \frac{s^2+3}{(s+1+j2)(s+1-j2)(s+2)} = \frac{K_1}{s+1-j2} + \frac{K_2}{s+1+j2} + \frac{K_0}{s+2}$$

用部分分式法求解

$$K_1 = \frac{s^2+3}{(s+1+j2)(s+2)}\bigg|_{s=-1+j2} = \frac{-1+j2}{5}$$

即

$$K_{1,2} = A \pm jB \left(A=-\frac{1}{5}, B=\frac{2}{5}\right)$$

$$K_0 = \frac{s^2+3}{(s+1+j2)(s+1-j2)}\bigg|_{s=-2} = \frac{7}{5}$$

所以

$$F(s) = \frac{-\frac{1}{5}+j\frac{2}{5}}{s+1+j2} + \frac{-\frac{1}{5}-j\frac{2}{5}}{s+1-j2} + \frac{7}{5(s+2)}$$

其逆变换

$$f(t) = \left\{ -2e^{-t}\left[\frac{1}{5}\cos(2t) + \frac{2}{5}\sin(2t)\right] + \frac{7}{5}e^{-2t} \right\}u(t)$$

实际上，如果已知的拉普拉斯变换有一对共轭的复数极点，由于其对应的逆变换结果一定是正弦信号或衰减振荡的正弦信号，因此求逆变换时一种简单的方法是将这一对共轭极点不要分开为两项，而是通过配项的方法变为正弦信号或衰减振荡的正弦信号拉普拉斯变换的标准形式，然后查表直接得到逆变换结果。这种方法在运算过程中可以避免出现复数。

例 4.20 已知 $F(s) = \dfrac{s^2+3}{(s^2+2s+5)(s+2)}$，求其逆变换。

解 $F(s)$ 有一个单极点和一对共轭极点，进行部分分式展开得

$$F(s) = \frac{s^2+3}{(s+2)[(s+1)^2+4]} = \frac{K_1}{s+2} + \frac{As+B}{(s+1)^2+4}$$

求系数

$$K_1 = (s+2)F(s)\big|_{s=-2} = \frac{7}{5}$$

余下部分不要分开，用待定系数法求得结果。

$$F(s) = \frac{\frac{7}{5}}{s+2} + \frac{As+B}{(s+1)^2+4}$$

$$= \frac{\frac{7}{5}(s^2+2s+5)+(s+2)(As+B)}{(s+2)[(s+1)^2+4]}$$

$$= \frac{(\frac{7}{5}+A)s^2 + (\frac{14}{5}+B+2A)s + 7+2B}{(s+2)[(s+1)^2+4]}$$

与原式对比,对应分子应相等,即

$$(\frac{7}{5}+A)s^2+(\frac{14}{5}+B+2A)s+7+2B=s^2+3$$

有 $\begin{cases} \dfrac{7}{5}+A=1 \\ \dfrac{14}{5}+B+2A=0 \\ 7+2B=3 \end{cases}$,故 $A=-\dfrac{2}{5}, B=-2$。

所以

$$F(s)=\frac{\dfrac{7}{5}}{s+2}+\frac{As+B}{(s+1)^2+4}=\frac{\dfrac{7}{5}}{s+2}+\frac{-\dfrac{2}{5}s-2}{(s+1)^2+4}=\frac{\dfrac{7}{5}}{s+2}+\frac{-\dfrac{2}{5}(s+1)-\dfrac{4}{5}\times2}{(s+1)^2+4}$$

反变换为

$$f(t)=[\frac{7}{5}\mathrm{e}^{-2t}-\frac{2}{5}\mathrm{e}^{-t}\cos2t-\frac{4}{5}\mathrm{e}^{-t}\sin2t]u(t)$$

3. 多重根情况

若 $F(s)$ 在 $s=p_1$ 处有 k 阶极点,则可将 $F(s)$ 表示为

$$F(s)=\frac{A(s)}{(s-p_1)^k D(s)}$$

将 $F(s)$ 进行部分分式展开,可得

$$F(s)=\frac{K_{11}}{(s-p_1)^k}+\frac{K_{12}}{(s-p_1)^{k-1}}+\cdots+\frac{K_{1k}}{(s-p_1)}+\frac{E(s)}{D(s)} \tag{4-37}$$

式中: $K_{11},K_{12},\cdots,K_{1k}$ 为待定系数, $\dfrac{E(s)}{D(s)}$ 为与极点 p_1 无关的其余部分。利用式(4-35)可得 K_{11} 为

$$K_{11}=(s-p_1)^k \cdot F(s)\big|_{s=p_1}$$

然而不能利用 $(s-p_1)^{k-1} \cdot F(s)\big|_{s=p_1}$ 来求 K_{12},因为和 $(s-p_1)^{k-1}$ 相乘后的 $F(s)$ 的第一项为 $\dfrac{K_{11}}{s-p_1}$,当 $s=p_1$ 时,分母为零,得不到结果,其他系数也不能利用类似方法来求解。

因此假设

$$F_1(s)=(s-p_1)^k \cdot F(s)=K_{11}+K_{12}(s-p_1)+\cdots+K_{1k}(s-p_1)^{k-1}+\frac{E(s)}{D(s)}(s-p_1)^k$$

上式对 s 求导,可得

$$\frac{\mathrm{d}}{\mathrm{d}s}F_1(s)=K_{12}+2K_{13}(s-p_1)+\cdots+K_{1k}(k-1)(s-p_1)^{k-2}+\cdots$$

显然有

$$K_{12}=\frac{\mathrm{d}}{\mathrm{d}s}F_1(s)\big|_{s=p_1}$$

$$K_{13}=\frac{1}{2}\frac{\mathrm{d}^2}{\mathrm{d}s^2}F_1(s)\big|_{s=p_1}$$

类似的可得求部分分式系数的一般公式为

$$K_{1i}=\frac{1}{(i-1)!} \cdot \frac{\mathrm{d}^{i-1}}{\mathrm{d}s^{i-1}}F_1(s)\bigg|_{s=p_1} \quad (i=1,2,\cdots,k) \tag{4-38}$$

即

$$K_{1i} = \frac{1}{(i-1)!} \cdot \frac{d^{i-1}}{ds^{i-1}} \big[(s-p_1)^k F(s) \big] \Big|_{s=p_i} \quad (i=1,2,\cdots,k) \qquad (4-39)$$

得到各项系数后,对原多项式进行部分分式展开,求各展开分式的拉普拉斯逆变换,从而得到原函数。求原函数过程会用到复频移特性,结合常用的拉普拉斯变换公式即可得到。

由 $$\mathcal{L}[t^n u(t)] = \frac{n!}{s^{n+1}}$$

得 $$\mathcal{L}^{-1}\big[\frac{1}{(s-p_1)^{n+1}} \big] = \frac{1}{n!} t^n e^{p_1 t} u(t)$$

例 4.21 求函数 $F(s) = \dfrac{s-2}{s(s+1)^3}$ 的原函数。

解 $F(s)$ 含三重极点 -1,部分分式展开得

$$F(s) = \frac{K_{11}}{(s+1)^3} + \frac{K_{12}}{(s+1)^2} + \frac{K_{13}}{(s+1)} + \frac{K_2}{s}$$

$$F_1(s) = (s+1)^3 F(s) = \frac{s-2}{s}$$

用部分分式法求解

$$K_{11} = F_1(s)\big|_{s=-1} = 3$$

$$K_{12} = \frac{1}{(2-1)!} \cdot \frac{d}{ds} F_1(s)\big|_{s=-1} = 2$$

$$K_{13} = \frac{1}{(3-1)!} \cdot \frac{d^2}{ds^2} F_1(s)\big|_{s=-1} = 2$$

$$K_2 = sF(s)\big|_{s=0} = -2$$

所以 $$F(s) = \frac{3}{(s+1)^3} + \frac{2}{(s+1)^2} + \frac{2}{(s+1)} - \frac{2}{s}$$

其原函数 $$f(t) = (\frac{3}{2} t^2 e^{-t} + 2te^{-t} + 2e^{-t} - 2) u(t)$$

4.4 连续时间系统的复频域分析

拉普拉斯变换分析法是分析线性连续系统的强有力工具,其中求解系统响应是其最重要的应用之一。它将描述系统的时域微分方程变换为 s 域的代数方程,便于运算和求解。同时,它将系统的起始状态自然的包含于象函数方程中,既可以分别求得零输入响应、零状态响应,也可以一举求得系统的全响应。其求解步骤为:首先对描述系统的时域模型进行拉普拉斯变换,得到一个代数方程,求出其解答(即复频域解)后,经拉普拉斯逆变换即可得到时域解,且在求解过程中自动包含了系统初始状态的作用。

4.4.1 微分方程的复频域分析

由于工程上实际的输入信号都是因果信号,物理可实现的系统也是因果系统。

设线性时不变系统的输入为 $f(t)$,输出为 $y(t)$,描述 n 阶系统的输入输出微分方程的一般形式可写为:

$$a_n y^{(n)}(t) + a_{n-1} y^{(n-1)}(t) + \cdots + a_1 y'(t) + a_0 y(t)$$
$$= b_m f^{(m)}(t) + b_{m-1} f^{(m-1)}(t) + \cdots + b_1 f'(t) + b_0 f(t) \qquad (4-40)$$

假设系统的初始状态为 $y(0_-), y'(0_-), \cdots, y^{(n-1)}(0_-)$,输入 $f(t)$ 为因果信号,根据时域微分性质对式(4-40)两边取拉普拉斯变换得:

$$a_n \left[s^n Y(s) - \sum_{i=0}^{n-1} s^{n-1-i} y^{(i)}(0_-) \right] + a_{n-1} \left[s^{n-1} Y(s) - \sum_{i=0}^{n-2} s^{n-2-i} y^{(i)}(0_-) \right] + \cdots +$$

$$a_1 \left[sY(s) - y(0_-) \right] + a_0 Y(s) = b_m s^m F(s) + b_{m-1} s^{m-1} F(s) + \cdots + b_1 s F(s) + b_0 F(s)$$

$$(4\text{-}41)$$

整理得 $Y(s) = \dfrac{M(s)}{D(s)} + \dfrac{N(s)}{D(s)} F(s)$，相当于 $Y(s) = Y_{zi}(s) + Y_{zs}(s)$，即全响应＝零输入响应＋零状态响应。

其中，有

$$D(s) = a_n s^n + a_{n-1} s^{n-1} + \cdots + a_1 s + a_0$$
$$N(s) = b_m s^m + b_{m-1} s^{m-1} + \cdots + b_1 s + b_0$$
$$M(s) = \left[\sum_{i=0}^{n-1} s^{n-1-i} y^{(i)}(0_-) \right] + \left[\sum_{i=0}^{n-2} s^{n-2-i} y^{(i)}(0_-) \right] + \cdots + \left[a_1 y(0_-) \right]$$

分别对各项求拉普拉斯逆变换即可得到系统的零输入响应、零状态响应，再叠加得到系统的全响应，也可以直接对整个式子求拉普拉斯逆变换得到系统的全响应。

例 4.22 已知某 LTI 系统的微分方程为

$$y''(t) + 5y'(t) + 6y(t) = 2x(t)$$

且系统初始状态为 $y(0_-) = 1$，$y'(0_-) = -1$，系统激励为 $x(t) = 5\cos t \cdot u(t)$。求系统的零输入响应、零状态响应和全响应。

解 因为系统激励 $x(t)$ 为因果信号，同时考虑到系统的初始条件，对原微分方程两边同取拉普拉斯变换，得

$$\left[s^2 Y(s) - sy(0_-) - y'(0_-) \right] + 5 \left[sY(s) - y(0_-) \right] + 6Y(s) = 2X(s)$$

即

$$\left[s^2 + 5s + 6 \right] Y(s) = sy(0_-) + y'(0_-) + 5y(0_-) + 2X(s)$$

所以

$$Y(s) = \frac{sy(0_-) + y'(0_-) + 5y(0_-)}{s^2 + 5s + 6} + \frac{2}{s^2 + 5s + 6} X(s)$$

因为 $x(t) = 5\cos t \cdot u(t)$ 对应拉氏变换 $X(s) = \dfrac{5s}{s^2 + 1}$，所以有

$$Y_{zi}(s) = \frac{sy(0_-) + y'(0_-) + 5y(0_-)}{s^2 + 5s + 6} = \frac{s+4}{(s+2)(s+3)} = \frac{2}{s+2} + \frac{-1}{s+3}$$

则零输入响应为

$$y_{zi}(t) = \mathcal{L}^{-1} \left[Y_{zi}(s) \right] = \mathcal{L}^{-1} \left[\frac{2}{s+2} + \frac{-1}{s+3} \right] = (2e^{-2t} - e^{-3t}) u(t)$$

又因为

$$Y_{zs}(s) = \frac{2}{s^2 + 5s + 6} X(s) = \frac{2}{(s+2)(s+3)} \cdot \frac{5s}{s^2 + 1} = \frac{-4}{s+2} + \frac{3}{s+3} + \frac{\frac{1}{\sqrt{2}} e^{-j\frac{\pi}{4}}}{s-j} + \frac{\frac{1}{\sqrt{2}} e^{j\frac{\pi}{4}}}{s+j}$$

则零状态响应为

$$y_{zs}(t) = \mathcal{L}^{-1} \left[Y_{zs}(s) \right] = \mathcal{L}^{-1} \left[\frac{-4}{s+2} + \frac{3}{s+3} + \frac{\frac{1}{\sqrt{2}} e^{-j\frac{\pi}{4}}}{s-j} + \frac{\frac{1}{\sqrt{2}} e^{j\frac{\pi}{4}}}{s+j} \right]$$

$$= \left[-4e^{-2t} + 3e^{-3t} + \sqrt{2} \cos\left(t - \frac{\pi}{4}\right) \right] u(t)$$

所以全响应为

$$y(t) = y_{zi}(t) + y_{zs}(t) = \left[-2e^{-2t} + 2e^{-3t} + \sqrt{2}\cos\left(t - \frac{\pi}{4}\right) \right] u(t)$$

■ **例 4.23** 已知 $\dfrac{d^2 y(t)}{dt^2} + 5\dfrac{dy(t)}{dt} + 6y(t) = 2\dfrac{dx(t)}{dt} + 8x(t)$，$x(t) = e^{-t}u(t)$，起始条件为：$y(0_-) = 3$，$y'(0-) = 2$，求 $y(t)$。

■ **解** 对微分方程两边取拉普拉斯变换，得

$$[s^2 Y(s) - sy(0_-) - y'(0_-)] + 5[sY(s) - y(0_-)] + 6Y(s) = 2sX(s) + 8X(s)$$

整理得

$$Y(s) = \frac{2s+8}{s^2+5s+6}X(s) + \frac{sy(0_-) + y'(0_-) + 5y(0_-)}{s^2+5s+6}$$

因为

$$x(t) = e^{-t}u(t) \leftrightarrow X(s) = \frac{1}{s+1}$$

代入得零状态响应为

$$Y_{zs}(s) = \frac{2s+8}{s^2+5s+6}X(s) = \frac{2s+8}{(s+2)(s+3)} \cdot \frac{1}{s+1} = \frac{3}{s+1} + \frac{4}{s+2} + \frac{1}{s+3}$$

求拉普拉斯逆变换得

$$y_{zs}(t) = (3e^{-t} + 4e^{-2t} + e^{-3t})u(t)$$

零输入响应为

$$Y_{zi}(s) = \frac{sy(0_-) + y'(0_-) + 5y(0_-)}{s^2+5s+6} = \frac{3s+17}{(s+2)(s+3)} = \frac{11}{s+2} - \frac{8}{s+3}$$

相应的

$$y_{zi}(t) = 11e^{-2t} - 8e^{-3t} \quad (t \geqslant 0)$$

> **注意：** 此处不能加注 $u(t)$。

所以全响应为 $\quad y(t) = y_{zs}(t) + y_{zi}(t) = 3e^{-t} + 7e^{-2t} - 7e^{-3t} \quad (t>0)$

> **注意：** 零输入响应 $y_{zi}(t)$ 是由输入信号加入前系统初始状态决定的，它的起始点为 $t=0_-$ 时刻，因此作用时间为 $t \geqslant 0$，而零状态响应 $y_{zs}(t)$ 是输入信号加入后作用的结果，作用时间为 $t>0$，因此用 $u(t)$ 来限定起始时间即可。

拉普拉斯变换分析的优点如下。

(1) 将微分方程转化成代数方程。

(2) 0_- 到 ∞ 进行单边拉普拉斯变换，0_- 状态自动包含其中，无需计算 0_+ 状态。

(3) 不仅可以求稳定系统，而且可求不稳定系统。

(4) 已知电路也可以直接求解。

4.4.2　电路的复频域分析

在分析具体电路时，可以不必列写微分方程，而是根据电路元件的复频域模型和具体电路图直接写出电路方程的拉普拉斯变换形式，然后进行求解再求逆变换。

1. 电路元件的 *s* 域模型

电路元件 R, L, C 的时域伏安关系为

$$v_R(t) = R i_R(t) \tag{4-42}$$

$$v_L(t) = L \frac{\mathrm{d} i_L(t)}{\mathrm{d} t} \tag{4-43}$$

$$v_C(t) = \frac{1}{C} \int_{-\infty}^{t} i_C(\tau) \mathrm{d} t \tag{4-44}$$

对上述三式进行拉普拉斯变换，得

$$V_R(s) = R I_R(s) \tag{4-45}$$

$$V_L(s) = I_L(s) L s - L i_L(0_-) \tag{4-46}$$

$$V_C(s) = I_C(s) \frac{1}{sC} + \frac{1}{s} v_C(0_-) \tag{4-47}$$

利用以上变换后的公式，可以对 R, L, C 元件构成 *s* 域模型（见图 4-3），用来直接处理 *s* 域中电压与电流之间的关系。图 4-3 中为串联形式，在列写回路方程时使用比较方便，若将式(4-45)～式(4-47)对电流求解，得

$$I_R(s) = \frac{V_R(s)}{R} \tag{4-48}$$

$$I_L(s) = \frac{V_L(s)}{L s} + \frac{1}{s} i_L(0_-) \tag{4-49}$$

$$I_C(s) = s C V_C(s) - C v_C(0_-) \tag{4-50}$$

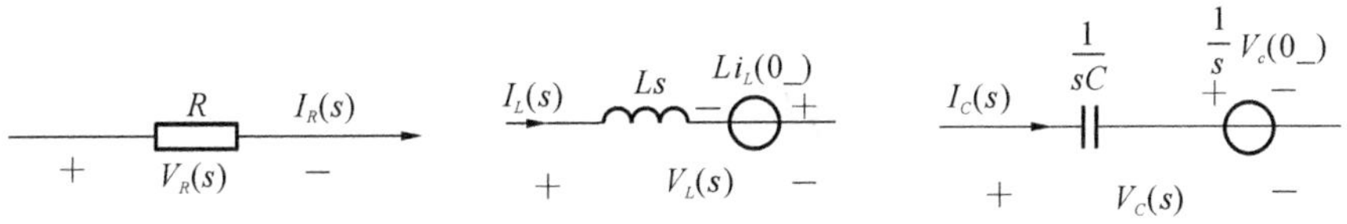

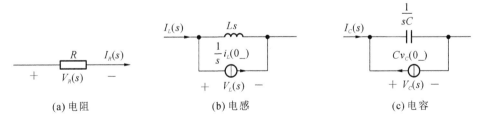

(a) 电阻   (b) 电感   (c) 电容

图 4-3　电路元件的 *s* 域模型（串联形式）

式(4-48)～式(4-50)可以对 R, L, C 构成另一种模型，如图 4-4 所示。这种形式在列写节点方程时比较方便。

(a) 电阻   (b) 电感   (c) 电容

图 4-4　电路元件的 *s* 域模型（并联形式）

R、sL、$\dfrac{1}{sC}$ 分别为电阻、电感和电容的 *s* 域运算阻抗，$L i_L(0_-)$ 与 $\dfrac{v_C(0_-)}{s}$ 分别为由电感与电容的初始状态所决定的等效电压源。

2. 电路定律的复频域形式

时域中基尔霍夫定律表达式为

KCL $$\sum i(t) = 0 \qquad (4\text{-}51)$$

KVL $$\sum v(t) = 0 \qquad (4\text{-}52)$$

对上两式进行拉普拉斯变换,可得基尔霍夫定律的 s 域形式为

$$\sum I(s) = 0 \qquad (4\text{-}53)$$

$$\sum V(s) = 0 \qquad (4\text{-}54)$$

由式(4-53)和式(4-54)可知,复频域的基尔霍夫定律与时域的基尔霍夫定律在形式上是相同的。

在电路中,将 R、L、C 元件都用它的 s 域模型来代替,将信号用其拉普拉斯变换式代替,就可以得到该电路的 s 域模型图。在 s 域模型图中利用基尔霍夫定律,或其他电路方法来分析电路,列写电路方程求解,将解得结果进行拉普拉斯逆变换得到时域关系。这就是拉普拉斯变换法分析电路问题的基本思路。在分析过程中不再是求解微分方程,而是进行代数运算,可以很方便的求解。在分析过程中要特别注意起始状态,在 0_- 状态画 s 域模型图。

例 4.24 如图 4-5(a)所示的电路耦合网络,其网络元件参数及初始状态为:$C=1$ F,$R_1 = \frac{1}{5}\,\Omega$,$R_2 = 1\,\Omega$,$L = \frac{1}{2}$ H,$v_C(0_-) = 5$ V,$i_L(0_-) = 4$ A。若在 $t \geqslant 0$ 时电源激励为 $v(t) = 10$ V,试用 s 域分析方法求解电路全响应电流 $i(t)$。

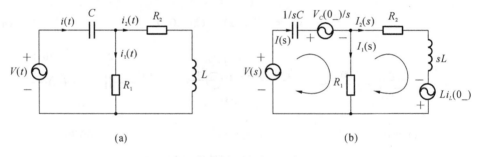

(a)   (b)

图 4-5 例 4.24 图

解 将网络中各元件用 s 域模型替代,得到电路网络的 s 域模型如图 4-5(b)所示。

因为 $$I(s) = I_1(s) + I_2(s) \Rightarrow I_1(s) = I(s) - I_2(s)$$

又因为 $$v(t) = 10u(t) \Rightarrow V(s) = \frac{10}{s}$$

所以,根据 KVL 定律,列方程得

$$\begin{cases} I(s) \cdot \dfrac{1}{sC} + \dfrac{v_C(0_-)}{s} + [I(s) - I_2(s)] \cdot R_1 - V(s) = 0 \\ I_2(s) \cdot R_2 + I_2(s) \cdot sL - Li_L(0_-) - [I(s) - I_2(s)] \cdot R_1 = 0 \end{cases}$$

将元件参数及初始状态代入上述方程组,可得

$$\begin{cases} I(s) \cdot \dfrac{1}{s} + \dfrac{5}{s} + [I(s) - I_2(s)] \cdot \dfrac{1}{5} - \dfrac{10}{s} = 0 \\ I_2(s) + I_2(s) \cdot \dfrac{s}{2} - 2 - [I(s) - I_2(s)] \cdot \dfrac{1}{5} = 0 \end{cases}$$

求解此方程组,消去 $I_2(s)$,可得

$$I(s) = \frac{29s+60}{s^2+7s+12} = \frac{29s+60}{(s+3)(s+4)} = \frac{-27}{s+3} + \frac{56}{s+4}$$

所以 $i(t) = \mathcal{L}^{-1}[I(s)] = (-27e^{-3t} + 56e^{-4t}) \cdot u(t)$

例 4.25 电路如图 4-6(a)所求,已知 $v_s(t) = (1+e^{-3t})u(t)$,起始状态 $v_C(0_-) = 1V$,求响应电压 $v_C(t)$。

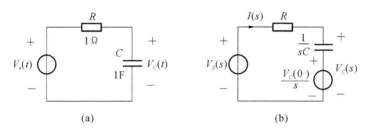

图 4-6 例 4.25 图

解 画复频域模型如图 4-6(b)所示。

$$V_s(s) = \frac{1}{s} + \frac{1}{s+3}$$

由 KVL 得

$$I(s) = \frac{V_s(s) - \dfrac{v_C(0_-)}{s}}{R + \dfrac{1}{sC}}$$

$$V_C(s) = \frac{1}{sC}I(s) + \frac{v_C(0_-)}{s} = \frac{V_s(s) - \dfrac{v_C(0_-)}{s}}{RsC+1} + \frac{v_C(0_-)}{s} = \frac{V_s(s)}{RsC+1} + \frac{RCv_C(0_-)}{RsC+1}$$

所以,零状态响应为

$$V_{Czs}(s) = \frac{V_s(s)}{RsC+1} = \frac{\dfrac{1}{s} + \dfrac{1}{s+3}}{s+1} = \frac{2s+3}{s(s+1)(s+3)} = \frac{1}{s} - \frac{\dfrac{1}{2}}{s+1} - \frac{\dfrac{1}{2}}{s+3}$$

求逆变换得

$$v_{Czs}(t) = \mathcal{L}^{-1}[V_{Czs}(s)] = (1 - \frac{1}{2}e^{-3t} - \frac{1}{2}e^{-t})u(t)$$

零输入响应

$$V_{Czi}(s) = \frac{RCv_C(0_-)}{RsC+1} = \frac{1}{s+1}$$

逆变换为

$$v_{Czi}(t) = \mathcal{L}^{-1}[V_{Czi}(s)] = e^{-t} \quad (t \geqslant 0)$$

所以,全响应为

$$v_C(t) = v_{Czs}(t) + v_{Czi}(t) = 1 - \frac{1}{2}e^{-3t} + \frac{1}{2}e^{-t} \quad (t > 0)$$

用电路的复频域模型求解响应的步骤如下。

(1) 电路中的每个元件都用其复频域模型代替(初始状态转换为相应的内电源)。

(2) 信号源及各变量用其拉普拉斯变换式代替。

(3) 画出电路的复频域模型。

（4）应用电路分析的各种方法和定理求解响应的变换式。

（5）逆变换得响应的时域表达式。

4.5 系统函数与系统特性

系统函数 $H(s)$ 是描述连续时间系统特性的重要参数。它是 s 的有理分式，与描述系统的微分方程、框图有直接联系，也与系统的冲激响应和频域响应关系密切。通过系统函数的分析，可以了解系统特性的时域特征、频域特征以及系统稳定性等特征。

4.5.1 系统函数

1.系统函数的定义

在系统的复频域分析方法中，系统函数又称为传输函数、传递函数或转移函数，其定义为系统零状态响应和外加输入（激励）的单边拉普拉斯变换之比，即

$$H(s) = \frac{Y_{zs}(s)}{F(s)} \tag{4-55}$$

系统函数 $H(s)$ 的另一个定义是系统单位冲激响应 $h(t)$ 的拉普拉斯变换，即

$$H(s) = \mathcal{L}[h(t)] \tag{4-56}$$

或

$$h(t) = \mathcal{L}^{-1}[H(s)] \tag{4-57}$$

利用式（4-55）和式（4-56），能够容易的在复频域内求出系统的零状态响应。

2.系统函数的求法

（1）由系统冲激响应求系统函数。

$$H(s) = \mathcal{L}[h(t)]$$

（2）已知零状态响应及其输入求系统函数。

$$H(s) = \frac{Y_{zs}(s)}{F(s)}$$

（3）由电路零状态下的复频域电路模型求系统函数。

可首先将网络结构转换成复频域模型，然后根据网络的复频域模型，直接求出系统的转移函数。

（4）从系统的微分方程直接列写系统函数。

$$H(s) = \frac{b_m s^m + b_{m-1} s^{m-1} + \cdots + b_1 s + b_0}{a_n s^n + a_{n-1} s^{n-1} + \cdots + a_1 s + a_0}$$

将系统函数的表达式与系统的微分方程比较，二者存在着明显的关系。由此可知，可直接从微分方程列写系统函数。反之，已知系统函数同样能写出微分方程。

3.系统函数的分类

当激励与响应在同一端口时，如图 4-7(a) 所示，称为策动点函数。根据电路中电压、电流的激励与响应关系，分为策动点阻抗 $H(s) = \dfrac{V_1(s)}{I_1(s)}$ 和策动点导纳 $H(s) = \dfrac{I_1(s)}{V_1(s)}$。

当激励与响应不在同一端口时，如图 4-7(b) 所示，称为转移函数。根据电路中电压、电流的激励与响应关系，分为转移导纳 $H(s) = \dfrac{I_2(s)}{V_1(s)}$、转移阻抗 $H(s) = \dfrac{V_2(s)}{I_1(s)}$、电压比 $H(s) = \dfrac{V_2(s)}{V_1(s)}$ 和电流比 $H(s) = \dfrac{I_2(s)}{I_1(s)}$。

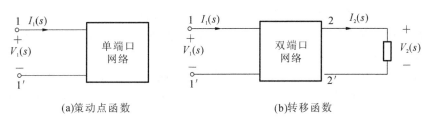

(a)策动点函数   (b)转移函数

图 4-7 策动点函数和转移函数

4.5.2 系统函数的零、极点

1. 系统函数的零、极点定义

系统函数 $H(s)$ 的定义为

$$H(s) = \frac{Y_{zs}(s)}{F(s)} = \frac{b_m s^m + b_{m-1} s^{m-1} + \cdots + b_1 s + b_0}{a_n s^n + a_{n-1} s^{n-1} + \cdots + a_1 s + a_0} = \frac{N(s)}{D(s)}$$

分子多项式 $N(s) = 0$ 的根 $z_1, z_2, \cdots, z_m$，称为 $H(s)$ 的零点。分母多项式 $D(s) = 0$ 的根 $p_1, p_2, \cdots, p_n$，称为 $H(s)$ 的极点。极点使系统函数值为无穷大，零点使系统函数值为零。可将上式写为

$$H(s) = \frac{N(s)}{D(s)} = K \frac{(s-z_1)(s-z_2)\cdots(s-z_j)\cdots(s-z_m)}{(s-p_1)(s-p_2)\cdots(s-p_k)\cdots(s-p_n)} = K \frac{\displaystyle\prod_{j=1}^{m}(s-z_j)}{\displaystyle\prod_{i=1}^{n}(s-p_i)}$$

式中：$K = \dfrac{b_m}{a_n}$ 为常数；z_j 为第 j 个零点；p_i 为第 i 个极点位置。

实际系统的系统函数必定是复变量 s 的实有理函数，其零、极点一定是实数或成对出现的共轭复数。在 s 平面上，画出 $H(s)$ 的零极点图，极点用"×"表示，零点用"○"表示。若出现 n 重根，则在旁边标注"(n)"。例如，系统函数为 $H(s) = \dfrac{2(s+2)}{(s+1)^2(s^2+1)}$，其零、极点分布如图 4-8 所示。

2. 系统函数的零、极点分布决定时域特性

系统的冲激响应 $h(t)$ 表征系统的时域特性，系统函数 $H(s)$ 与冲激响应 $h(t)$ 是一对拉普拉斯变换，因此，$H(s)$ 的零、极点在 s 平面的分布可以确定系统的时域特性。

$H(s)$ 的一阶极点与其所对应的冲激响应函数关系如下，图 4-9 展示了这一系列关系的波形。

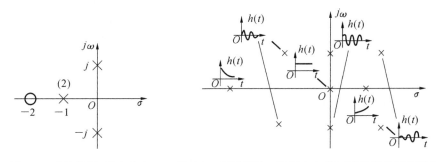

图 4-8 系统的零、极点分布   **图 4-9 系统函数一阶极点与其对应冲激响应函数波形**

（1）$H(s)$ 的极点在 s 平面的坐标原点（$s = 0$），其冲激响应函数为阶跃函数。

（2）$H(s)$ 的极点在 s 平面的实轴上（$s = -a$），当 $a > 0$ 时（负实轴上），其冲激响应函数为随

时间衰减的指数函数;当 $a<0$ 时(正实轴上),其冲激响应函数为随时间增长的指数函数。

(3) $H(s)$ 的极点在 s 平面的虚轴上($s=\pm j\omega_0$),其冲激响应函数为等幅振荡的正弦函数,振荡角角频率为 ω_0。

(4) $H(s)$ 的极点在 s 平面的除实轴和虚轴以外的区域 $s=-a\pm j\omega_0$。当 $a>0$ 时(左半平面),其冲激响应函数为减幅振荡的正弦函数;当 $a<0$ 时(右半平面),其冲激响应函数为增幅振荡的正弦函数。

若 $H(s)$ 含有重极点,则冲激响应中含有 t^{n-1} 因子,讨论结论类似,具体如下。

(1) 当极点的实部小于零(即极点位于左半平面)时,其对应的响应函数都随时间的增大而衰减,为衰减指数或衰减振荡。当 $t\to\infty$ 时,$h(t)$ 值趋于零,系统属于稳定系统。

(2) 当极点的实部大于零(即极点位于右半平面)时,其对应的响应函数都随时间的增大而增大,为增长指数或增长振荡。当 $t\to\infty$ 时,$h(t)$ 值趋于无限大,系统属于不稳定系统。

(3) 当单极点位于虚轴(包括原点),其对应的响应函数为等幅振荡或阶跃函数,系统属于临界稳定系统。

(4) 当位于虚轴(包括原点)上的极点为二阶以上极点,其对应的响应函数随时间增长,系统属于不稳定系统。

(5) $H(s)$ 的零点分布只影响冲激响应的幅度和相位,对响应波形的形式没有影响。

3. 系统函数的零、极点分布决定频域特性

系统的频域特性与 $H(s)$ 的零、极点分布也有密切关系。利用系统函数的零、极点分布可以借助几何作图法确定系统的频率特性,包括幅频特性和相频特性。

只要 $H(s)$ 的极点均在 s 平面的左半平面,那么它在虚轴上($s=j\omega$)也收敛,则系统的频率响应函数为

$$H(j\omega) = H(s)\big|_{s=j\omega} = K\frac{\prod\limits_{j=1}^{m}(j\omega - z_j)}{\prod\limits_{i=1}^{n}(j\omega - p_i)} \tag{4-58}$$

在 s 平面上,任意复数都可以用有向线段表示,称为矢量。例如,某一极点 p_i 可以看成自坐标原点指向该极点的矢量。对于任意极点 p_i 和零点 z_j,假定

$$j\omega - z_j = N_j e^{j\psi_j}$$
$$j\omega - p_i = M_i e^{j\theta_i}$$

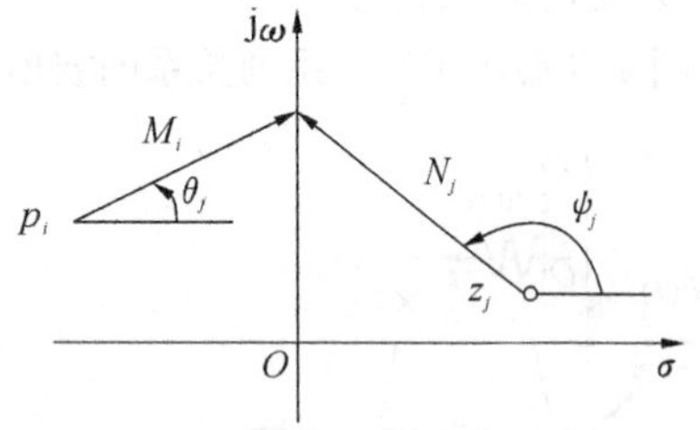

式中:M_i,N_j 分别是矢量 $j\omega-p_i$ 和 $j\omega-z_j$ 的模,θ_i,ψ_j 是它们的辐角,如图 4-10 所示。于是式(4-58)可以写为

$$H(j\omega) = K\frac{N_1 N_2 \cdots N_m e^{j(\psi_1+\psi_2+\cdots+\psi_m)}}{M_1 M_2 \cdots M_n e^{j(\theta_1+\theta_2+\cdots+\theta_n)}}$$
$$= |H(j\omega)| e^{j\varphi(\omega)}$$

上式的幅频特性为

图 4-10 系统函数的向量表示

$$|H(j\omega)| = K\frac{N_1 N_2 \cdots N_m}{M_1 M_2 \cdots M_n} \tag{4-59}$$

其相频特性为

$$\varphi(\omega) = (\psi_1 + \psi_2 + \cdots + \psi_m) - (\theta_1 + \theta_2 + \cdots + \theta_n) \tag{4-60}$$

根据式(4-59)和式(4-60)将频率 ω 从 0(或从 $-\infty$)变化到 $+\infty$,根据各矢量模和辐角的变化,就可以大致画出幅频响应和相频响应曲线。

4.5.3 系统的稳定性

系统的稳定性是系统分析和设计的一个重要问题。实际系统通常要求必须是稳定的，否则系统不能正常工作。当一个系统受到某种干扰信号作用时，其所引起的系统响应在干扰消失后会最终消失，系统仍能回到干扰作用前的原始状态，则系统就是稳定的，否则系统是不稳定的。稳定是系统本身的属性，与输入信号无关。

对于 LTI 时间系统，如果对任意的有界输入（bounded input），其零状态响应也是有界的（bounded output），则称其为有界输入、有界输出（BIBO）稳定系统。

可以证明，系统稳定的充要条件是冲激响应 $h(t)$ 绝对可积，即

$$\int_{-\infty}^{\infty} |h(t)|\, \mathrm{d}t < \infty \tag{4-61}$$

对于因果系统，系统稳定的充要条件必定为

$$\int_{0_-}^{\infty} |h(t)|\, \mathrm{d}t < \infty \tag{4-62}$$

由式(4-61)和式(4-62)可以判定系统的稳定性，但是计算上往往很烦琐，如果结合系统函数 $H(s)$ 的极点位置与冲激响应的关系，显然可以得出以下结论。

（1）若因果系统函数 $H(s)$ 的所有极点位于 s 平面的左半开平面，则系统稳定。

（2）若因果系统函数 $H(s)$ 极点有一个位于 s 平面的右半开平面，则系统不稳定。

（3）若因果系统函数 $H(s)$ 仅有位于虚轴上的一阶极点（包括坐标原点），则系统处于临界稳定状态。若虚轴上有高阶极点，则系统不稳定。

如果系统为低阶因果系统，通过计算 $H(s)$ 的分母多项式的根得到极点，可以根据以上三种情况来判定因果系统的稳定性。如果系统为高阶因果系统，则可以应用 MATLAB 软件通过上机来解得极点，再根据实际情况来判定。在实际应用中，为了判断系统特别是高阶系统的稳定性，并不是一定要解出所有极点的值，而只要判定所有极点是否落在 s 平面的左半开平面即可。

例 4.26 已知系统函数 $H(s)=\dfrac{s^2+2s+1}{(s-1)(s^2+5s-2)}$，试判断该系统的稳定性。

解 求解系统函数的分母多项式得系统极点为

$$s_1=1,\ s_2=\frac{-5-\sqrt{33}}{2},\ s_3=\frac{-5+\sqrt{33}}{2}$$

其中 s_1 和 s_3 位于 s 平面的右半开平面，所以系统不稳定。

例 4.27 如图 4-11 所示的反馈系统，子系统的系统函数为

$$G(s)=\frac{1}{(s-1)(s+2)}$$

试问常数 k 满足什么条件时，系统是稳定的？

解 由图 4-11 可得加法器输出端的信号为

$$X(s)=F(s)-kY(s)$$

输出信号为

$$Y(s)=G(s)X(s)=G(s)F(s)-kG(s)Y(s)$$

则反馈系统的系统函数为

$$H(s)=\frac{Y(s)}{F(s)}=\frac{G(s)}{1+kG(s)}=\frac{1}{s^2+s-2+k}$$

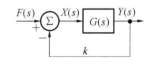

图 4-11 例 4.27 图

系统函数极点为

$$p_{1,2}=-\frac{1}{2}\pm\sqrt{\frac{9}{4}-k}$$

为使系统稳定,则极点都应在 s 平面的左半开平面,即

$$\frac{9}{4}-k\leqslant 0$$

或者

$$\begin{cases} \dfrac{9}{4}-k>0 \\[2mm] -\dfrac{1}{2}+\sqrt{\dfrac{9}{4}-k}<0 \end{cases}$$

解得 $k>2$,即 $k>2$ 时系统稳定。

4.5.4 系统的 s 域框图

系统分析中常遇到用时域框图描述的系统,这时可以根据系统框图中各基本运算部件的运算关系列出该系统的微分方程,然后求解。若能根据系统的时域框图画出相应的 s 域框图,那就可以直接按 s 域框图列写有关象函数的代数方程,然后解出响应的象函数,再取其逆变换可求得系统的响应。

根据拉普拉斯变换的性质,可以方便的得到时域中各运算符号在 s 域中的模型。各种基本运算部件的 s 域模型见表4-2。运用 s 域基本运算部件可以将时域框图直接转化成 s 域框图,使系统运算简化。

表 4-2 基本运算部件的 s 域模型

名称	时域模型	s 域模型
乘法器	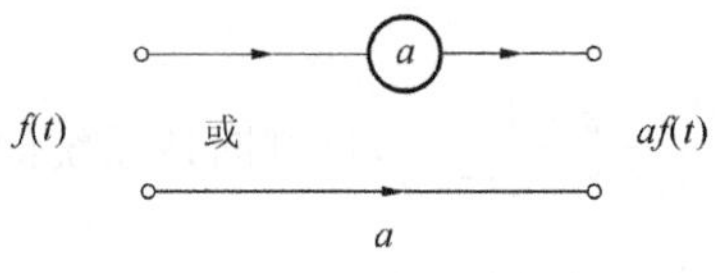	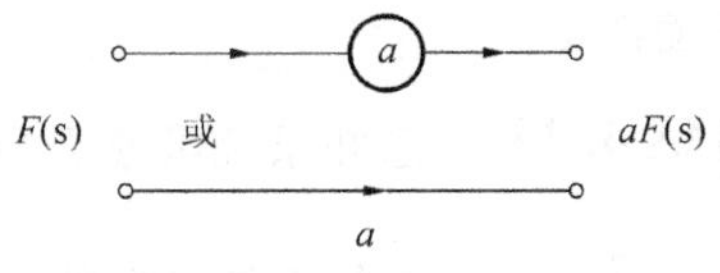
加法器	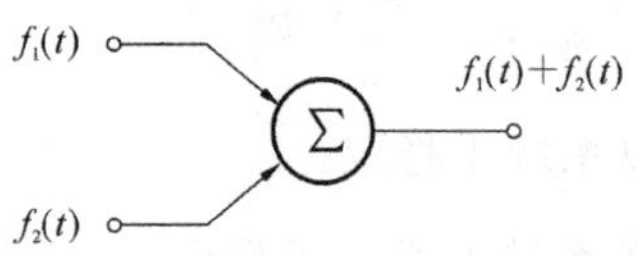	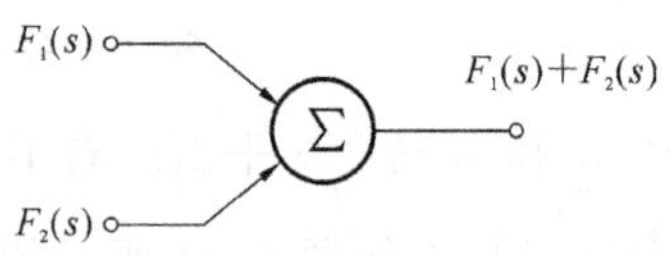
积分器	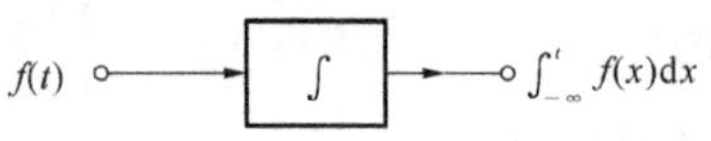	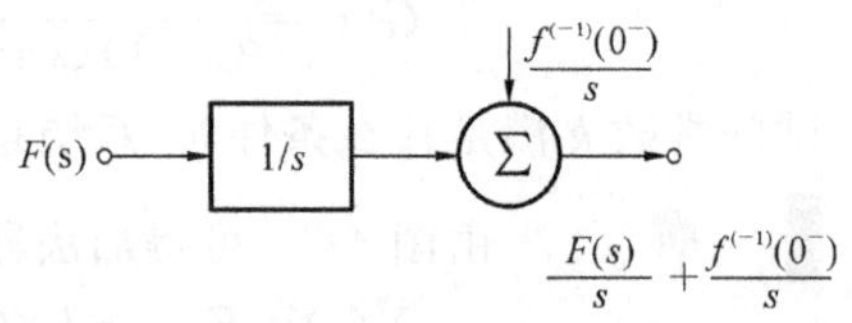
积分器（零状态）	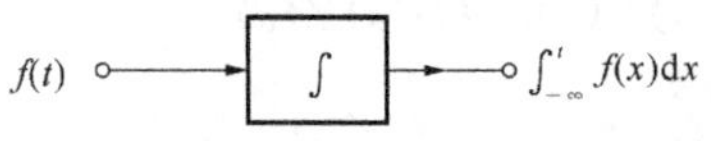	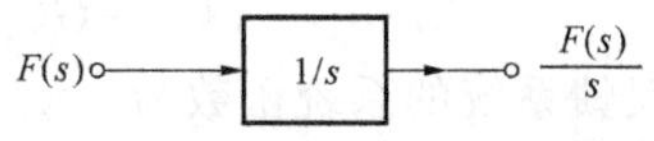

名称	时域模型	s 域模型
系统级联	$f(t)$ —[$h_1(t)$]—[$h_2(t)$]— $y(t)$ $y(t)=h_1(t)*h_2(t)*f(t)$	$F(s)$ —[$H_1(s)$]—[$H_2(s)$]— $Y(s)$ $Y(s)=H_1(s)*H_2(s)*F(s)$
系统并联	$f(t)$ —[$h_1(t)$]、[$h_2(t)$]—Σ— $y(t)$ $y(t)=[h_1(t)+h_2(t)]*f(t)$	$F(s)$ —[$H_1(s)$]、[$H_2(s)$]—Σ— $Y(s)$ $Y(s)=[H_1(s)+H_2(s)]-F(s)$
系统反馈	$f(t)$ —Σ—[$h_1(t)$]— $y(t)$ ← [$h_2(t)$] $y(t)=h_1(t)*[f(t)-h_2(t)*y(t)]$	$F(s)$ —Σ—[$H_1(s)$]— $Y(s)$ ← [$H_2(s)$] $Y(s)=\dfrac{H_1(s)\cdot F(s)}{1+H_1(s)\cdot H_2(s)}$

例 4.28 已知系统时域框图如图 4-12(a)所示,求系统函数。

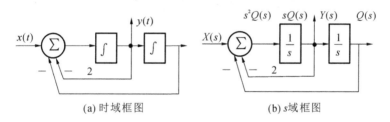

(a) 时域框图   (b) s 域框图

图 4-12　例 4.28 图

解　画 s 域框图,如图 4-12(b)所示。

设中间变量 $Q(s)$,根据系统图得

$$s^2Q(s)=X(s)-2sQ(s)-Q(s)$$

整理得

$$Q(s)=\frac{X(s)}{s^2+2s+1}$$

故系统函数为

$$H(s)=\frac{Y(s)}{X(s)}=\frac{sQ(s)}{X(s)}=\frac{s}{s^2+2s+1}$$

可进一步求得冲激响应 $h(t)$ 及微分方程。

例 4.29 某系统的 s 域模型图如图 4-13 所求,求该系统的系统函数。

解　设第二个积分器的输出信号为 $X_1(s)$,则第一个积分器输入端的信号就为 $sX_1(s)$,则第二个积分器输入端的信号就为 $s^2X_1(s)$。根据第一个积分器的输入和输出信号,可得到如下关系式

$$s^2X_1(s)=X(s)-4sX_1(s)-3X_1(s)$$

107

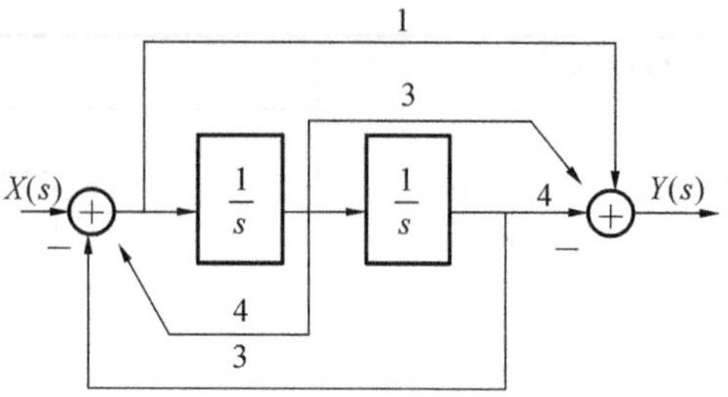

图 4-13 例 4.29 图

整理得 $$X_1(s) = \frac{1}{s^2 + 4s + 3} X(s) \tag{1}$$

根据第二个积分器的输入和输出信号,可得到如下关系式。

$$Y(s) = s^2 X_1(s) + 3s X_1(s) - 4 X_1(s)$$

整理得 $$Y(s) = (s^2 + 3s - 4) X_1(s)$$

代入式(1)得

$$Y(s) = (s^2 + 3s - 4) \frac{1}{s^2 + 4s + 3} X(s)$$

所以系统函数为

$$H(s) = \frac{s^2 + 3s - 4}{s^2 + 4s + 3}$$

4.6 连续时间信号与系统的复频域分析的 MATLAB 实现

4.6.1 拉普拉斯变换曲面图的绘制

连续时间信号 $f(t)$ 的拉普拉斯变换定义为

$$F(s) = \int_0^{+\infty} f(t) e^{-st} dt$$

式中:$s = \sigma + j\omega$。

若以 σ 为横坐标(实轴),$j\omega$ 为纵坐标(虚轴),复变量 s 就构成了一个复平面,称为 s 平面。

显然,$F(s)$ 是复变量 s 的复函数,为了便于理解和分析 $F(s)$ 随 s 的变化规律,可以将 $F(s)$ 写成

$$F(s) = |F(s)| e^{j\varphi(s)}$$

式中:$|F(s)|$ 为复信号 $F(s)$ 的模;$\varphi(s)$ 为 $F(s)$ 的幅角。

从三维几何空间的角度来看,$|F(s)|$ 和 $\varphi(s)$ 对应着复平面上的两个平面,如果能画出它们的三维曲面图,就可以直观地分析连续信号的拉普拉斯变换 $F(s)$ 随复变量 s 的变化规律。

上述过程可以利用 MATLAB 的三维绘图功能实现。现在考虑如何利用 MATLAB 来绘制 s 平面的有限区域上连续信号 $f(t)$ 的拉普拉斯变换 $F(s)$ 的曲面图,下面简单的阶跃信号 $u(t)$ 为例说明实现过程。

我们知道,对于阶跃信号 $f(t) = u(t)$,其拉普拉斯变换为 $F(s) = \frac{1}{s}$。首先,利用两个向量来确定绘制曲面图的 s 平面的横、纵坐标的范围。例如,可定义绘制曲面图的横坐标范围

向量 x_1 和纵坐标范围向量 y_1 分别为

```
x1=-0.2:0.03:0.2;
y1=-0.2:0.03:0.2;
```

然后再调用 meshgrid() 函数产生矩阵 s,并用该矩阵来表示绘制曲面图的复平面区域,对应的 MATLAB 命令如下。

```
[x,y]=meshgrid(x1,y1);
s=x+i*y;
```

上述命令产生的矩阵 s 包含了复平面 $-0.2<\sigma<0.2$,$-0.2<j\omega<0.2$ 范围内以时间间隔 0.03 取样的所有样点。

最后再计算出信号的拉普拉斯变换在复平面的这些样点上的值,即可用函数 mesh() 绘出其曲面图,对应命令如下。

```
fs=abs(1./s);
mesh(x,y,fs);
surf(x,y,fs);
title('单位阶跃信号拉普拉斯变换曲面图');
colormap(hsv);
axis([-0.2,0.2,-0.2,0.2,0.2,60]);
rotate3d;
```

执行上述命令后,绘制的单位阶跃信号拉普拉斯变换曲面图如图 4-14 所示。

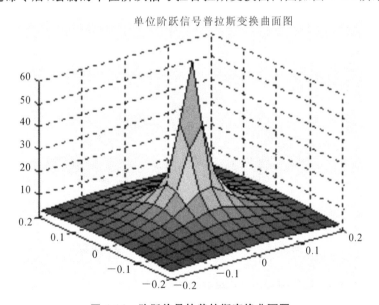

图 4-14　阶跃信号拉普拉斯变换曲面图

例 4.30　已知连续时间信号 $f(t)=\sin(t)u(t)$,求出该信号的拉普拉斯变换,并利用 MATLAB 绘制拉普拉斯变换的曲面图。

解　该信号的拉普拉斯变换为

$$F(s)=\frac{1}{s^2+1}$$

利用上面介绍的方法来绘制单边正弦信号拉普拉斯变换的曲面图,实现过程如下。

```
clf;
a=-0.5:0.08:0.5;
b=-1.99:0.08:1.99;
[a,b]=meshgrid(a,b);
d=ones(size(a));
c=a+i*b;              % 确定绘制曲面图的复平面区域
c=c.*c;
c=c+d;
c=1./c;
c=abs(c);             % 计算拉普拉斯变换的样值
mesh(a,b,c);          % 绘制曲面图
surf(a,b,c);
axis([-0.5,0.5,-2,2,0,15]);
title('单边正弦信号拉氏变换曲面图');
colormap(hsv);
```

上述程序的运行结果如图 4-15 所示。

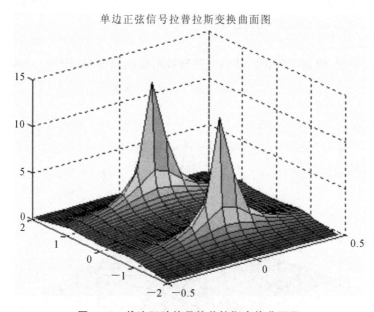

图 4-15   单边正弦信号拉普拉斯变换曲面图

4.6.2   用 MATLAB 进行部分分式展开

用 MATLAB 函数 residue 可以得到复杂有理分式 $F(s)$ 的部分分式展开式,其调用格式为

```
[r,p,k]=residue(num,den)
```

其中,num,den 分别为 $F(s)$ 的分子和分母多项式的系数向量,r 为部分分式的系数,p 为极点,k 为 $F(s)$ 中整式部分的系数,若 $F(s)$ 为有理真分式,则 k 为零。

例 4.31   用部分分式展开法求 $F(s)$ 的逆变换。

$$F(s)=\frac{s+2}{s^3+4s^2+3s}$$

解   其 MATLAB 程序如下。

```
format rat;
num=[1,2];
den=[1,4,3,0];
[r,p]=residue(num,den)
```

程序中 format rat 是将结果数据以分数形式显示,其显示结果如下。

```
r=
   -1/6
   -1/2
   2/3
p=
   -3
   -1
   0
```

所以,$F(s)$可展开为

$$F(s) = \frac{\frac{2}{3}}{s} + \frac{-\frac{1}{2}}{s+1} + \frac{-\frac{1}{6}}{s+3}$$

所以,$F(s)$的逆变换为 $f(t) = \left[\frac{2}{3} - \frac{1}{2}e^{-t} - \frac{1}{6}e^{-3t}\right]u(t)$。

例 4.32 已知连续信号的拉普拉斯变换为

$$F(s) = \frac{2s+4}{s^3+4s}$$

试用 MATLAB 求其拉普拉斯逆变换 $f(t)$。

解 MATLAB 命令如下。

```
a=[1 0 4 0];
b=[2 4];
[r,p,k]=residue(b,a)
```

其运行结果如下。

```
r=
   -0.5000-0.5000i
   -0.5000+0.5000i
   1.0000
p=
   0+2.0000i
   0-2.0000i
   0
k=
   []
```

由上述结果可以看出,$F(s)$有三个极点 $p_{1,2} = \pm j2$,$p_3 = 0$,为了求得共轭极点对应的信号分量,可用 abs() 和 angle() 分别求出部分分式展开系数的模和幅角,其命令如下。

```
abs(r)
ans=
   0.7071
   0.7071
   1.0000
angle(r)/pi
```

```
ans=
−0.7500
0.7500
0
```

由上述结果可得 $f(t)=[1+\sqrt{2}\cos(2t-\frac{3}{4}\pi)]u(t)$。

例 4.33 求以下函数的逆变换

$$F(s)=\frac{s-2}{s(s+1)^3}$$

解 其 MATLAB 程序如下。

```
a=[1 3 3 1 0];
b=[1 −2];
[r,p,k]=residue(b,a)
```

其运行结果如下。

```
r=
2.0000
2.0000
3.0000
−2.0000
p=
−1.0000
−1.0000
−1.0000
0
k=
[]
```

则 $F(s)=\frac{2}{(s+1)}+\frac{2}{(s+1)^2}+\frac{3}{(s+1)^3}-\frac{2}{s}$,对应的逆变换为

$$f(t)=[(\frac{3}{2}t^2+2t+2)e^{-t}-2]u(t)$$

4.6.3 用 MATLAB 分析 LTI 系统的特性

通过系统函数零极点分布来分析系统特性,首先应求出系统函数的零极点,然后绘制系统零极点图。下面介绍如何利用 MATLAB 实现这一过程。

设连续系统的系统函数为

$$H(s)=\frac{B(s)}{A(s)}$$

则系统函数的零极点位置可用 MATLAB 的多项式求根函数 roots() 来求得,调用函数 roots() 的命令格式为

```
p=roots(a)
```

式中:A 为待求根的关于 s 的多项式的系数构成的行向量,返回向量 p 则是包含该多项式所有根位置的列向量。例如,多项式为

$$A(s)=s^2+3s+4$$

则求该多项式根的 MATLAB 命令如下。

```
A=[1 3 4];
p=roots(a)
```

其运行结果如下。

```
p=
 -1.5000+1.3229i
 -1.5000-1.3229i
```

需要注意的是,系数向量 A 的元素一定要由多项式最高次幂开始直到常数项,缺项要用 0 补齐。例如,多项式为

$$A(s) = s^6 + 3s^4 + 2s^2 + s - 4$$

则表示该多项式的系数向量为

```
A=[1 0 3 0 2 1 -4]
```

用 roots() 函数求得系统函数 $H(s)$ 的零极点后,就可以绘制零极点图。下面介绍求连续系统的系统函数零极点,并绘制其零极点图的 MATLAB 实用函数 sjdt()。

```
function [p,q]=sjdt(A,B)
% 绘制连续系统零极点图程序
% A:系统函数分母多项式系数向量
% B:系统函数分子多项式系数向量
% p:函数返回的系统函数极点位置行向量
% q:函数返回的系统函数零点位置行向量
p=roots(A);              % 求系统极点
q=roots(B);              % 求系统零点
p=p';                    % 将极点列向量转置为行向量
q=q';                    % 将零点列向量转置为行向量
x=max(abs([p q]));       % 确定纵坐标范围
x=x+0.1;
y=x;                     % 确定横坐标范围
clf
hold on
axis([-x x -y y]);       % 确定坐标轴显示范围
axis('square')
plot([-x x],[0 0])       % 画横坐标轴
plot([0 0],[-y y])       % 画纵坐标轴
plot(real(p),imag(p),'x')   % 画极点
plot(real(q),imag(q),'o')   % 画零点
title('连续系统零极点图')    % 标注标题
text(0.2,x-0.2,'虚轴')
text(y-0.2,0.2,'实轴')
```

例 4.34　已知连续系统的系统函数如下,试用 MATLAB 绘出系统零极点图。

$$F(s) = \frac{s^2 - 4}{s^4 + 2s^3 - 3s^2 + 2s + 1}$$

解　MATLAB 处理命令如下。

```
a=[1 2 -3 2 1];
b=[1 0 -4];
sjdt(a,b)
```

运行结果如图 4-16 所示。

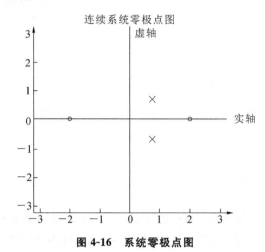

图 4-16　系统零极点图

系统函数 $H(s)$ 通常是一个有理分式,其分子和分母均为多项式。计算 $H(s)$ 的零极点可以应用 MATLAB 中的 roots 函数,求出分子和分母多项式的根,然后用 plot 命令画图。在 MATLAB 中还有一种更简便的方法画系统函数 $H(s)$ 的零极点分布图,即用 pzmap 函数画图。其调用格式如下。

```
pzmap(sys)
```

其中,sys 表示 LTI 系统的模型,要借助 tf 函数获得,其调用格式为如下。

```
sys=tf(b,a)
```

式中,b 和 a 分别为系统函数 $H(s)$ 的分子和分母多项式的系数向量。

如果已知系统函数 $H(s)$,求系统的单位冲激响应 $h(t)$ 和频率响应 $H(j\omega)$ 可以使用 impulse 和 freqs 函数。

例 4.35　已知系统函数为 $H(s)=\dfrac{1}{s^3+2s^2+2s+1}$,试画出其零极点分布图,求系统的单位冲激响应 $h(t)$ 和频率响应 $H(j\omega)$,并判断系统是否稳定。

解　其 MATLAB 程序如下。

```
num=[1];
den=[1,2,2,1];
sys=tf(num,den);
figure(1);pzmap(sys);
t=0:0.02:10;
h=impulse(num,den,t);
figure(2);plot(t,h)
title('Impulse Response')
[H,w]=freqs(num,den);
figure(3);plot(w,abs(H))
xlabel('omega')
title('Magnitude Response')
```

4.6.4　用 MATLAB 进行拉普拉斯正、逆变换

MATLAB 的符号数学工具箱提供了计算拉普拉斯正、逆变换的函数 laplace 和

ilaplace,其调用格式如下。

```
F=laplace(f)
f=ilaplace(f)
```

上述两式右端的 f 和 F 分别为时域表示式和 s 域表示式的符号表示,可以应用函数 sym 实现,其调用格式如下。

```
S=sym(a)
```

式中:a 为待分析表示式的字符串,S 为符号数字或变量。

例 4.36 试分别用 laplace 和 ilaplace 函数,求:

(1) $f(t)=e^{-t}\sin(at)u(t)$ 的拉普拉斯变换;

(2) $F(s)=\dfrac{s^2}{s^2+1}$ 的拉普拉斯逆变换。

解 (1) 其 MATLAB 程序如下。

```
f=sym('exp(-t)*sin(a*t)');
F=laplace(f)
```

或

```
syms at
F=laplace(exp(-t)*sin(a*t))
```

(2) 其 MATLAB 程序如下。

```
F=sym('s^2/(s^2+1)');
ft=ilaplace(f)
```

或

```
syms s
ft=ilaplace(s^2/(s^2+1))
```

4.6.5 由拉普拉斯曲面图观察频域与复频域的关系

如果信号 $f(t)$ 的拉普拉斯变换 $F(s)$ 的极点均位于 s 平面左半平面,则信号 $f(t)$ 的傅立叶变换 $F(j\omega)$ 与 $F(s)$ 存在如下关系。

$$F(j\omega) = F(s)\big|_{s=j\omega}$$

即在信号的拉普拉斯变换 $F(s)$ 中令 $\sigma=0$,就可得到信号的傅立叶变换。从三维几何空间角度来看,信号 $f(t)$ 的傅立叶变换 $F(j\omega)$ 就是其拉普拉斯变换曲面图中虚轴所对应的曲线。可以通过将 $F(s)$ 曲面图在虚轴上进行剖面来直观的观察信号拉普拉斯变换与其傅立叶变换的对应关系。

例 4.37 试利用 MATLAB 绘制信号 $f(t)=e^{-t}\sin(t)u(t)$ 的拉普拉斯变换的曲面图,观察曲面图在虚轴剖面上的曲线,并将其与信号傅里叶变换 $F(j\omega)$ 绘制的幅度频谱相比较。

解 根据拉普拉斯变换和傅里叶变换定义和性质,可求得该信号的拉普拉斯变换和傅里叶变换如下。

$$F(s)=\frac{1}{(s+1)^2+1}$$

$$F(j\omega)=\frac{1}{(j\omega+1)^2+1}$$

利用前面介绍的方法绘制拉普拉斯变换曲面图。为了更好地观察曲面图在虚轴剖面上的曲线,定义绘制曲面图的 s 平面实轴范围从 0 开始,并用 view 函数来调整观察视角。其

MATLAB 命令如下。

```
clf;
a=−0:0.1:5;
b=−20:0.1:20;
[a,b]=meshgrid(a,b);
c=a+i*b;                 % 确定绘图区域
c=1./((c+1).*(c+1)+1);
c=abs(c);                % 计算拉普拉斯变换
mesh(a,b,c);             % 绘制曲面图
surf(a,b,c);
view(−60,20)             % 调整观察视角
axis([−0,5,−20,20,0,0.5]);
title('拉普拉斯变换(S域象函数)');
colormap(hsv);
```

上述程序绘制的拉普拉斯变换的曲面如图 4-17 所示。从该曲面图可以明显地观察到 $F(s)$ 在虚轴剖面上曲线变化情况。

利用 MATLAB 绘制该信号的傅里叶变换幅频曲线命令如下。

```
w=−20:0.1:20;                    % 确定频率范围
Fw=1./((i*w+1).*(i*w+1)+1);      % 计算傅里叶变换
plot(w,abs(Fw))                  % 绘制信号振幅频谱曲线
title('傅里叶变换(振幅频谱曲线)')
xlabel('频率w')
```

其运行结果如图 4-18 所示。通过以上两图对比可直观地观察到拉普拉斯变换与傅里叶变换的对应关系。

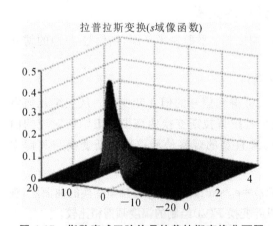

图 4-17 指数衰减正弦信号拉普拉斯变换曲面图

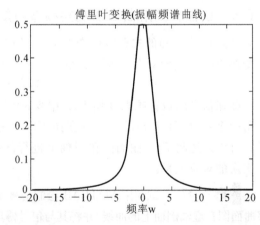

图 4-18 指数衰减正弦信号傅里叶变换曲幅频图

习　题　4

4.1　求下列函数的拉普拉斯变换。

(1) $t^2\cos(2t)$

(2) $e^{-t} \cdot u(t-2)$

(3) $\dfrac{e^{-3t}-e^{-5t}}{t}$

(4) $1-e^{-at}$

(5) $(1+2t)e^{-t}$

(6) $\sin t+2\cos t$

(7) te^{-2t} (8) $e^{-t}\sin(2t)$ (9) $\dfrac{1}{\beta-\alpha}(e^{-\alpha t}-e^{-\beta t})$

(10) $te^{-(t-2)}u(t-1)$ (11) $e^{-\frac{t}{a}}f(\dfrac{t}{a})$,设已知$\mathcal{L}[f(t)]=F(s)$

4.2 求下列函数的拉普拉斯变换,注意阶跃函数的跳变时间。

(1) $f(t)=e^{-t}u(t-2)$ (2) $f(t)=e^{-(t-2)}u(t-2)$

(3) $f(t)=e^{-(t-2)}u(t)$ (4) $f(t)=\sin(2t)u(t-1)$

(5) $f(t)=(t-1)[u(t-1)-u(t-2)]$

4.3 求下列函数的拉普拉斯逆变换。

(1) $\dfrac{1}{s+1}$ (2) $\dfrac{4}{2s+3}$ (3) $\dfrac{4}{s(2s+3)}$

(4) $\dfrac{1}{s(s^2+5)}$ (5) $\dfrac{2}{(s+4)(s+1)}$ (6) $\dfrac{3s}{(s+4)(s+2)}$

(7) $\dfrac{1}{s(s^2+5)}$ (8) $\dfrac{s+3}{(s+1)^3(s+2)}$ (9) $\dfrac{e^{-s}}{4s(s^2+1)}$

4.4 分别求下列函数的逆变换的初值和终值。

(1) $\dfrac{(s+6)}{(s+2)(s+5)}$ (2) $\dfrac{(s+3)}{(s+1)^2(s+2)}$

4.5 用拉普拉斯变换方法求解下列微分方程。

(1) $y'-y=e^{2t}+t,y(0)=0$。

(2) $y'-y=4\sin t+5\cos 2t,y(0)=-1,y'(0)=-2$。

(3) $y''+3y'+2y=u(t-1),y(0)=0,y'(0)=1$。

(4) $\begin{cases} y'_1(t)+2y_1(t)-y_2(t)=0 \\ y_2'(t)-y_1(t)+2y_2(t)=0 \end{cases},y_1(0)=0,y_2(0)=1$。

(5) $\begin{cases} x''-x-2y'=e^t \\ x'-y''-2y=t^2 \end{cases},x(0)=-\dfrac{3}{2},x'(0)=\dfrac{1}{2},y(0)=1,y'(0)=-\dfrac{1}{2}$。

4.6 已知系统微分方程 $y''(t)+5y'(t)+6y(t)=3f(t)$,激励信号为 $f(t)=e^{-t}\cdot\varepsilon(t)$,$y(0_-)=0,y'(0_-)=1$,求系统的零输入响应和零状态响应。

4.7 因果信号 $f(t)$ 的象函数为 $F(s)=\dfrac{1}{s+2}$,试求 $\dfrac{\mathrm{d}f(t-t_0)}{\mathrm{d}t}$ 的象函数。

4.8 求下列卷积。

(1) $1*1$ (2) $t*t$ (3) $t*e^t$

(4) $\sin t*\cos t$ (5) $u(t-a)*f(t)$ (6) $\delta(t-a)*f(t)$

4.9 如图 4-19 所示的电路,已知 $u_s(t)=12\text{V},L=1\text{H},C=1\text{F},R_1=3\Omega,R_2=2\Omega,R_1=1\Omega$。开关断开时,电路处于稳态,在 $t=0$ 时刻,开关闭合,求闭合后,R_3 两端电压响应 $y(t)$。

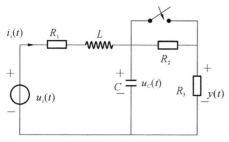

图 4-19 题 4.9 图

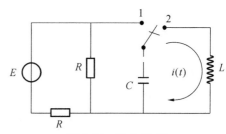

图 4-20 题 4.10 图

4.10 如图 4-20 所示的电路,$t=0$ 以前开关处于位置"1",电路达到稳态,$t=0$ 时刻,开关从"1"切换至"2",求电流 $i(t)$ 的表达式。

4.11 如图 4-21 所示的电路起始状态为 0。要求输出满足 $u_0(t) = -[2u'(t)+6u(t)]$ 其中 $u(t)=\mathrm{e}^{-t}\cdot\varepsilon(t)$,求输入信号 $u_i(t)$。

4.12 将连续信号 $f(t)$ 以时间间隔 T 进行冲激抽样得到

$$f_s(t) = f(t)\delta_T(t), \delta_T(t) = \sum_{n=0}^{\infty}\delta(t-nT),$$

求:(1) 抽样信号的拉氏变换 $\mathcal{L}[f_s(t)]$;(2) 若 $f(t)=\mathrm{e}^{-\alpha t}u(t)$,求 $\mathcal{L}[f_s(t)]$。

4.13 系统函数的零、极点分布如图 4-22 所示,且当 $s=0$,$H(s)=-1/5$,试写出该系统的系统函数 $H(s)$,并求出 $h(t)$。

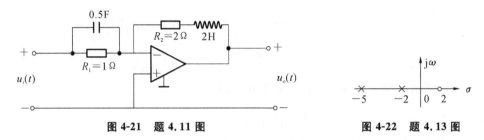

图 4-21 题 4.11 图   图 4-22 题 4.13 图

4.14 已知网络函数 $H(s)$ 的极点位于 $s=-3$ 处,零点在 $s=-a$,且 $H(\infty)=1$。此网络的阶跃响应中,包含一项为 $K_1\mathrm{e}^{-3t}$。若 a 从 0 变到 5,讨论 K_1 如何随之改变。

4.15 求出如图 4-23 所示连续时间系统的系统函数并确定使系统稳定的常数 β。

4.16 设在原点处质量为 m 的一质点在 $t=0$ 时,在 x 方向上受到冲击力 $k\delta(t)$ 的作用,其中 k 为常数,假定质点的初速度为零,求其运动规律。

4.17 反馈系统的构成如图 4-24 所示,试求:(1) 系统的函数 $H(s)=Y(s)/F(s)$;(2) 若以 $f(t)=\mathrm{e}^{-2t}u(t)$ 作为激励信号,求系统的零状态响应 $y_{zs}(t)$。

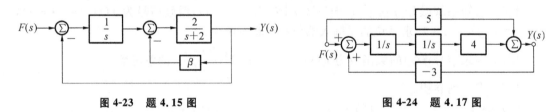

图 4-23 题 4.15 图   图 4-24 题 4.17 图

4.18 已知一个连续时间 LTI 系统的零状态响应为 $y_{zs}(t)=(0.5+\mathrm{e}^{-t}-1.5\mathrm{e}^{-2t})u(t)$,激励信号为 $x(t)=u(t)$,试求:

(1) 该系统的系统函数 $H(s)$,并判断系统是否稳定;

(2) 写出描述系统的微分方程;

(3) 画出系统的直接模拟框图。

4.19 描述某因果连续时间 LTI 系统的微分方程为 $y''(t)+7y'(t)+10y(t)=2x'(t)+3x(t)$。已知 $x(t)=\mathrm{e}^{-2t}u(t)$,$y(0)=y'(0)=1$。由 s 域求解:

(1) 零输入响应 $y_{zi}(t)$,零状态响应 $y_{zs}(t)$ 和全响应 $y(t)$;

(2) 系统函数 $H(s)$,并判断系统是否稳定;

(3) 若 $x(t)=\mathrm{e}^{-2(t-1)}u(t-1)$,重新求 $y_{zi}(t)$、$y_{zs}(t)$、$y(t)$ 和 $H(s)$。

4.20 已知系统的微分方程为 $y'(t)+2y(t)=x'(t)-2x(t)$,求:

（1）当激励信号 $x(t)=u(t)$ 时，系统全响应 $y(t)=(5e^{-2t}-1)u(t)$，求该系统的起始状态 $y(0)$；

（2）求系统函数 $H(s)$，并画出系统的模拟结构框图或信号流图；

（3）画出 $H(s)$ 的零极点图，并粗略画出系统的幅频特性与相频特性曲线。

4.21 考虑一个因果连续 LTI 系统，其输入输出关系由下列方程描述：

$$y''(t)+3y'(t)+2y(t)=x'(t)+3x(t)$$

完成以下问题：

（1）确定系统函数 $H(s)$；

（2）画出 $H(s)$ 的零极点图；

（3）系统是否稳定？为什么？

（4）假设输入 $x(t)=e^{-t}u(t)$，求该系统的输出响应 $y(t)$。

4.22 信号 $f_1(t)=2e^{-t}u(t)$，信号 $f_2(t)=\begin{cases}1,0<t<1\\0,\text{其他}\end{cases}$，试求 $f_1(t)*f_2(t)$。

4.23 系统结构如图 4-25 所示，已知当 $f(t)=u(t)$ 时，其全响应 $y(t)=(1-e^{-t}+2e^{-2t})u(t)$，求系数 a、b、c 和系统的零输入响应 $y_{zi}(t)$。

4.24 反馈系统构成如图 4-26 所示。求使系统稳定（不包括临界稳定）的反馈系数 k 的取值范围。

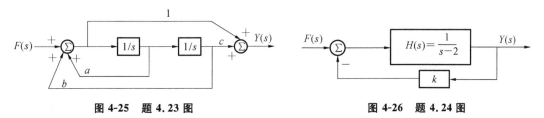

图 4-25　题 4.23 图　　　　　　图 4-26　题 4.24 图

4.25 某连续时间系统的系统函数 $H(s)=H_0\dfrac{s+3}{s^2+3s+2}$，$H_0$ 为常数，已知该系统的单位冲激响应的初值为 3，试求：（1）H_0；（2）若给定激励 $(1+e^{-3t})u(t)$ 时，系统的完全响应为 $4.5+2e^{-t}-e^{-2t}(t>0)$，求系统的零状态响应、零输入响应及系统起始状态。

4.26 已知 $f(t)$ 为因果信号，且 $f(t)*f'(t)=(1-t)e^{-t}u(t)$，求 $f(t)$。

4.27 一个 LTI 系统，它对输入 $x(t)=(e^{-t}+3e^{-3t})u(t)$ 的响应为 $y(t)=(2e^{-t}-2e^{-4t})u(t)$。

（1）求系统的频率响应。

（2）确定该系统的单位冲激响应。

（3）求出描述该系统的微分方程。

4.28 已知某因果稳定系统的系统函数为 $H(s)=\dfrac{s+1}{s^2+5s+6}$。

（1）求系统的单位冲激响应。

（2）画出系统的零极点分布。

（3）粗略画出系统的频率响应特性。

（4）若有输入信号 $x(t)=2\sin t$，求系统的稳态响应。

第⑤章 离散时间信号与系统的时域分析

离散时间系统的研究源远流长。早在 20 世纪 40～50 年代,抽样数据控制系统的研究取得了重大进展。20 世纪 60 年代以后,计算机科学的进一步发展及其相关技术的应用标志着离散时间系统的理论研究和实践进入了一个新的阶段。1965 年,库利(J. W. Cooley)与图基(J. W. Tukey)在前人工作的基础上发表了计算傅里叶变换高效算法的文章,这种算法称为快速傅里叶变换,缩写为 FFT。FFT 算法的出现引起了人们极大的关注,并迅速得到了广泛应用。与此同时,超大规模集成电路的研制使得体积小、重量轻、成本低的离散时间系统有可能实现。在信号与系统分析的研究中,人们开始以一种新的观点——数字信号处理的观点来认识和分析各种问题。

离散时间系统分析与连续时间系统分析在许多方面是相似的。连续时间系统可以用微分方程来描述,离散时间系统则可以用差分方程来描述。然而,差分方程与微分方程的求解方法在很大程度上是相互对应的。在连续时间系统中,卷积积分具有重要意义;与此类似,在离散时间系统中,卷积和也具有同等重要的地位。读者可以参照连续时间系统的某些方法来学习离散时间系统理论,但应注意它们之间存在的差异,包括数学模型的建立与求解、系统性能分析等方面。

5.1 抽样与抽样定理

下面我们来讨论连续时间信号与离散时间信号的关系。由前者变为后者是通过“抽样”来完成的。抽样就是利用周期性抽样脉冲序列 $p(t)$,从连续信号 $f(t)$ 中抽取一系列的离散值,得到抽样信号,即离散时间信号,用 $f_s(t)$ 表示,如图 5-1 所示。抽样是模拟信号数字化处理的第一个环节,$f_s(t)$ 再经过幅度量化编码得到数字信号。

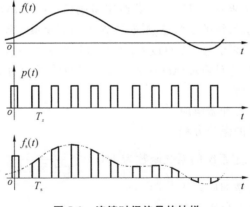

图 5-1 连续时间信号的抽样

我们需要解决的问题是:① 抽样信号 $f_s(t)$ 的频谱 $F_s(\omega)$ 与原连续信号 $f(t)$ 的频谱 $F(\omega)$ 的关系;② 在什么条件下可从抽样信号 $f_s(t)$ 中无失真地恢复原连续信号 $f(t)$。

抽样的过程可以看成脉冲调幅,$f(t)$ 为调制信号,被调脉冲载波是周期为 T 的周期性脉冲串。当脉冲宽度为 τ 时,可得实际抽样;当脉冲宽度 $\tau \rightarrow 0$ 时,得到的是理想抽样。

5.1.1 理想抽样

在 $\tau \to 0$ 的极限情况下,抽样脉冲序列 $p(t)$ 变成冲激函数序列 $\delta_T(t)$,而各冲激函数准确地出现在抽样瞬间上,面积为 1,抽样后输出理想抽样信号的面积则准确地等于输入信号 $f(t)$ 在抽样瞬间的幅度。冲激函数序列 $\delta_T(t)$ 为

$$\delta_T(t) = \sum_{m=-\infty}^{\infty} \delta(t - mT_s) \tag{5-1}$$

理想抽样输出 $f_s(t)$ 为

$$f_s(t) = f(t) \cdot \delta_T(t) \tag{5-2}$$

将式(5-1)代入式(5-2),得

$$f_s(t) = \sum_{m=-\infty}^{\infty} f(t)\delta(t - mT_s)$$

由于 $\delta(t - mT_s)$ 只在 $t = mT$ 时不为 0,故有

$$f_s(t) = \sum_{m=-\infty}^{\infty} f(mT_s)\delta(t - mT_s) \tag{5-3}$$

下面讨论理想抽样后信号频谱发生的变化。在连续瞬间信号与系统中已经学习过,时域相乘,则在频域中为卷积运算。若各傅里叶变换分别表示为

$$f(t) \leftrightarrow F(\omega)$$
$$\delta_T(t) \leftrightarrow \delta_T(\omega)$$
$$f_s(t) \leftrightarrow F_s(\omega)$$

对式(5-2)两端取傅里叶变换,得

$$F_s(\omega) = \frac{1}{2\pi}[\delta_T(\omega) * F(\omega)] \tag{5-4}$$

而 $f(t)$ 可表示为

$$F(\omega) = \mathcal{F}[f(t)] = \int_{-\infty}^{\infty} f(t)e^{-j\omega t}\,dt \tag{5-5}$$

下面来求 $\delta_T(\omega) = \mathcal{F}[\delta_T(t)]$。由于 $\delta_T(t)$ 是周期为 T 的冲激序列,其频谱函数也是周期冲激序列,即

$$\delta_T(\omega) = \mathcal{F}[\delta_T(t)] = \mathcal{F}[\sum_{m=-\infty}^{\infty} \delta(t - mT_s)] = \omega_s \sum_{m=-\infty}^{\infty} \delta(\omega - n\omega_s) \tag{5-6}$$

函数 $\delta_T(t)$ 及其频谱如图 5-2(b)和(e)所示。

如果信号 $f(t)$ 的频带是有限的,也即 $f(t)$ 的频谱只在区间 $(-\omega_m, \omega_m)$ 为有限值,而在此区间外为 0,这样的信号称为频带有限信号,简称为带限信号,$f(t)$ 及其频谱如图 5-2(a)和(d)所示。

将式(5-6)代入到式(5-4)中,得到抽样信号 $f_s(t)$ 的频谱函数为

$$F_s(\omega) = \frac{1}{2\pi}F(\omega) * \omega_s \sum_{n=-\infty}^{\infty} \delta(\omega - n\omega_s) = \frac{1}{T_s}\sum_{n=-\infty}^{\infty} F(\omega) * \delta(\omega - n\omega_s) = \frac{1}{T_s}\sum_{n=-\infty}^{\infty} F(\omega - n\omega_s)$$

$$\tag{5-7}$$

此时,抽样信号 $f_s(t)$ 及其频谱如图 5-2(c)和(f)所示。由图 5-2(f)和式(5-7)可知,抽样信号 $f_s(t)$ 的频谱由原信号频谱 $F(\omega)$ 的无限个频移项组成,其频移的角频率分别为 $n\omega_s(n = 0, \pm 1, \pm 2, \cdots)$,其幅度为原频谱的 $\frac{1}{T_s}$。

频谱图：

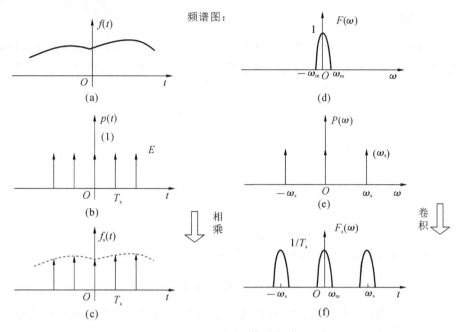

图 5-2　理想抽样

由抽样信号 $f_s(t)$ 及其频谱可以看出，如果 $\omega_s > 2\omega_m$（即 $f_s > 2f_m$ 或 $T_s < \dfrac{1}{2f_m}$），那么各相邻频移后的频谱不会发生重叠，如图 5-3(a)所示，这时就能利用低通滤波器从抽样信号的频谱 $F_s(\omega)$ 中得到原信号的频谱，即从抽样信号 $f_s(t)$ 中恢复原信号 $f(t)$。反之，如果 $\omega_s < 2\omega_m$，那么频移后的各相邻频谱将相互重叠，如图 5-3(b)所示，这样就无法将它们分开，因而也不能再恢复原信号，通常把频谱重叠的现象称为混叠现象。可见，为了不发生混叠现象，必须满足 $\omega_s \geqslant 2\omega_m$。

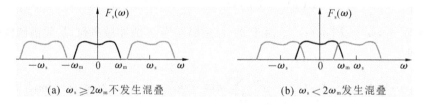

(a) $\omega_s \geqslant 2\omega_m$ 不发生混叠　　　　　　(b) $\omega_s < 2\omega_m$ 发生混叠

图 5-3　混叠现象

5.1.2　矩形脉冲抽样

当抽样脉冲序列 $p(t)$ 是幅度为 1、脉宽为 $\tau(\tau < T_s)$ 的矩形脉冲序列 $p_\tau(t)$ 时，如图 5-4(b)所示，则这种抽样称为周期矩形脉冲抽样，也称为自然抽样。由第 3 章中的相关内容可知，抽样脉冲序列 $p_s(t)$ 的频谱函数为

$$P(\omega) = \mathcal{F}[p_\tau(t)] = \frac{2\pi\tau}{T_s} \sum_{n=-\infty}^{\infty} \mathrm{Sa}\left(\frac{n\omega_s\tau}{2}\right)\delta(\omega - n\omega_s) \tag{5-8}$$

设 $f(t) \leftrightarrow F(\omega)$，将式(5-8)代入式(5-4)，得到抽样信号 $f_s(t)$ 的频谱为

$$F_s(\omega) = \frac{1}{2\pi}F(\omega) * \frac{2\pi\tau}{T_s} \sum_{n=-\infty}^{\infty} \mathrm{Sa}\left(\frac{n\omega_s\tau}{2}\right)\delta(\omega - n\omega_s) = \frac{\tau}{T_s} \sum_{n=-\infty}^{\infty} \mathrm{Sa}\left(\frac{n\omega_s\tau}{2}\right)F(\omega - n\omega_s) \tag{5-9}$$

由图 5-4(f)可知，在矩形脉冲抽样情况下，抽样信号的频谱也是周期重复，但在重复过

程中,幅度不再是等幅的,而是受到周期矩形脉冲信号的傅里叶系数的加权。

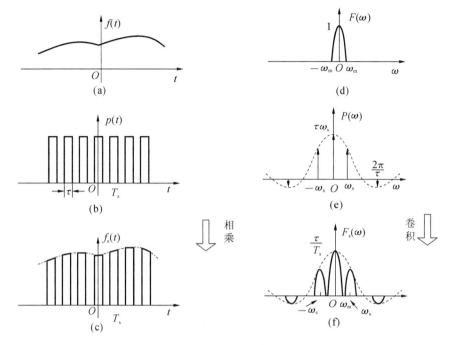

图 5-4　脉冲矩形抽样

比较式(5-9)与式(5-7)以及图 5-2(f)与图 5-4(f)可知,经过理想抽样或矩形脉冲抽样后,其抽样信号 $f_s(t)$ 的频谱相似。因此当 $\omega_s \geqslant 2\omega_m$ 时矩形脉冲抽样信号的频谱 $F_s(\omega)$ 也不会出现混叠现象,从而可以从抽样信号 $f_s(t)$ 中恢复信号 $f(t)$。

5.1.3　时域抽样定理

下面以理想抽样为例,讨论如何从抽样信号 $f_s(t)$ 中恢复原信号 $f(t)$ 并引出抽样定理。

设有理想抽样信号 $f_s(t)$,其抽样角频率为 $\omega_s > 2\omega_m$(ω_m 是原信号的最高角频率),$f_s(t)$ 及其频谱 $F_s(\omega)$,如图 5-5(a)和(d)所示,为了从 $F_s(\omega)$ 中无失真地恢复 $F(\omega)$,需要选择一个理想低通滤波器,其频率响应的幅度为 T_s,截止角频率为 ω_c($\omega_m < \omega_c \leqslant \frac{\omega_s}{2}$),如图 5-5(e)所示,即

$$H(\omega) = \begin{cases} 0, & |\omega| > \omega_c \\ T_s, & |\omega| < \omega_c \end{cases} \tag{5-10}$$

由图 5-5(d)、(e)、(f)可知

$$F(\omega) = F_s(\omega)H(\omega) \tag{5-11}$$

即恢复了原信号的频谱函数 $F(\omega)$。

根据时域卷积定理,式(5-11)对应的时域公式为

$$f(t) = f_s(t) * h(t) \tag{5-12}$$

由式(5-3)可知,理想抽样信号为

$$f_s(t) = \sum_{m=-\infty}^{\infty} f(mT_s)\delta(t - mT_s)$$

不难求得低通滤波器的冲激响应为

$$h(t) = \mathcal{F}^{-1}[H(\omega)] = T_s \frac{\omega_c}{\pi} \mathrm{Sa}(\omega_c t)$$

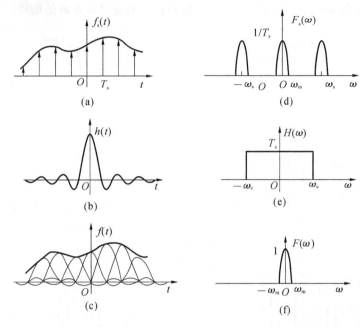

图 5-5　由抽样信号恢复连续信号

此处选取 $\omega_c = \dfrac{\omega_s}{2}$，则 $T_s = \dfrac{2\pi}{\omega_s} = \dfrac{\pi}{\omega_c}$，得

$$h(t) = \mathrm{Sa}(\frac{\omega_s}{2}t) \tag{5-13}$$

将式(5-3)、式(5-13)代入式(5-12)得

$$f(t) = \sum_{m=-\infty}^{\infty} f(mT_s)\delta(t-mT_s) * \mathrm{Sa}(\frac{\omega_s}{2}t) = \sum_{m=-\infty}^{\infty} f(mT_s)\mathrm{Sa}\left[\frac{\omega_s}{2}(t-mT_s)\right]$$

$$= \sum_{m=-\infty}^{\infty} f(mT_s)\mathrm{Sa}(\frac{\omega_s}{2}t - m\pi) \tag{5-14}$$

式(5-14)表明，连续信号 $f(t)$ 可以展开成抽样函数的无穷级数，该级数的系数等于抽样值 $f(nT_s)$。也就是说，如果在抽样信号的每个样点处，画一个峰值为 $f(nT_s)$ 的 Sa 函数波形，那么其合成信号就是原连续信号，如图 5-5(c)所示。因此，只要已知各抽样值 $f(nT_s)$，就能唯一地确定原信号 $f(t)$。

通过以上讨论，可以更加深入地理解时域抽样定理。

■ **时域抽样定理**　一个频谱受限的信号 $f(t)$，如果频谱只占据 $(-\omega_m, \omega_m)$ 范围，则信号 $f(t)$ 可以用等间隔的抽样值 $f(nT_s)$ 唯一地表示，只要抽样间隔 T_s 不大于 $\dfrac{1}{2f_m}$，其中 f_m 为信号的最高频率，或者说，抽样频率 f_s 满足条件 $f_s \geqslant 2f_m$。

通常把满足抽样定理要求的最低抽样频率 $f_s = 2f_m$ 称为奈奎斯特频率，把最大允许的抽样间隔 $T_s = \dfrac{1}{f_s} = \dfrac{1}{2f_m}$ 称为奈奎斯特间隔。

但是，在实际工程中要做到完全不失真地恢复原连续信号是不可能的。首先，有限时间内存在的信号，其频谱理论上是无限宽的，在信号被抽样之前，首先必须通过低通滤波器(或称为防混叠低通滤波器)；其次，理想滤波器是不可能实现的，而非理想滤波器一定有过渡带，实际抽样时，f_s 必须大于 $2f_m$。

5.2 常用典型序列及基本运算

5.2.1 离散时间信号——序列

我们现在来讨论离散时间信号。离散时间信号只在离散时间上给出函数值,是时间上不连续的序列。一般情况下,离散时间的间隔是均匀的,可以用 T 表示,故用 $x(nT)$ 表示此离散时间信号在 nT 点上的值,n 为整数。我们可以将信号存放在存储器中,随时取用,也可以进行"非实时"地处理,因此可以直接用 $x(n)$ 表示第 n 个离散时间点的序列值,并将序列表示为 $\{x(n)\}$。为了方便起见,就用 $x(n)$ 表示序列。特别注意的是,$x(n)$ 只在 n 为整数时才有意义,n 不是整数是没有定义的。

离散时间信号——序列,可以用图形表述,如图 5-6 所示。

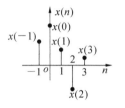

图 5-6 离散时间信号的图形表示

5.2.2 序列的运算

序列的运算包括相加、相乘、移位、反褶、累加、差分、时间尺度变换等。

1. 相加

序列 $x(n)$ 与 $y(n)$ 相加(或相减)是指两序列中相同序号的函数值对应相加(或相减),从而构成一新序列,表示为

$$z(n) = x(n) \pm y(n) \tag{5-15}$$

2. 相乘

序列与序列乘是指两序列中同序号的序列值相乘,从而构成一新序列,表示为

$$z(n) = x(n) \cdot y(n) \tag{5-16}$$

如果两个序列的长度不同,对应长度不足的项的序列值应视为 0。

例 5.1 序列 $f_1(n) = \left\{2, -1, 3, \underset{n=0}{4}, 2, 1\right\}$,$f_2(n) = \left\{-2, \underset{n=0}{3}, 2, 1, 4\right\}$。

求:(1) $f(n) = f_1(n) + f_2(n)$;(2) $f(n) = f_1(n) \cdot f_2(n)$。

解 (1) 将指针对齐,使两个序列长度相同

$$f_1(n) = \left\{2, -1, 3, \underset{n=0}{4}, 2, 1, 0\right\}$$

$$f_2(n) = \left\{0, 0, -2, \underset{n=0}{3}, 2, 1, 4\right\}$$

对应值相加可得

$$f(n) = \left\{2, -1, 1, \underset{n=0}{7}, 4, 2, 4\right\}$$

(2) 将指针对齐后,对应值相乘得

$$f(n) = \left\{-6, 12, 4, \underset{n=0}{1}\right\}$$

在实际应用中,若序列的第一个非零值对应的是指针位置 $n=0$,为了方便则指针可不标示。

3. 移位

设某一序列为 $x(n)$，$x(n-m)$ 是指序列 $x(n)$ 逐项依次右移 m（m 为正数）位而得到的一个新序列，同理，$x(n+m)$ 则是指序列 $x(n)$ 逐项依次左移 m 位。若 m 为负数，则结论相反。

4. 反褶

设某一序列为 $x(n)$，则 $x(-n)$ 是以 $n=0$ 的纵轴为对称轴将序列 $x(n)$ 进行反褶。

5. 累加

设某一序列为 $x(n)$，则其累加序列 $y(n)$ 定义为

$$y(n) = \sum_{k=-\infty}^{n} x(k) \tag{5-17}$$

它表示 $y(n)$ 在某一个 n_0 上的值 $x(n_0)$ 以及 n_0 以前的所有 n 上的 $x(n)$ 值之和。

6. 差分运算

差分运算分为前向差分运算和后向差分运算。

前向差分运算的定义为

$$\Delta f(n) = f(n+1) - f(n) \tag{5-18}$$

即 $f(n)$ 的左移序列与 $f(n)$ 的差。

后向差分运算的定义为

$$\nabla f(n) = f(n) - f(n-1) \tag{5-19}$$

即 $f(n)$ 与 $f(n)$ 的右移序列的差。

7. 尺度倍乘

尺度倍乘包括压缩和扩展两种。

设某一序列为 $x(n)$，若将自变量 n 乘以正整数 a，构成 $x(an)$ 为压缩，而 $x(\frac{n}{a})$ 则为波形扩展。必须注意：这时应按规律除去某些点或补充相应的零值。因此，也称这种运算为序列的"重排"。

例 5.2 已知 $x(n)$ 的波形如图 5-7(a) 所示，求 $x(2n)$ 和 $x(\frac{n}{2})$ 的波形。

解 $x(2n)$ 波形如图 5-7(b) 所示，对应 $x(n)$ 波形中为奇数的各样值已不存在，只留下 n 为偶数的各样值，波形压缩。

$x(\frac{n}{2})$ 波形如图 5-7(b) 所示。对于 $x(\frac{n}{2})$：n 为奇数值时各点应补入零值，n 为偶数值时各点取得 $x(n)$ 波形中依次对应的样值，因而波形扩展。

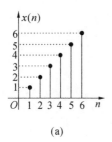
(a)

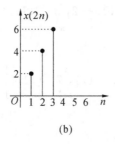
(b)

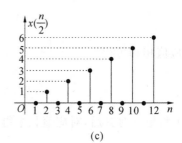
(c)

图 5-7 例 5.2 的波形

此外，有时需要论及序列的能量，序列 $x(n)$ 的能量定义为

$$E = \sum_{n=-\infty}^{\infty} |x(n)|^2 \qquad (5\text{-}20)$$

5.2.3 常用典型序列

与连续时间信号相对应,也有几个重要的离散时间信号,它们是构成其他离散时间信号的基本信号。

1. 单位抽样序列 $\delta(n)$

$$\delta(n) = \begin{cases} 1, & n = 0 \\ 0, & n \neq 0 \end{cases} \qquad (5\text{-}21)$$

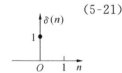

单位抽样序列类似于连续时间信号与系统中的单位冲激函数 $\delta(t)$,但是 $\delta(t)$ 是 $t=0$ 点脉宽趋于零,幅度趋于无限大,面积为 1 的信号,是极限概念的信号。而这里 $\delta(n)$ 是在 $n=0$ 时取值为 1 的信号,如图 5-8 所示,既简单也容易计算。

图 5-8 单位抽样序列

2. 单位阶跃序列 $u(n)$

$$u(n) = \begin{cases} 1, & n \geqslant 0 \\ 0, & n < 0 \end{cases} \qquad (5\text{-}22)$$

单位阶跃序列类似于连续时间信号与系统中的单位阶跃函数 $u(t)$。但 $u(t)$ 在 $t=0$ 时发生跳变,不给予定义,而 $u(n)$ 在 $n=0$ 时定义为 $u(0)=1$,如图 5-9 所示。

$\delta(n)$ 和 $u(n)$ 之间的关系如下。

$$\delta(n) = u(n) - u(n-1) \qquad (5\text{-}23)$$

$$u(n) = \sum_{m=0}^{\infty} \delta(n-m) = \delta(n) + \delta(n-1) + \delta(n-2) + \cdots \qquad (5\text{-}24)$$

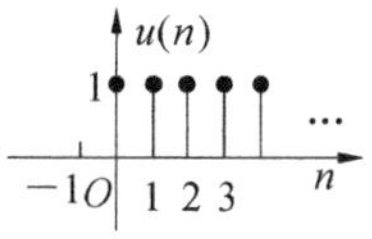

式(5-24)相当于是单位抽样序列逐项移位的和。

图 5-9 单位阶跃序列

令式(5-24)中 $n-m=k$,代入可得

$$u(n) = \sum_{k=-\infty}^{n} \delta(k) \qquad (5\text{-}25)$$

式(5-25)表示的是累加的概念。当 $n<0$ 时,单位抽样序列的值均为 0;当 $n \geqslant 0$ 时,单位抽样序列也只在 0 的地方有值为 1,所以不管怎样累加 $u(n)$ 的值都是 1($n \geqslant 0$)。

3. 矩形序列

$$R_N(n) = \begin{cases} 1, & 0 \leqslant n \leqslant N-1 \\ 0, & \text{其他 } n \end{cases} \qquad (5\text{-}26)$$

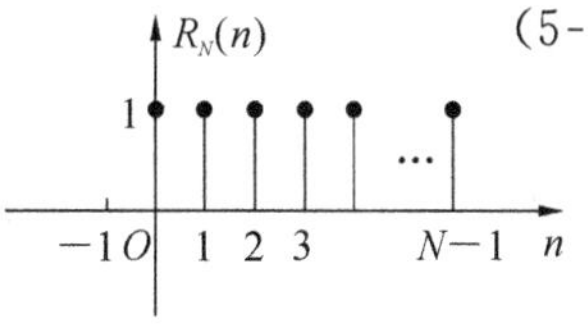

矩形序列是长度为 N 的矩形序列,如 5-10 所示,n 从 0 到 $N-1$ 的幅度都是 1,其余各点都是 0,共有 N 个幅度为 1 的数值,可以写成 $R_N(n)$。

矩形序列与其他序列的关系如下。

图 5-10 矩形序列

$$R_N(n) = u(n) - u(n-N) \qquad (5\text{-}27)$$

$$R_N(n) = \sum_{m=0}^{N-1} \delta(n-m) = \delta(n) + \delta(n-1) + \delta(n-2) + \cdots + \delta[n-(N-1)] \qquad (5\text{-}28)$$

4. 斜变序列

$$x(n) = nu(n) \qquad (5\text{-}29)$$

如图 5-11 所示,斜变序列与连续时间系统中的斜变函数 $f(t)=t$ 类似。

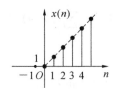

图 5-11 斜变序列

5. 实指数序列

$$x(n) = a^n u(n), a \text{ 为实数} \tag{5-30}$$

当 $|a| > 1$ 时,实指数序列是发散的;当 $|a| < 1$ 时,实指数序列是收敛的;当 $a > 0$ 时,实指数序列都取正值;当 $a < 0$ 时,实指数序列的值正、负摆动。实指数序列如图 5-12 所示。

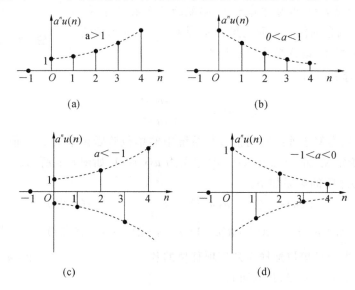

图 5-12 实指数序列

6. 复指数序列

$$x(n) = e^{(\sigma + j\omega_0)n} = e^{\sigma n} \cdot e^{j\omega_0 n} = e^{\sigma n}\cos(\omega_0 n) + j e^{\sigma n}\sin(\omega_0 n) \tag{5-31}$$

式(5-31)中,ω_0 为数字域频率;$e^{\sigma n} \cdot e^{j\omega_0 n}$ 为模和相位的表示法,模为 $e^{\sigma n}$,相位为 $\arg[x(n)] = \omega_0 n$;$e^{\sigma n}\cos(\omega_0 n) + j e^{\sigma n}\sin(\omega_0 n)$ 为实部和虚部表示法。

7. 正弦序列

$$x(n) = \sin(n\omega_0) \tag{5-32}$$

式(5-32)中,ω_0 是正弦序列的频率,它反映序列值依次周期性重复的速率。例如,$\omega_0 = \frac{2\pi}{100}$,则序列值每 100 个重复一次正弦包络的数值。图 5-13 所示为 $\omega_0 = \frac{2\pi}{10}$ 的情形,每经 10 个序列其值循环一次。

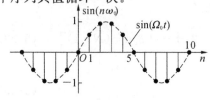

图 5-13 正弦序列 $\sin(n\omega_0)$

下面讨论正弦序列周期性。对于任意序列 $x(n)$,对所有 n 存在一个最小的正整数 N,满足 $x(n) = x(n+N)$,则称序列 $x(n)$ 是周期性序列,周期为 N。

由于正弦序列

$$x(n) = \sin(n\omega_0)$$

则

$$x(n+N) = \sin[(n+N)\omega_0] = \sin(n\omega_0 + N\omega_0) \qquad (5\text{-}33)$$

若 $N\omega_0 = 2\pi k$，k 为整数时，$x(n) = x(n+N)$，即

$$\sin[(n+N)\omega_0] = \sin N\omega_0$$

这时正弦序列就是周期性序列，其周期满足 $N = \dfrac{2\pi k}{\omega_0}$（$N,k$ 必须为整数）。正弦序列可以分为以下几种情况。

（1）当 $\dfrac{2\pi}{\omega_0}$ 为整数时，只要 $k=1$，$N = \dfrac{2\pi}{\omega_0}$ 就是最小正整数，周期为 $\dfrac{2\pi}{\omega_0}$。

（2）当 $\dfrac{2\pi}{\omega_0}$ 不是整数，而是一个有理数时，则 $\dfrac{2\pi k}{\omega_0} = \dfrac{N}{k}$。其中，$k,N$ 互为素数的整数，则 $\dfrac{2\pi k}{\omega_0} = \dfrac{N}{k}k = N$ 为最小正整数，这就是此正弦序列的周期。

（3）当 $\dfrac{2\pi}{\omega_0}$ 是无理数时，则任何 k 都不能使 N 为正整数，此时正弦序列不是周期性的。

8. 任意序列

任意序列 $x(n)$ 可以表示成单位抽样序列的移位加权和，即

$$x(n) = \sum_{m=-\infty}^{\infty} x(m)\delta(n-m) \qquad (5\text{-}34)$$

这是因为只有 $m=n$ 时，$\delta(n-m)=1$，因而有

$$x(m)\delta(n-m) = \begin{cases} x(n), & m=n \\ 0, & \text{其他 } m \end{cases} \qquad (5\text{-}35)$$

在 5.6 节将运用这一概念引入"卷积和"概念。

5.3　离散时间系统的描述与模拟

一个离散时间系统是将输入激励序列 $x(n)$ 变换成输出激励序列 $y(n)$ 的一种运算，如图 5-14 所示，记为

$$T[\cdot], y(n) = T[x(n)]$$

按照离散时间系统的性能，可以划分为线性、非线性、时不变、时变、因果、非因果、稳定、非稳定等多种类型。目前，最常用的是线性时不变系统，本书讨论的范围也只限于此。

图 5-14　离散时间系统

5.3.1　线性系统

假设离散时间系统为 $T[\cdot]$，$x_1(n)$、$y_1(n)$ 和 $x_2(n)$、$y_2(n)$ 分别代表两对激励与响应，即 $y_1(n) = T[x_1(n)]$，$y_2(n) = T[x_2(n)]$。

若满足叠加原理

$$T[a_1 x_1(n) + a_2 x_2(n)] = a_1 y_1(n) + a_2 y_2(n) \qquad (5\text{-}36)$$

或同时满足以下性质。

（1）可加性

$$T[x_1(n) + x_2(n)] = y_1(n) + y_2(n) \qquad (5\text{-}37)$$

(2) 比例性/齐次性

$$T[ax_1(n)] = ay_1(n) \tag{5-38}$$

式中：a, a_1, a_2 为常系数。

则此系统为线性系统。

满足叠加原理，或者说同时满足可加性和比例性的系统称为线性系统。线性系统满足叠加原理的一个直接结果就是，在零输入产生零输出。

若要证明系统是线性系统，必须同时证明可加性和比例性；若要证明系统是非线性系统，只要证明它不满足可加性或比例性中的任意一个即可。

5.3.2 时不变系统

若离散时间系统的响应与激励作用于系统的时刻无关，则称为时不变系统。判断时不变系统的方法如下。

(1) 对于时不变系统，若 $T[x(n)] = y(n)$，则有

$$T[x(n-m)] = y(n-m), m \text{ 为任意整数} \tag{5-39}$$

(2) 对于某一离散时间系统，若输入 $x(n)$ 产生输出为 $y(n)$，则输入 $x(n-m)$ 产生输出为 $y(n-m)$。也就是说输入移动任意位，其输出也做出相同的移位，而幅值保持不变，该系统即为时不变系统。此特性示如图 5-15 所示。

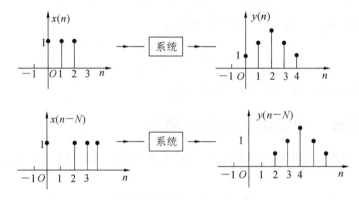

图 5-15　时不变系统特性

5.3.3 离散时间系统的数学描述——差分方程

在连续时间系统中，信号是时间变量的连续函数，系统可用微分、积分方程来描述。对于离散时间系统，信号的变量 n 是离散的整型值，因此，系统的输入、输出关系常用差分方程来描述。

微分、积分方程由连续自变量的函数 $f(t)$ 及其各阶导数 $\dfrac{\mathrm{d}}{\mathrm{d}t}f(t), \dfrac{\mathrm{d}^2}{\mathrm{d}t^2}f(t), \cdots$ 或积分等项线性叠加而成。在差分方程中，构成方程式的各项包括有离散变量的函数 $x(n)$，以及此序列中序数增加或减少的位移函数 $x(n+1), x(n+2), \cdots, x(n-1), x(n-2), \cdots$。

在连续时间系统中，系统内部的数学运算关系可归结为微分（或积分）、常系数、相加等。与此对应，在离散时间系统中，基本运算关系是延时（移位）、乘系数、相加，还可以用延时（移位）元件、乘法器、相加器等基本单元实现所需功能。如图 5-16 所示，图中符号 $\dfrac{1}{E}$ 表示单位

延时(也可以用符号"T"或符号"D"表示)，符号⊕表示两序列相加(也可以用符号"⊕"表示)，符号⊗表示序列与系数相乘(也可以在信号传送线旁或圆圈内标注系数)。

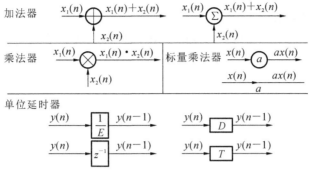

图 5-16　离散时间系统的基本单元符号

■ **例 5.3**　根据图 5-17 中所示的两个系统框图，分别写出对应的离散时间系统的差分方程。

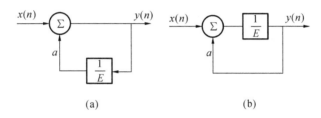

图 5-17　例 5.3 系统方框图

■ **解**　由图 5-17(a)中 $y(n)$ 经过单位延时得到 $y(n-1)$。围绕相加器可以写出

$$y(n) = ay(n-1) + x(n)$$

经整理后得到

$$y(n) - ay(n-1) = x(n) \qquad (5\text{-}40)$$

图 5-17(b)中延时器的输入端应为序列 $y(n+1)$，围绕相加器可以写出

$$y(n+1) = ay(n) + x(n)$$

或

$$y(n) = \frac{1}{a}[y(n+1)] - x(n) \qquad (5\text{-}41)$$

可以看到，式(5-40)和式(5-41)都是常系数线性差分方程式，或称递归关系式。式(5-40)中各未知序列的序号 n 以递减方式给出，称为后向差分方程式，式(5-41)中各未知序列的序号 n 以递增方式给出，称为前向差分方程式。通常情况下，对于因果系统用后向差分方程比较方便，在一般的数字滤波器描述中多用这种形式。而在状态变量分析中，习惯上用前向形式的差分方程。

5.4　离散时间系统的响应

常系数线性差分方程的一般形式可以表示为

$$a_0 y(n) + a_1 y(n-1) + \cdots + a_{N-1} y(n-N+1) + a_N y(n-N)$$
$$= b_0 x(n) + b_1 x(n-1) + \cdots + b_{M-1} x(n-M+1) + b_M x(n-M)$$

利用取和符号可将上式缩写为

$$\sum_{k=0}^{N} a_k y(n-k) = \sum_{m=0}^{M} b_m x(n-m)$$ (5-42)

式(5-42)中,a_k,b_m 是常数。

其中,常系数是指 a_0,a_1,$\cdots$,a_N;b_0,b_1,$\cdots$,b_M 是常数;线性是指 $y(n-k)$ 和 $x(n-m)$ 都是一次幂,不存在交叉乘积项、平方项;阶数是指输出 $y(n)$ 变量序号的最高值与最低值之差,即 N 阶差分方程。

差分方程的求解方法分为时域法和变换域法。本节只讨论时域法,变换域法将在第 6 章中讨论。时域法又可分为递推法、经典法和分别求零输入响应与零状态响应法三种。

5.4.1 递推法

差分方程是具有递推关系的代数方程,若已知初始条件和激励,利用递推法可求得差分方程的数值解。

例 5.4 若描述某离散系统的差分方程为

$$y(n) = ay(n-1) + x(n)$$

已知初始条件 $y(-1)=0$,$x(n)=\delta(n)$,求 $y(n)$。

解 利用递推法,当 $n=0$ 时,将 $y(-1)=0$,$x(0)=\delta(0)=1$ 代入差分方程,得

$$y(0) = ay(-1) + x(0) = 1$$
$$n = 1 \text{ 时},y(1) = ay(0) + x(1) = a$$
$$n = 2 \text{ 时},y(2) = ay(1) + x(2) = a^2$$
$$n = 3 \text{ 时},y(3) = ay(2) + x(3) = a^3$$
$$\vdots$$

由此可见,$n \geq 0$ 时,$y(n) = a^n u(n)$

递推解法适用于计算机求解,通常只能得到数值解,对于高阶的常系数差分方程不容易得到公式解。

5.4.2 时域经典解法

与微分方程的时域经典法类似,差分方程的全解由齐次解和特解两部分组成,通常齐次解用 $y_h(n)$ 表示,特解用 $y_p(n)$ 表示,即

$$y(n) = y_h(n) + y_p(n)$$ (5-43)

1. 齐次解

当式(5-42)中 $x(n)$ 及其各移位项均为 0 时,得到齐次方程

$$a_0 y(n) + a_1 y(n-1) + \cdots + a_{N-1} y(n-N+1) + a_N y(n-N) = 0$$ (5-44)

该齐次方程的解称为齐次解。

下面分析最简单的一阶差分方程,若一阶差分方程的齐次方程为

$$y(n) - \alpha y(n-1) = 0$$ (5-45)

它可以改写为

$$\frac{y(n)}{y(n-1)} = \alpha$$

$y(n)$ 与 $y(n-1)$ 之比等于 α,说明序列 $y(n)$ 是一个公比为 α 的等比级数,因此 $y(n)$ 应有如下形式

$$y(n) = C\alpha^n \tag{5-46}$$

式中:C 为常数,由初始条件确定。

对于 N 阶的差分方程,它们的齐次解以形式为 $C\alpha^n$ 的项组合而成。下面证明这一结论。

将式(5-46)代入式(5-44)得到

$$a_0 C\alpha^n + a_1 C\alpha^{n-1} + \cdots + a_{N-1} C\alpha^{n-N+1} + a_N C\alpha^{n-N} = 0 \tag{5-47}$$

消去常数 C,并逐项除以 α^{n-N},式(5-47)可简化为

$$a_0 \alpha^N + a_1 \alpha^{N-1} + \cdots + a_{N-1}\alpha + a_N = 0 \tag{5-48}$$

如果 α_k 是式(5-48)的根,$y(n) = C\alpha_k^n$ 将满足式(5-44)。式(5-48)称为差分方程式(5-42)的特征方程,特征方方程的根 $\alpha_1,\alpha_2,\cdots,\alpha_N$ 称为差分方程的特征根。

在特征根没有重根的情况下,差分方程的齐次解为

$$C_1 \alpha_1^n, C_2 \alpha_2^n, \cdots, C_N \alpha_N^n \tag{5-49}$$

式中:$C_1,C_2,\cdots,C_N$ 是由边界条件决定的系数。

因特征根取值的不同,差分方程齐次解的形式有以下三种情况。

(1) 无重根。

对于 N 阶差分方程,$\alpha_1 \neq \alpha_2 \neq \cdots \neq \alpha_N$ 时,齐次解为

$$y(n) = C_1 \alpha_1^n + C_2 \alpha_2^n + \cdots + C_N \alpha_N^n$$

(2) 有重根。

假定 α_1 是 K 重根,特征根相应于 α_1 的部分将有 K 项

$$y(n) = C_1 n^{K-1} \alpha_1^n + C_2 n^{K-2} \alpha_1^n + \cdots + C_{K-1} n\alpha_1^n + C_K \alpha_1^n + C_{K+1}\alpha_2^n + \cdots + C_N n\alpha_{N-K+1}^n$$

(3) 有共轭复数根。

当特征根为共轭复数时,齐次解的形式可以是等幅、增幅或衰减等形式的正弦(余弦)序列。

例 5.5 求解二阶差分方程 $y(n) - 5y(n-1) + 6y(n-2) = 0$,已知初始条件 $y(0) = 2, y(1) = 1$。

解 其特征方程为

$$\alpha^2 - 5\alpha + 6 = 0$$

即

$$(\alpha - 2)(\alpha - 3) = 0$$

其特征根为

$$\alpha_1 = 2, \alpha_2 = 3$$

于是求得齐次解为

$$y(n) = C_1 (2)^n + C_2 (3)^n$$

利用 $y(0) = 2, y(1) = 1$,求解待定系数 C_1 和 C_2。

$$n = 0 \text{ 时}, y(0) = C_1 + C_2 = 2$$
$$n = 1 \text{ 时}, y(1) = 2C_1 + 3C_2 = 1$$

由此方程组解得

$$C_1 = 5, C_2 = -3$$

最后,得到差分方程的解为

$$y(n) = 5(2^n) - 3(3^n)$$

2. 特解

下面讨论求特解的方法。为求得特解,首先将激励函数 $x(n)$ 代入方程式右端(也称自由项),观察自由项的函数形式来选择含有待定系数的特解函数式,将此特解函数代入方程后再求待定系数。利用线性时不变系统输入与输出有相同的形式的特性,表 5-1 列出了几种典型激励 $x(n)$ 所对应的特解 $y_p(n)$。

表 5-1 不同激励所对应的特解

输入	输出
$x(n) = e^{an}$	$y(n) = Ae^{an}$
$x(n) = e^{j\omega n}$	$y(n) = Ae^{j\omega n}$
$x(n) = \cos(\omega n)$	$y(n) = A\cos(\omega n + \theta)$
$x(n) = \sin(\omega n)$	$y(n) = A\sin(\omega n + \theta)$
$x(n) = n^k$	$y(n) = A_k n^k + A_{k-1} n^{k-1} + \cdots + A_1 n + A_0$
$x(n) = (r)^n$	$y(n) = C(r)^n$
$x(n) = (r)^n (r 与特征根重)$	$y(n) = C_1 n(r)^n + C_2 (r)^n$

下面举例介绍求解非齐次差分方程的方法。在此例中,介绍了求齐次解、求特解,最后得出完全响应的具体方法。

例 5.6 若描述某系统的差分方程为

$$y(n) + 4y(n-1) + 4y(n-2) = x(n)$$

已知初始条件 $y(0) = 0, y(1) = -1$,激励函数 $x(n) = 2^n (n \geqslant 0)$。求方程的全解。

解 首先求齐次解,上述差分方程的特征方程为

$$\alpha^2 + 4\alpha + 4 = 0$$

可解得特征根 $\alpha_1 = \alpha_2 = -2$,为二重根,则齐次解为

$$y_h(n) = C_1 n(-2)^n + C_2(-2)^n$$

求特解,由表 5.4.1,根据 $x(n)$ 的形式可知特解为

$$y_p(n) = D \cdot 2^n, n \geqslant 0$$

将 $y_p(n)$、$y_p(n-1)$、$y_p(n-2)$ 代入到差分方程,得

$$D \cdot 2^n + 4D \cdot 2^{n-1} + 4D \cdot 2^{n-2} = x(n) = 2^n$$

上式中消去 2^n,可解得

$$D = \frac{1}{4}$$

于是特解为

$$y_p(n) = \frac{1}{4} \cdot 2^n, n \geqslant 0$$

微分方程的全解为

$$y(n) = y_h(n) + y_p(n) = C_1 n(-2)^n + C_2(-2)^n + \frac{1}{4} \cdot 2^n, n \geqslant 0$$

将已知的初始条件 $y(0) = 0, y(1) = -1$,代入上式,得

$$y(0) = C_2 + \frac{1}{4} = 0$$

$$y(1) = -2C_1 - 2C_2 + \frac{1}{4} \times 2 = -1$$

由方程组解得

$$C_1 = 1, C_2 = -\frac{1}{4}$$

最后得到差分方程的全解为

$$y(n) = n(-2)^n - \frac{1}{4}(-2)^n + \frac{1}{4} \cdot 2^n, n \geqslant 0$$

线性差分方程的全解是齐次解与特解之和,如果方程的特征根均为单根,则差分方程的全解为

$$y(n) = y_h(n) + y_p(n) = \sum_{k=1}^{N} C_k \alpha_k^n + y_p(n) \tag{5-50}$$

如果特征根 α_1 为 r 重根,而其余 $n-r$ 特征根为单根时,差分方程的全解为

$$y(n) = \sum_{k=1}^{r} C_k n^{r-k} \alpha_1^n + \sum_{k=r+1}^{N} C_k \alpha_k^n + y_p(n) \tag{5-51}$$

式中:各系数 C_j 由初始条件确定。

对于 N 阶差分方程,用给定的 N 个初始条件 $y(0), y(1), \cdots, y(n-1)$ 就可以确定全部待定系数 C_j。如果差分方程的特征根都是单根,则方程的全解为式(5-50),将给定的初始条件 $y(0), y(1), \cdots, y(n-1)$ 分别带入到式(5-50),可得

$$\left. \begin{array}{l} y(0) = C_1 + C_2 + \cdots + C_N + y_p(0) \\ y(1) = C_1\alpha_1 + C_2\alpha_2 + \cdots + C_N\alpha_N + y_p(1) \\ \qquad\qquad\qquad \vdots \\ y(N-1) = C_1\alpha_1^{N-1} + C_2\alpha_2^{N-1} + \cdots + C_N\alpha_N^{N-1} + y_p(N-1) \end{array} \right\} \tag{5-52}$$

由式(5-52)可求得全部待定系数 $C_j (j=1,2,\cdots,N)$。

差分方程的齐次解也称为系统的自由响应,特解也称为强迫响应。所以,如果把全响应按自由响应和强迫响应划分,在无重根的情况下,则有

$$自由响应 = \sum_{k=1}^{N} C_k \alpha_k^n \tag{5-53}$$

$$强迫响应 = y_p(n) \tag{5-54}$$

5.4.3 零输入响应和零状态响应法

1. 零输入响应

系统的激励为 0,仅由系统的初始状态引起的响应,称为零输入响应,用 $y_{zi}(n)$ 表示。在零输入条件下,式(5-42)等号右端为 0,化为齐次方程,即

$$\sum_{k=0}^{N} a_k y_{zi}(n-k) = 0 \tag{5-55}$$

一般设定激励是在 $n=0$ 时接入系统的,在 $n<0$ 时,激励未接入,故式(5-55)的几个初始状态满足

$$\left. \begin{array}{l} y_{zi}(-1) = y(-1) \\ y_{zi}(-2) = y(-2) \\ \qquad\quad \vdots \\ y_{zi}(-N) = y(-N) \end{array} \right\} \tag{5-56}$$

式(5-26)中的 $y(-1), y(-2), \cdots, y(-N)$ 为系统的初始状态,由式(5-55)和式(5-56)可求得零输入响应 $y_{zi}(n)$。

■ 例 5.7 若描述某离散系统的差分方程为

$$y(n) + 3y(n-1) + 2y(n-2) = x(n) \tag{5-57}$$

已知 $x(n)=0, n<0$, 初始条件 $y(-1)=0, y(-2)=\dfrac{1}{2}$, 求该系统的零输入响应。

■ 解 根据定义,零输入响应满足

$$y_{zi}(n) + 3y_{zi}(n-1) + 2y_{zi}(n-2) = 0 \tag{5-58}$$

其初始状态为

$$y_{zi}(-1) = y(-1) = 0$$

$$y_{zi}(-2) = y(-2) = \frac{1}{2}$$

首先求出初始值 $y_{zi}(0), y_{zi}(1)$, 式(5-58)可以写为

$$y_{zi}(n) = -3y_{zi}(n-1) - 2y_{zi}(n-2)$$

令 $n=0$ 和 1, 并将 $y_{zi}(-1), y_{zi}(-2)$ 代入, 得

$$y_{zi}(0) = -3y_{zi}(-1) - 2y_{zi}(-2) = -1$$

$$y_{zi}(1) = -3y_{zi}(0) - 2y_{zi}(-1) = 3$$

式(5-57)的特征方程为

$$\alpha^2 + 3\alpha + 2 = 0$$

其特征根 $\alpha_1 = -1, \alpha_2 = -2$, 其齐次解为

$$y_{zi}(n) = C_{zi1}(-1)^n + C_{zi2}(-2)^n \tag{5-59}$$

将初始值代入得

$$y_{zi}(0) = C_{zi1} + C_{zi2} = -1$$

$$y_{zi}(1) = -C_{zi1} - C_{zi2} = 3$$

解得 $C_{zi1}=1, C_{zi2}=-2$, 于是系统的零输入响应为

$$y_{zi}(n) = (-1)^n - 2(-2)^n, n \geqslant 0$$

实际上,式(5-59)满足齐次方程(5-58),而初始值 $y_{zi}(0), y_{zi}(1)$ 也是由式(5-58)递推出来的,因而直接用 $y_{zi}(-1), y_{zi}(-2)$ 确定待定常数 C_{zi1}, C_{zi2} 将更加简便。即在式(5-59)中令 $n=-1$ 和 -2, 有

$$y_{zi}(-1) = -C_{zi1} - \frac{1}{2}C_{zi2} = 0$$

$$y_{zi}(-2) = C_{zi1} + \frac{1}{4}C_{zi2} = \frac{1}{2}$$

同样可解得 $C_{zi1}=1, C_{zi2}=-2$, 与前述结果相同。

2. 零状态响应

当系统的初始状态为 0, 仅由激励 $x(n)$ 所产生的响应称为零状态响应,用 $y_{zs}(n)$ 表示。在零状态情况下,式(5-42)仍为非齐次方程,其初始状态为 0, 即零状态响应满足

$$\left. \begin{array}{l} \displaystyle\sum_{k=0}^{N} a_k y_{zs}(n-k) = \sum_{m=0}^{M} b_m y_{zs}(n-m) \\ y_{zs}(-1) = y_{zs}(-2) = \cdots = y_{zs}(-N) = 0 \end{array} \right\} \tag{5-60}$$

的解。若其特征根均为单根,则其零状态响应为

$$y_{zs}(n) = \sum_{k=1}^{N} C_{zsk}\alpha_k^n + y_p(n) \tag{5-61}$$

式中：C_{zsk} 为待定常数；$y_p(n)$ 为特解。

需要指出的是：零状态响应的初始状态 $y_{zs}(-1)$，$y_{zs}(-2)$，…，$y_{zs}(-N)$ 为 0，但其初始值 $y_{zs}(0)$，$y_{zs}(1)$，…，$y_{zs}(N-1)$ 不一定等于 0。

例 5.8 若例 5.7 的离散系统

$$y(n) + 3y(n-1) + 2y(n-2) = x(n)$$

中的 $x(n) = 2^n$，$n \geqslant 0$，求该系统的零状态响应。

解 根据定义，零状态响应满足

$$\left.\begin{array}{l} y_{zs}(n) + 3y_{zs}(n-1) + 2y_{zs}(n-2) = x(n) \\ y_{zs}(-1) = y_{zs}(-2) = 0 \end{array}\right\} \tag{5-62}$$

首先求出初始值 $y_{zs}(0)$、$y_{zs}(1)$，将式（5-62）改写为

$$y_{zs}(n) = -3y_{zs}(n-1) - 2y_{zs}(n-2) + x(n)$$

令 $n=1$ 和 0，并代入 $y_{zs}(-1) = y_{zs}(-2) = 0$ 和 $x(0) = 1$，$x(1) = 2$，得

$$y_{zs}(0) = -3y_{zs}(-1) - 2y_{zs}(-2) + x(0) = 1 \tag{5-63}$$

$$y_{zs}(1) = -3y_{zs}(0) - 2y_{zs}(-1) + x(1) = -1 \tag{5-64}$$

式（5-62）为非齐次差分方程，其特征根为 $\alpha_1 = -1$，$\alpha_2 = -2$，不难求得其特解 $y_p(n) = \dfrac{1}{3} \cdot 2^n$，故零状态响应为

$$y_{zs}(n) = C_{zs1}(-1)^n + C_{zs2}(-2)^n + \frac{1}{3} \cdot 2^n$$

将式（5-63）和式（5-64）的初始值代入上式，得

$$y_{zs}(0) = C_{zs1} + C_{zs2} + \frac{1}{3} = 1$$

$$y_{zs}(1) = -C_{zs1} - 2C_{zs2} + \frac{2}{3} = -1$$

可解得 $C_{zs1} = -\dfrac{1}{3}$，$C_{zs2} = 1$，于是得到零状态响应为

$$y_{zs}(1) = -\frac{1}{3}(-1)^n + (-2)^n + \frac{1}{3} \cdot 2^n, \quad n \geqslant 0$$

与连续系统类似，一个初始状态不为 0 的 LTI 离散系统，在外加激励作用下，其完全响应等于零输入响应与零状态响应之和，即

$$y(n) = y_{zi}(n) + y_{zs}(n) \tag{5-65}$$

若特征根均为单根，则全响应为

$$y(n) = \underbrace{\sum_{k=1}^{N} C_{zik}\alpha_k^n}_{\text{零输入响应}} + \underbrace{\sum_{k=1}^{N} C_{zsk}\alpha_k^n + y_p(n)}_{\text{零状态响应}} = \underbrace{\sum_{k=1}^{N} C_k\alpha_k^n}_{\text{自由响应}} + \underbrace{y_p(n)}_{\text{强迫响应}} \tag{5-66}$$

式中

$$\sum_{k=1}^{N} C_{zik}\alpha_k^n + \sum_{k=1}^{N} C_{zsk}\alpha_k^n = \sum_{k=1}^{N} C_k\alpha_k^n$$

可见，系统的全响应有两种分解方式，即可以分解为自由响应和强迫响应，或者分解为零输入响应和零状态响应。这两种分解方式有明显的区别，虽然自由响应和零输入响应都是齐次解的形式，但它们的系数并不相同，C_{zik} 仅由系统的初始状态所决定，而 C_k 是由初始状态和激励共同决定。

例 5.9 已知系统的差分方程为

$$y(n) - 2y(n-1) + 2y(n-2) = x(n)$$

其中 $x(n) = n, n \geq 0$，初始状态 $y(-1) = 1, y(-2) = 0.5$。求系统的零输入响应、零状态响应和全响应。

解 （1）求零输入响应。

零输入响应满足

$$\left.\begin{array}{l} y_{zi}(n) - 2y_{zi}(n-1) + 2y_{zi}(n-2) = 0 \\ y_{zi}(-1) = y(-1) = 1, y_{zi}(-2) = y(-2) = 0.5 \end{array}\right\} \tag{5-67}$$

式（5-67）的特征方程为

$$\alpha^2 - 2\alpha + 2 = 0$$

其特征根为 $\alpha_{1,2} = 1 \pm j1 = \sqrt{2}e^{\pm j\frac{\pi}{4}}$，则零输入响应可以写为

$$y_{zi}(n) = (\sqrt{2})^n \left[C\cos(\frac{n\pi}{4}) + D\sin(\frac{n\pi}{4}) \right] \tag{5-68}$$

下面计算初始值 $y_{zi}(0)$ 和 $y_{zi}(1)$，由式（5-67）得

$$y_{zi}(n) = 2y_{zi}(n-1) - 2y_{zi}(n-2)$$

令 $n = 0, 1$，并将 $y_{zi}(-1) = 1, y_{zi}(-2) = 0.5$ 代入上式，得

$$y_{zi}(0) = 2y_{zi}(-1) - 2y_{zi}(-2) = 1$$

$$y_{zi}(1) = 2y_{zi}(0) - 2y_{zi}(-1) = 0$$

将初始值代入式（5-68），得

$$y_{zi}(0) = C = 1$$

$$y_{zi}(1) = (\sqrt{2})\left[C\frac{\sqrt{2}}{2} + D\frac{\sqrt{2}}{2} \right] = 0$$

解得 $C = 1, D = -1$，所以

$$y_{zi}(n) = (\sqrt{2})^n \left[\cos(\frac{n\pi}{4}) - \sin(\frac{n\pi}{4}) \right], n \geq 0$$

（2）求零状态响应。

零状态响应满足

$$\left.\begin{array}{l} y_{zs}(n) - 2y_{zs}(n-1) + 2y_{zs}(n-2) = n \\ y_{zs}(-1) = y_{zs}(-2) = 0 \end{array}\right\} \tag{5-69}$$

先求初始值 $y_{zs}(0)$ 和 $y_{zs}(1)$，由式（5-69）得

$$y_{zs}(n) = 2y_{zs}(n-1) - 2y_{zs}(n-2) + n$$

令 $n = 0, 1$，由上式得

$$y_{zs}(0) = 2y_{zs}(-1) - 2y_{zs}(-2) + 0 = 0$$

$$y_{zs}(1) = 2y_{zs}(0) - 2y_{zs}(-1) + 1 = 1$$

由表 5-1 可知，式（5-69）的特解为

$$y_p(n) = p_1 n + p_0$$

上式中 p_1, p_0 为待定常数。将 $y_p(n)$ 代入（5-69）得

$$p_1 n + p_0 - 2[p_1(n-1) + p_0] + 2[p_1(n-2) + p_0] = n$$

将上式化简,得

$$p_1 n + p_0 - 2p_1 = n$$

根据上式等式两端相等,得

$$p_1 = 1$$
$$p_0 - 2p_1 = 0$$

解得 $p_1 = 1, p_0 = 2$,故

$$y_p(n) = n + 2, n \geqslant 0$$

式(5-69)的特征根与式(5-67)相同,故

$$y_{zs}(n) = (\sqrt{2})^n \left[E\cos(\frac{n\pi}{4}) + F\sin(\frac{n\pi}{4}) \right] + n + 2$$

令 $n = 0, 1$,并将初始值代入上式,得

$$y_{zs}(0) = E + 2 = 0$$

$$y_{zs}(1) = \sqrt{2}\left[E(\frac{\sqrt{2}}{2}) + F\frac{\sqrt{2}}{2} \right] + 1 + 2 = 1$$

解得 $E = -2, F = 0$,故

$$y_{zs}(n) = -2(\sqrt{2})^n \cos(\frac{n\pi}{4}) + n + 2, n \geqslant 0$$

全响应为

$$y(n) = y_{zi}(n) + y_{zs}(n) = (\sqrt{2})^n \left[\cos(\frac{n\pi}{4}) - \sin(\frac{n\pi}{4}) \right] - 2(\sqrt{2})^n \cos(\frac{n\pi}{4}) + n + 2$$

$$= (\sqrt{2})^{n+1} \cos(\frac{n\pi}{4} - \frac{\pi}{4}) + n + 2, n \geqslant 0$$

5.5 离散时间系统的单位样值响应

5.5.1 单位样值响应

在连续线性系统中,我们注意研究单位冲激 $\delta(n)$ 作用于系统引起的响应 $h(t)$,对于离散线性系统,我们来考察单位样值 $\delta(n)$ 作为激励而产生的系统零状态响应 $h(n)$——单位样值响应。这不仅是由于这种激励信号具有典型性,而且也是为求卷积和做准备。

由于 $\delta(n)$ 信号只在 $n = 0$ 时取值 $\delta(0) = 1$,在 n 为其他值时都为 0,所以利用这一特点可以方便地用迭代法依次求出 $h(0), h(1), \cdots, h(n)$。

例 5.10 已知离散时间系统的差分方程

$$y(n) - \frac{1}{2}y(n-1) = x(n)$$

试求其单位样值响应 $h(n)$。

解 根据定义,$\delta(n)$ 作用下,系统的零状态响应即为 $h(n)$,因此 $x(n) = \delta(n)$ 时,有

$$y(n) = 0 (n < 0)$$

即初始条件为

$$x(-1) = \delta(-1) = 0, y(-1) = h(-1) = 0$$

将初始条件代入差分方程可得

$$h(0) = \frac{1}{2}h(-1) + \delta(0) = 0 + 1 = 1$$

依次代入求得

$$h(1) = \frac{1}{2}h(0) + \delta(1) = \frac{1}{2} + 0 = \frac{1}{2}$$

$$h(2) = \frac{1}{2}h(1) + \delta(2) = \frac{1}{4} + 0 = \frac{1}{4}$$

$$\vdots$$

$$h(n) = \frac{1}{2}h(n-1) + \delta(n) = (\frac{1}{2})^n$$

此系统的单位样值响应为

$$h(n) = \begin{cases} (\frac{1}{2})^n, & n \geqslant 0 \\ 0, & n < 0 \end{cases}$$

用这种迭代法求系统的单位样值响应还不能直接得到 $h(n)$ 的闭式。为了能够给出闭式解答,可把单位样值 $\delta(n)$ 激励信号等效为起始条件,这样就把问题转化为求解齐次方程,由此得到 $h(n)$ 的闭式。下面举例说明这种方法。

例 5.11 系统差分方程为

$$y(n) - 3y(n-1) + 3y(n-2) - y(n-3) = x(n)$$

求系统的单位样值响应。

解 (1) 求差分方程的齐次解(即系统的零输入响应),则特征方程为

$$\alpha^3 - 3\alpha^2 + 3\alpha - 1 = 0$$

解得特征根 $\alpha_1 = \alpha_2 = \alpha_3 = 1$,即 1 为三重根。于是可知齐次解的表达式为

$$y_h(n) = C_1 n^2 + C_2 n + C_3$$

(2) 因为起始时系统是静止的,可以推出 $h(-2) = h(-1) = 0$, $h(0) = \delta(0) = 1$。以 $h(0) = 1$, $h(-1) = 0$, $h(-2) = 0$ 作为边界条件建立一组方程式求系数 C。

$$\begin{cases} 1 = C_3 \\ 0 = C_1 - C_2 + C_3 \\ 0 = 4C_1 - 2C_2 + C_3 \end{cases}$$

解得

$$C_1 = \frac{1}{2}, C_2 = \frac{3}{2}, C_3 = 1$$

(3) 最后得出系统的单位样值响应为

$$h(n) = \begin{cases} \frac{1}{2}(n^2 + 3n + 2)^n, & n \geqslant 0 \\ 0, & n < 0 \end{cases}$$

(4) 表达式中利用单位阶跃序列符号 $u(n)$,写出系统的单位样值响应

$$h(n) = \frac{1}{2}(n^2 + 3n + 2)u(n)$$

此例中将单位样值的激励作用等效为一个起始条件 $h(0) = 1$,因此,将求单位样值响应的问题转化为求系统的零输入响应,从而很方便地得到 $h(n)$ 的闭式。

5.5.2 因果系统和稳定系统

由于单位样值响应 $h(n)$ 表征了系统自身的性能,因此,在时域分析中可以根据 $h(n)$ 来判断系统的某些重要特性,如因果性、稳定性等,以此区分因果系统与非因果系统,稳定系统和非稳定系统。

1. 因果系统

所谓因果系统,就是输出变化不领先于输入变化的系统。响应 $y(n)$ 只取决于 n 时刻以及 n 时刻以前的输入序列,而与 n 时刻以后的输入无关,即 $x(n),x(n-1),x(n-2),\cdots$。若系统响应 $y(n)$ 取决于未来的输入 $x(n+1),x(n+2),\cdots$,则系统为非因果系统,也是不实际的系统。

离散线性时不变系统作为因果系统的充分必要条件是

$$h(n) = 0 \quad (\text{当 } n < 0 \text{ 时}) \tag{5-70}$$

或表示为

$$h(n) = h(n)u(n) \tag{5-71}$$

许多以时间为自变量的实际系统都是因果系统,如收音机、电视机、数据采系统等。需要指出的是,如果自变量不是时间而是空间位置等(如光学成像系统、图像处理系统等),因果就失去了意义。

2. 稳定系统

在连续时间系统分析中已知知道,稳定系统的定义为:若输入是有界的,输出必定也是有界的系统。对于离散线性时不变系统作为稳定系统的充分必要条件是:单位样值(单位冲激)响应绝对和为有限值,即

$$\sum_{n=-\infty}^{\infty} |h(n)| \leqslant M \tag{5-72}$$

式中:M 为有界正值。

即满足稳定条件有满足因果条件的系统是我们的主要研究对象,这种系统的单位样值响应是单边的而且是有界的

$$\begin{cases} h(n) = h(n)u(n) \\ \sum\limits_{n=-\infty}^{\infty} |h(n)| \leqslant M \end{cases} \tag{5-73}$$

下面举一个简单的例子说明。

例 5.12 系统的单位样值响应为

$$h(n) = a^n u(n)$$

判断该系统的因果性和稳定性。

解 (1)因果性。

因为 $h(n)$ 是单边的,即 $n<0$ 时,$h(n)=0$,所以系统是因果系统。

(2)稳定性。

系统稳定性的确定与的数值有关。

$$\sum_{n=-\infty}^{\infty} |h(n)| = \sum_{n=-\infty}^{\infty} |a^n| = \begin{cases} \dfrac{1}{1-|a|}, & |a| < 1 \\ \infty, & |a| \geqslant 1 \end{cases} \tag{5-74}$$

由上式可见,只有当 $|a|<1$ 时,$h(n)$ 收敛,即 $|a|<1$ 时,系统是稳定的。

5.6 卷积和

5.6.1 卷积和定义

在 LTI 连续时间系统中，将激励信号分解为一系列冲激函数，求出各冲激函数单独作用域系统时的冲激响应，然后将这些响应相加就得到系统对于该激励信号的零状态响应。这个相加的过程表现为求卷积积分。在 LTI 离散系统中，可用与上述大致相同的方法进行分析，由于离散信号本身是一个序列，因此，激励信号分解为单位抽样序列的工作很容易完成。如果系统的单位样值响应为已知，那么，也不难求出每个单位抽样序列单独作用于系统的响应。将这些响应相加就得到系统对于该激励信号的零状态响应，这个相加过程表现为卷积和。

任意离散时间序列 $x(n)$ 可以表示为

$$x(n) = \cdots + x(-2)\delta(n+2) + x(-1)\delta(n+1) + x(0)\delta(n) + x(1)\delta(n-1) + \cdots$$

$$= \sum_{i=-\infty}^{\infty} x(i)\delta(n-i) \tag{5-75}$$

如果 LTI 系统的单位样值响应为 $h(n)$，那么，由线性系统的齐次性和时不变系统的移位不变特性可知，系统对 $x(i)\delta(n-i)$ 的响应为 $x(i)h(n-i)$。根据系统的零状态线性性质，式(5-75)的序列 $x(n)$ 作用于系统所引起的零状态响应 $y_{zs}(n)$ 为

$$y_{zs}(n) = \cdots + x(-2)h(n+2) + x(-1)h(n+1) + x(0)h(n)$$
$$+ x(1)\delta(n-1) + \cdots + x(i)\delta(n-i) + \cdots$$

$$= \sum_{i=-\infty}^{\infty} x(i)h(n-i) \tag{5-76}$$

式(5-76)称为序列 $x(n)$ 与 $h(n)$ 的卷积和，也简称为卷积。卷积常用符号"$*$"表示，即

$$y_{zs}(n) = x(n) * h(n) = \sum_{i=-\infty}^{\infty} x(i)h(n-i) \tag{5-77}$$

式(5-77)表明，LTI 系统对任意激励的零状态响应是激励 $x(n)$ 与系统单位样值响应 $h(n)$ 卷积和。对式(5-77)进行变量置换得到卷积的另一种表示式

$$y_{zs}(n) = \sum_{i=-\infty}^{\infty} h(i)x(n-i) = h(n) * x(n) \tag{5-78}$$

这表明，两序列进行卷积的次序是无关紧要的，可以互换。

容易证明，卷积和的代数运算与连续系统中卷积的代数运算规律相似，都服从交换律、分配律和结合律。

5.6.2 卷积和的计算

一般而言，若两个序列 $x_1(n)$ 和 $x_2(n)$，其卷积和为

$$y(n) = x_1(n) * x_2(n) = \sum_{i=-\infty}^{\infty} x_1(i)x_2(n-i) \tag{5-79}$$

如果序列 $x_1(n)$ 是因果序列，即有 $n<0, x_1(n)=0$，则式(5-79)中求和下限可以改写为 0，即

$$x_1(n) * x_2(n) = \sum_{i=0}^{\infty} x_1(i)x_2(n-i) \tag{5-80}$$

如果 $x_1(n)$ 不受限制，而 $x_2(n)$ 为因果序列，则式(5-79)中，当 $n-i<0$，即 $i>n$ 时，有 $x_2(n-i)=0$，因而求和的上限可以改写为 n，即

$$x_1(n) * x_2(n) = \sum_{i=-\infty}^{n} x_1(i) x_2(n-i) \tag{5-81}$$

如果 $x_1(n)$ 和 $x_2(n)$ 均为因果序列,即若当 $n<0$ 时,$x_1(n)=x_2(n)=0$,则

$$x_1(n) * x_2(n) = \sum_{i=0}^{n} x_1(i) x_2(n-i) \tag{5-82}$$

由此可见,正确地选定参变量 n 的适用范围以及确定相应的求和上限和下限是十分关键的步骤,这可以借助于作图的方法解决,用作图法计算 $x_1(n)$ 和 $x_2(n)$ 的卷积和的步骤如下。

(1) 将 $x_1(n)$ 和 $x_2(n)$ 的自变量用 i 替换,然后将 $x_2(n)$ 以纵轴为对称轴反褶,成为 $x_2(-i)$。

(2) 将 $x_2(-i)$ 沿 i 轴正方向平移 n 个单位,成为 $x_2(n-i)$。

(3) 求 $x_1(i) x_2(n-i)$ 的乘积。

(4) 按式(5-79)求各乘积之和。

下面举例说明作图法计算卷积和的过程。

例 5.13 已知 $x(n)=\alpha^n u(n)$,$0<\alpha<1$,$h(n)=u(n)$,求卷积 $y(n)=x(n)*h(n)$。

解 (1)直接用定义求解。

$$y(n) = x(n) * h(n) = \sum_{i=-\infty}^{\infty} \alpha^i u(i) u(n-i)$$

因为 $x(n)$ 和 $h(n)$ 均为因果序列,所以 $i \geqslant 0$,$i \leqslant n$,即 $0 \leqslant i \leqslant n$,则

$$y(n) = \left(\sum_{i=0}^{n} \alpha^i \right) u(n)$$

当 $n \to \infty$ 时,$y(n) = \dfrac{1}{1-\alpha}$。

(2)图示法。

首先把自变量替换成 i,然后将 $h(i)$ 反褶,再通过移位、相乘和相加逐次求得各个 $y(n)$ 值,其波形如图 5-18 所示。图 5-19 画出了响应 $y(n)$。

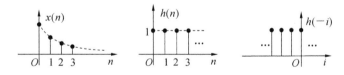

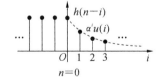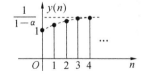

图 5-18 例 5.13 中计算卷积和有关的序列   **图 5-19 例 5.13 中求得的卷积和**

例 5.14 序列 $x(n) = \left\{ \underset{n=0}{1}, 4, 3, 2 \right\}$,$h(n) = \left\{ \underset{n=0}{1}, 2, 3 \right\}$,试求卷积和 $y(n)=x(n)*h(n)$。

解 本例以序列形式给出离散时间信号,可以利用一种"对位相乘求和"的方法较快地求出卷积结果。如图 5-20 所示,首先把自变量替换成 i,然后将 $h(i)$ 反褶得到 $h(-i)$,它相当于 $h(n-i)$ 中的 $n=0$ 时的情况。然后再顺次移位,依次得到 $h(1-i)$,

$h(2-i)$,……对应不同的 n 值, $x(i)$ 与 $h(n-i)$ 相同序号对应值相乘后再相加,即得到各个 $y(n)$ 的值。

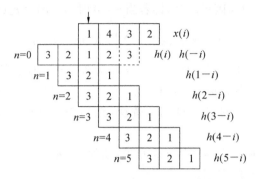

图 5-20 例 5.14 计算卷积示意图

不难发现,这种方法实质上是将作图过程的反褶与移位两步骤以对位排列方式巧妙地取代,相比卷积图示法,此例对位相乘求解更为便捷。

5.7 离散时间信号与系统的时域分析及 MATLAB 实现

5.7.1 离散时间信号的表示和运算

 例 5.15 用 MATLAB 产生各种离散序列。

解 具体程序如下。

```
n0＝0; nf＝10; ns＝3;
n1＝n0:nf; x1＝[zeros(1,ns－n0),1,zeros(1,nf－ns)];
n2＝n0:nf; x2＝[zeros(1,ns－n0),ones(1,nf－ns+1)];
n3＝n0:nf; x3＝exp((－0.2+0.5j)*n3);
subplot(2,2,1),stem(n1,x1); title('单位脉冲序列')
subplot(2,2,3),stem(n2,x2); title('单位阶跃序列')
subplot(2,2,2),stem(n3,real(x3));line([0,10],[0,0])
title('复指数序列'),ylabel('实部')
subplot(2,2,4),stem(n3,imag(x3));line([0,10],[0,0]),
ylabel('虚部')
```

运行程序结果如图 5-21 所示。

例 5.16 试判断下列信号的周期性,并画出相应的波形。

(1) $x(n)＝0.8\sin(0.2\pi n+\dfrac{\pi}{4})$;

(2) $x(n)＝0.8\sin(0.5n+\dfrac{\pi}{4})$。

解 具体程序如下。

```
n＝0:20;
x＝0.8*sin(0.2*pi*n+pi/4);
subplot(1,2,1);
stem(n,x);
ylabel('x(n)'),title('正弦序列(周期为10)');
```

```
grid on;
n＝0:30;
x＝0.8 * sin(0.5 * n＋pi/4);
subplot(1,2,2);
stem(n,x);
ylabel('x(n)'),title('正弦序列(非周期)');
grid on;
```

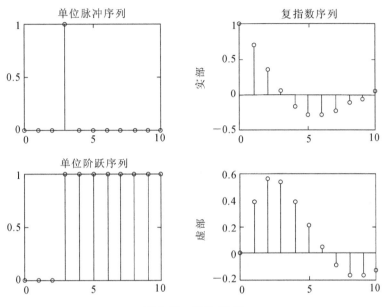

图 5-21   例 5.15 图

运行程序结果如图 5-22 所示。

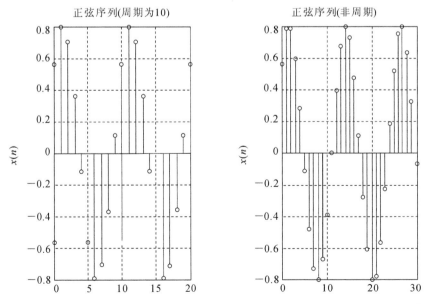

图 5-22   例 1.16 图

例 5.17 $x(n)＝0.8^n \cdot R_8(n)$，利用 MATLAB 画出 $x(n)$ 和 $x(n-m)$ 的波形。

解 具体程序如下。

```
N=16;M=8
m=input('输入移位值,m=');
if (m<1|m>N-M+1)
    fprintf('输入数据不在规定范围内!');break
end
n=0:N-1;
x1=0.8.^n;
x2=(n>=0)&(n<M);
xn=x1.*x2;
xm=zeros(1,N);
for k=m+1:m+M
    xm(k)=xn(k-m);
end
subplot(1,2,1);
stem(n,xn)
title('x(n)')
subplot(1,2,2);
stem(n,xm)
title('x(n-m)')
```

当输入 $m=3$ 时,程序运行结果如图 5-23 所示。

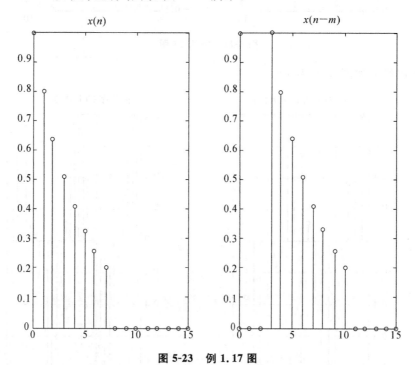

图 5-23 例 1.17 图

例 5.18 求 $f_1(k)$ 和 $f_2(k)$ 卷积和,其中

$$f_1(k) = \delta(k+1) + 2\delta(k) + \delta(k-1)$$
$$f_2(k) = \delta(k+2) + \delta(k+1) + \delta(k) + \delta(k-1) + \delta(k-2)$$

解 调用 dconv 函数,具体程序如下。

两个有限长序列 f_1 和 f_2 卷积可调用 MATLAB 函数 conv,调用格式是 $f=conv(f_1,f_2)$,其中,f 是卷积结果,但不显示时间序号,可自编一个函数 dconv 给出 f 和 k,并画图。自编函数 dconv 如下。

```
function [f,k]=dconv(f1,f2,k1,k2)
% The function of compute   f=f1*f2
%  f:卷积和序列 f(k)对应的非零样值向量
%  k:序列 f(k)的对应序号向量
%  f1:序列 f1(k)非零样值向量
%  f2:序列 f2(k)的非零样值向量
%  k1:序列 f1(k)的对应序号向量
%  k2:序列 f2(k)的对应序号向量
f=conv(f1,f2)                        % 计算序列 f1 与 f2 的卷积和 f
k0=k1(1)+k2(1) ;                     % 计算序列 f 非零样值的起点位置
k3=length(f1)+length(f2)-2;          % 计算卷积和 f 的非零样值的宽度
k=k0:k0+k3                           % 确定卷积和 f 非零样值的序号向量
subplot(2,2,1)
stem(k1,f1)                          % 在子图 1 绘制序列 f1(k)时域波形图
title('f1(k)')
xlabel('k')
ylabel('f1(k)')
subplot(2,2,2)
stem(k2,f2)                          % 在子图 2 绘制序列 f2(k)的波形图
title('f1(k)')
xlabel('k')
ylabel('f2(k)')
subplot(2,2,3)
stem(k,f);                           % 在子图 3 绘制序列 f(k)的波形图
title('f1(k)与 f2(k)的卷积和 f(k)')
xlabel('k')
ylabel('f(k)')
h=get(gca,'position');
h(3)=2.5*h(3) ;
set(gca,'position',h)                % 将第三个子图的横坐标范围扩为原来的 2.5 倍
```

调用 dconv 函数,具体程序如下。

```
f1=[1 2 1];
k1=[-1 0 1];
f2=ones(1,5);
k2=-2:2;
[f,k]= dconv(f1,f2,k1,k2)
```

程序运行结果如图 5-24 所示,f 的长度等于 f_1 和 f_2 长度之和减一,f 的起点是 f_1 和 f_2 的起点之和,f 的终点是 f_1 和 f_2 的终点之和。

5.7.2　连续信号的采样和重建的 MATLAB 实现

例 5.19　Sa(t)的临界采样及信号重构。

解　具体程序如下。

```
wm=1;                          % 信号带宽
wc=wm;                         % 滤波器截止频率
Ts=pi/wm;                      % 采样间隔
ws=2*pi/Ts;                    % 采样角频率
n=-100:100;                    % 时域采样点数
nTs=n*Ts                       % 时域采样点
f=sinc(nTs/pi);
dt=0.005;t=-15:dt:15;
fa=f*Ts*wc/pi*sinc((wc/pi)*(ones(length(nTs),1)*t-nTs'*ones(1,length
(t))));                        % 信号重构
t1=-15:0.5:15;
f1=sinc(t1/pi);
subplot(211);
stem(t1,f1);
xlabel('kTs');
ylabel('f(kTs)');
title('sa(t)=sinc(t/pi)的临界采样信号');
subplot(212);
plot(t,fa)
xlabel('t');
ylabel('fa(t)');
title('由 sa(t)=sinc(t/pi)的临界采样信号重构 sa(t)');
grid on;
```

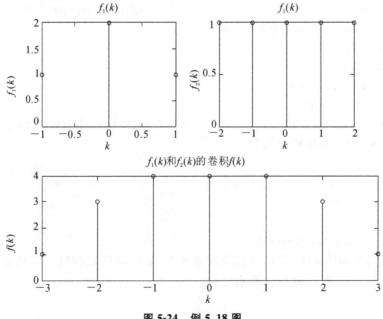

图 5-24　例 5.18 图

程序运行结果如图 5-25 所示。

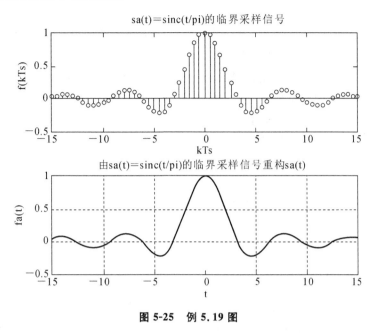

sa(t)＝sinc(t/pi)的临界采样信号

由sa(t)＝sinc(t/pi)的临界采样信号重构sa(t)

图 5-25 例 5.19 图

5.7.3 离散时间系统响应的 MATLAB 实现

LTI 离散系统中,其输入和输出的关系由如下差分方程描述。

$$\sum_{i=0}^{N} a_i y(n+i) = \sum_{j=0}^{M} b_j x(n+j) \quad (前向差分方程)$$

$$\sum_{i=0}^{N} a_i y(n-i) = \sum_{j=0}^{M} b_j x(n-j) \quad (后向差分方程)$$

当系统的输入为单位抽样序列 $\delta(n)$ 时产生的零状态响应称为系统的单位样值响应,用 $h(n)$ 表示。当输入 $u(n)$ 时产生的零状态响应称为系统的单位阶跃响应,记为 $g(n)$。

如果系统输入为 $x(n)$,单位样值响应为 $h(n)$,系统的零状态响应为 $y(n)$,则有 $y(n) = h(n) * x(n)$。与连续系统的单位冲激响应 $h(t)$ 相类似,离散系统的单位样值响应 $h(n)$ 也包含了系统的固有特性,与输入序列无关。我们只要知道了系统的单位样值响应,即可求得系统在不同激励信号作用下产生的响应。因此,求解系统的单位样值响应 $h(n)$ 对我们进行离散系统的分析也同样具有非常重要的意义。

MATLAB 中为用户提供了专门用于求解离散系统单位函数响应,并绘制其时域波形的函数 impz( )。同样也提供了求离散系统响应的专用函数 filter( ),该函数能求出由差分方程所描述的离散系统在指定时间范围内的输入序列作用时,产生的响应序列的数值解。当系统初值不为零时,可以使用 dlsim( ) 函数求出离散系统的全响应,其调用方法与前面连续系统的 lsim( ) 函数相似。另外,求解离散系统阶跃响应可以通过如下两种方法实现:一种是直接调用专用函数 dstep( ),其调用方法与求解连续系统阶跃响应的专用函数 step( ) 的调用方法相似;另一种方法是利用求解离散系统零状态响应的专用函数 filter( ),只要将其中的激励信号看成是单位阶跃信号 $u(n)$ 即可。

函数的调用格式分别介绍如下。

(1) impz( ) 函数。

　• impz(b,a)　以默认方式绘制由向量 a 和 b 所定义的离散系统单位样值响应的时域波形。

　• impz(b,a,n)　绘制由向量 a 和 b 所定义的离散系统在 0～n(n 必须为整数)的离散时间范围内单位样值响应的时域波形。

　• impz(b,a,n1:n2)　绘制由向量 a 和 b 所定义的离散系统在 n1～n2(n1、n2 必须为整数)的离散时间范围内单位样值响应的时域波形。

　• y＝impz(b,a,n1:n2)　求出由向量 a 和 b 所定义的离散系统在 n1～n2(n1、n2 必须为整数)的离散时间范围内单位样值响应的数值解,但不绘制波形。

（2）filter( )函数。

filter(b,a,x)　其中 a 和 b 与前面相同,x 是包含输入序列非零样值点的的行向量。此命令将求出系统在与 x 的取样时间点相同的输出序列样值。

例 5.20　已知描述离散系统的差分方程为

$$y(n) - 0.25y(n-1) + 0.5y(n-2) = x(n) + x(n-1)$$

且已知系统输入序列为 $x(n)=(\frac{1}{2})^n u(n)$。

（1）求出系统的单位样值响应 $h(n)$ 在 $-3 \sim 10$ 离散时间范围内的响应波形。

（2）绘制输入序列的时域波形以及系统零状态响应在 0～15 区间上的波形。

解　（1）求系统的单位样值响应的程序如下。

```
a=[1,-0.25,0.5];
b=[1,1,0];
impz(b,a,-3:10),
title('单位样值响应')
```

程序运行结果如图 5-26 所示。

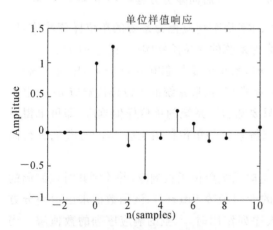

图 5-26　例 5.20 单位样值响应

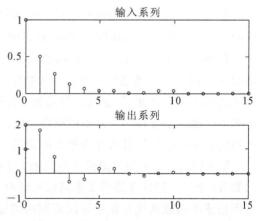

图 5-27　例 5.20 输入序列和输出序列

（2）求零状态响应的 MATLAB 程序如下。

```
a=[1,-0.25,0.5];
b=[1,1,0]
k=0:15;                    % 定义输入序列的取值范围
x=(1/2).^k;               % 定义输入序列的表达式
y=fiLTEr(b,a,x)          % 求解零状态响应的样值
```

```
subplot(2,1,1),stem(k,x)        % 绘制输入序列的波形 title('输入序列')
subplot(2,1,2),stem(k,y)        % 绘制零状态响应的波形
title('输出序列')
```

程序运行结果如图 5-27 所示。

习　题　5

5.1　对下列连续时间信号进行抽样，为满足抽样定理，试确定最低抽样频率 f_s 和最大抽样间隔 T_s。

(1) $\mathrm{Sa}(100t)$　　　　(2) $\mathrm{Sa}^2(100t)$　　　　(3) $\mathrm{Sa}(100t)+\mathrm{Sa}(50t)$

5.2　简要论述离散时间系统与连续时间系统的异同点。

5.3　画出下列各信号的波形。

(1) $f(k)=(k+1)u(k)$

(2) $f(k)=k[u(k)-u(k-5)]$

(3) $f(k)=(-0.5)^{-k}u(k)$

(4) $f(k)=2^{-k}u(k)$

(5) $f(k)=\begin{bmatrix} 6 ,4,2,2\end{bmatrix}$
　　　　　　$\scriptstyle k=0$

(6) $f(k)=\begin{bmatrix} -3,-2,-1,0,1,2\end{bmatrix}$
　　　　　　　　　$\scriptstyle k=0$

5.4　对于如图 5-28 所示的每一个信号，进行如下操作。

(1) 写出起始数值序列，并用箭头标出序列 $k=0$。

(2) 利用离散冲激函数写出每个信号的表达式。

(3) 利用阶跃函数写出每一个信号的表达式。

5.5　信号 $f(k)$ 的波形如图 5-29 所示，画出下列各信号的波形。

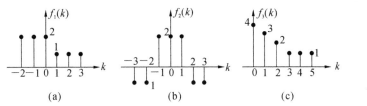

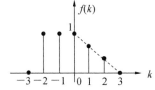

图 5-28　题 5.4 图　　　　　　　　图 5-29　题 5.5 图

(1) $f(k+2)$

(2) $f(k+2)u(-k-2)$

(3) $f(-k+2)$

(4) $f(-k+2)u(k-1)$

5.6　在以下系统中，$f(k)$ 是输入，$y(k)$ 是输出，研究每个系统的线性、时不变性和因果性。

(1) $y(k)+y(k+1)=kf(k)$

(2) $y(k)-y(k+1)=f(k+2)$

(3) $y(k+1)-f(k)y(k)=kf(k+2)$

(4) $y(k)+y(k-1)=f^2(k)+f(k+2)$

5.7　求下列差分方程的零输入响应、零状态响应和全响应。

(1) $y(n)+3y(n-1)+2y(n-2)=u(n),y(-1)=1,y(-2)=0$

(2) $y(n)+2y(n-1)=2^k u(n),y(0)=-1$

5.8 设一个 LTI 离散系统的初始状态不为零,当激励为 $f_1(n)=u(n)$ 时全响应为

$y_1(n)=\left[(\frac{1}{2})^n+1\right]u(n)$,当激励为 $f_2(n)=-u(n)$ 时全响应为 $y_2(n)=\left[(-\frac{1}{2})^n-1\right]u(n)$。

(1) 当系统的初始状态保持不变,且激励为 $f_3(n)=4u(n)$ 时,求系统的全响应 $y_3(n)$。

(2) 当系统的初始状态增加一倍,且激励为 $f_4(n)=4u(n-2)$ 时,求系统的全响应 $y_4(n)$。

5.9 已知某系统的单位样值响应为

$$h(n)=(0.2^n-0.4^n)u(n)$$

若激励信号 $f(n)=2\delta(n)-4\delta(n-2)$,求系统的零状态响应 $y(n)$。

5.10 已知下列各系统方程,分别求其单位样值响应。

(1) $y(n+3)-2\sqrt{2}y(n+2)+2y(n+1)=u(n)$

(2) $y(n+2)+y(n)=u(n)$

(3) $y(n+2)-y(n)=u(n+1)-u(n)$

5.11 求下列序列的卷积和 $y(n)=f_1(n)*f_2(n)$。

(1) $f_1(n)=0.3^n u(n),f_2(n)=0.5^n u(n)$

(2) $f_1(n)=\{\underset{\underset{n=0}{\uparrow}}{1},2,0,1\},f_2(n)=\{\underset{\underset{\uparrow}{}}{2},2,3\}$

(3) $f_1(n)=u(n+2),f_2(n)=u(n-3)$

(4) $f_1(n)=(0.5)^n u(n),f_2(n)=(0.5)^n[u(n+3)-u(n-4)]$

5.12 判断下述各序列是否为周期序列,如果是周期序列,试确定其周期。

(1) $f(k)=A\cos(\frac{3\pi}{7}k-\frac{\pi}{8})$ (2) $f(k)=e^{j(k/8)}$

(3) $f(k)=\sin(\frac{k\pi}{4})-2\cos(\frac{k\pi}{6})$ (4) $f(k)=4-3\sin(\frac{7k\pi}{4})$

5.13 下列系统中 $f(\cdot)$ 和 $y_f(\cdot)$ 分别表示激励和零状态响应,试判断系统的因果性。

(1) $y_f(n)=3f(n)+5f(n-2)$

(2) $y_f(n)=\sum_{i=-\infty}^{n}f(i)$

(3) $y_f(n)=f(n+1)$

5.14 已知系统的单位样值响应分别如下列各式所示,试分别判断各系统的因果性和稳定性。

(1) $h(n)=0.7^n u(n)$ (2) $h(n)=0.7^n u(-n)$

(3) $h(n)=2^n u(n)$ (4) $h(n)=2^n u(-n)$

(5) $h(n)=\cos(\frac{\pi}{2}n)u(n)$ (6) $h(n)=\cos(\frac{\pi}{2}n)u(-n)$

5.15 根据卷积和的定义计算下列卷积和。

(1) $\delta(n)*a^n u(n)$ (2) $\delta(n)*a^n u(n-2)$

(3) $a^n u(n)*\delta(n)$ (4) $\delta(n-1)*a^n u(n)$

(5) $a^n u(n-2)*\delta(n)$ (6) $a^n u(n)*\delta(n-1)$

5.16 求下列卷积和,并计算 $g(0),g(2)$ 的值。

(1) $g(n) = 2^n u(n) * 3^n u(n-1)$

(2) $g(n) = 3^n u(n-1) * 4^n u(n)$

(3) $g(n) = 2^n u(n-1) * 3^n u(n-1)$

5.17 已知 $f(n)$ 和 $h(n)$ 分别表示 LTI 离散系统的激励和单位样值响应,试求系统的零状态响应。

(1) $f(n) = u(n), h(n) = \delta(n) - \delta(n-3)$

(2) $f(n) = (\frac{1}{2})^n u(n), h(n) = u(n) - u(n-5)$

5.18 如图 5-30 所示的系统由两个级联的 LTI 系统组成,它们的单位序列响应分别为 $h_1(n)$ 和 $h_2(n)$。已知 $h_1(n) = \delta(n) - \delta(n-3)$,$h_2(n) = (0.8)^n u(n)$。令 $f(n) = u(n)$,求 $y(n)$。

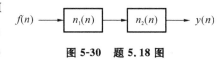

图 5-30 题 5.18 图

5.19 一个乒乓球从 H 米高度自由下落至地面,每次弹跳起来的最高值是前一次最高值的 $2/3$,若以 $y(k)$ 表示第 k 次跳起的最高值,试列写描述此过程的差分方程。若 $H = 2m$,试求解此差分方程。

5.20 若第 k 个月初向银行存款 $f(k)$ 元,月息为 α,每月利息不取出,试用差分方程写出第 k 月初的本利和 $y(k)$。

(1) 设 $y(k) = 10$ 元,$\alpha = 0.003$,$y(0) = 20$ 元,求 $y(k)$。

(2) 若 $k = 12$,求 $y(12)$。

第6章 离散时间信号与系统的 z 域分析

 6.1 z 变换的定义及收敛域

6.1.1 从拉普拉斯变换推导出 z 变换

在连续时间系统中,为了避免求解微分方程的困难,可以通过拉普拉斯变换把微分方程转换为代数方程。出于同样的目的,也可以通过一种称为 z 变换的数学工具,把差分方程转换为代数方程。

实际上,在时域求解差分方程并不困难,特别是求零输入响应。但是,求零状态响应时,用 z 变换就要更容易一些。有了 z 变换,更便于研究系统的性质。

由第 5 章可知,对连续时间信号进行均匀冲激抽样后,就得到离散时间信号。设连续时间信号为 $x(t)$,每隔时间 T 抽样一次,这相当于连续时间信号 $x(t)$ 乘以冲激序列 $\delta_T(t)$。考虑到冲激函数的抽样性质,抽样信号 $x_s(t)$ 可写为

$$x_s(t) = x(t)\delta_T(t) = x(t)\sum_{n=-\infty}^{+\infty}\delta(t-nT)$$

对上式取双边拉普拉斯变换得

$$\begin{aligned}
X_d(s) &= \int_{-\infty}^{+\infty}x_s(t)\mathrm{e}^{-st}\,\mathrm{d}t = \int_{-\infty}^{+\infty}\Big[x(t)\sum_{n=-\infty}^{+\infty}\delta(t-nT)\Big]\mathrm{e}^{-st}\,\mathrm{d}t\\
&= \int_{-\infty}^{+\infty}\Big\{\sum_{n=-\infty}^{+\infty}\big[x(t)\mathrm{e}^{-st}\delta(t-nT)\big]\Big\}\mathrm{d}t\\
&= \int_{-\infty}^{+\infty}\Big\{\sum_{n=-\infty}^{+\infty}\big[x(nT)\mathrm{e}^{-snT}\delta(t-nT)\big]\Big\}\mathrm{d}t\\
&= \sum_{n=-\infty}^{+\infty}\Big\{x(nT)\mathrm{e}^{-snT}\int_{-\infty}^{+\infty}\big[\delta(t-nT)\big]\mathrm{d}t\Big\}\\
&= \sum_{n=-\infty}^{+\infty}\big\{x(nT)\mathrm{e}^{-snT}\times 1\big\}
\end{aligned}$$

在上式中令 $\mathrm{e}^{-sT}=z$, $x(nT)=x(n)$, z 也是一复数,则得到

$$X_d(s) = \sum_{n=-\infty}^{+\infty}x(n)z^{-n} \overset{\text{def}}{=} X_d(z)$$

这就从抽样信号 $x_s(t)$ 的双边拉普拉斯变换,经过恒等变形推导出了代表抽样信号 $x_s(t)$ 的序列的双边 z 变换,即

$$X_d(z) = \sum_{n=-\infty}^{+\infty}x(n)z^{-n} \tag{6-1}$$

式(6-1)就是对序列 $x(n)$ 求双边 z 变换的定义式。由于在实际问题中,遇到的大多是因果序列,因此在式(6-1)和求符号的下端是从 $n=0$ 开始,这样一来,就引出了单边 z 变换的定义,见式(6-2)。

$$X(z) = \sum_{n=0}^{+\infty}x(n)z^{-n} \tag{6-2}$$

对序列 $x(n)$ 求双边 z 变换,用符号 $\mathcal{Z}_d$ 表示,于是有

$$\mathcal{Z}_{\mathrm{d}}[x(n)] = \sum_{n=-\infty}^{+\infty} x(n)z^{-n} = X_{\mathrm{d}}(z) \qquad (6\text{-}3)$$

也可以简记为

$$x(n) \leftrightarrow X_{\mathrm{d}}(z) \qquad (6\text{-}4)$$

而对序列 $f(n)$ 求单边 z 变换,用符号 $\mathcal{Z}$ 表示,于是有

$$\mathcal{Z}[x(n)] = \sum_{n=0}^{+\infty} x(n)z^{-n} = X(z) \qquad (6\text{-}5)$$

也可以简记为

$$x(n) \leftrightarrow X(z) \qquad (6\text{-}6)$$

对因果序列 $x(n)u(n)$ 求双边 z 变换,按定义求和有

$$\mathcal{Z}_{\mathrm{d}}[x(n)u(n)] = \sum_{n=-\infty}^{+\infty} x(n)u(n)z^{-n} = \sum_{n=0}^{+\infty} x(n)z^{-n} = X(z)$$

由此可见,因果序列 $x(n)u(n)$ 的双边 z 变换等于原序列 $x(n)$ 的单边 z 变换。

还要指出的是,s 和 z 都是复数,二者之间有如下关系。

$$z = \mathrm{e}^{sT}$$

$$s = \frac{1}{T}\ln z$$

复数 z 所在的平面称为 z 平面,复数 s 所在的平面称为 s 平面,都是复平面。上两式给出了两个复平面的映射关系。

6.1.2　z 变换的收敛域与零极点

由 z 变换的定义可知,只有当幂级数收敛时,z 变换才有意义。

对于任意给定序列 $x(n)$,使其 z 变换 $X(z)$ 收敛的所有 z 值的集合称为 $X(z)$ 的收敛域而级数收敛的充要条件是满足绝对可和,即

$$\sum_{n=-\infty}^{\infty} |x(n)z^{-n}| = M < \infty \qquad (6\text{-}7)$$

要满足此不等式,$|z|$ 值必须在一定范围内才行,这个范围就是收敛域。通常情况下,序列的 z 变换为分式,可表示为 $X(z) = \dfrac{P(z)}{Q(z)}$

- 零点:使 $X(z)=0$ 的点,即 $P(z)=0$ 时或 $Q(z)$ 的阶次高于 $P(z)$,$Q(z)\to\infty$ 时。
- 极点:使 $X(z)\to\infty$ 的点,即 $Q(z)=0$ 时或 $P(z)$ 阶次高于 $Q(z)$,$P(z)\to\infty$ 时。

实际上,在极点处 $X(z)$ 不存在,即收敛域内不可能有极点。因此收敛域总是用极点来界定它的边界(极点所在的圆来界定它的边界)。不同形式的序列其收敛域形式不同。下面分别讨论有限长序列、右序列、左序列、双边序列的收敛域。

1. 有限长序列

设 $x(n) = \begin{cases} x(n), & n_1 \leqslant n \leqslant n_2 \\ 0, & \text{其他} \end{cases}$ 为有限长序列,即在有限区间 $n_1 \leqslant n \leqslant n_2$ 内序列具有非零的有限值,其 z 变换为

$$X(z) = \sum_{n=n_1}^{n_2} x(n)z^{-n} \qquad (6\text{-}8)$$

根据 n_1,n_2 取值不同,$X(z)$ 的收敛域是不同的。为方便讨论,我们将 $X(z)$ 展开来进行分析,具体如下。

$$X(z) = x(n_1)z^{-n_1} + x(n_1+1)z^{-(n_1+1)} + \cdots + x(-1)z^1 +$$
$$x(0)z^0 + x(1)z^{-1} + \cdots x(n_2-1)z^{-(n_2-1)} + x(n_2)z^{-n_2}$$

可以看出 $X(z)$ 是有限项级数之和，故只要级数的每一项有界，级数就收敛，即要求

$$|x(n)z^{-n}| < \infty, n_1 \leqslant n \leqslant n_2$$

由于 $x(n)$ 有界，故要求

$$|z^{-n}| < \infty, n_1 \leqslant n \leqslant n_2$$

(1) 当 $n_1 < 0 < n_2$ 时，由于 $0^{-n_2} \to \infty$，$\infty^{-n_1} \to \infty$，所以其收敛域为 $0 < |z| < \infty$。

(2) 当 $0 \leqslant n_1 < n_2$ 时，由于 $0^{-n} \to \infty$，$\infty^{-n} \to 0$，所以其收敛域为 $0 < |z| \leqslant \infty$。

(3) 当 $n_1 < n_2 < 0$ 时，由于 $0^{-n} \to 0$，$\infty^{-n} \to \infty$，所以其收敛域为 $0 \leqslant |z| < \infty$。

综上可知，收敛域至少是 $0 < |z| < \infty$ 范围内，z 变换存在，如图 6-1 所示。

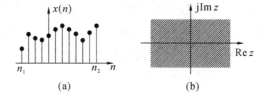

图 6-1　有限长序列及其收敛域

即 $n_1 < 0 < n_2$，收敛域不包含 $|z| = 0$ 和 $|z| = \infty$。

2. 右边序列

设 $x(n) = \begin{cases} x(n), & n \geqslant n_1 \\ 0, & n < n_1 \end{cases}$ 为右边序列，即在 $n \geqslant n_1$ 时，$x(n)$ 有值。其 z 变换为

$$X(z) = \sum_{n=n_1}^{\infty} x(n)z^{-n} = \sum_{n=n_1}^{-1} x(n)z^{-n} + \sum_{n=0}^{\infty} x(n)z^{-n} \tag{6-9}$$

此式右边第一项为有限长序列的 z 变换，根据前面的分析，其收敛域为 $0 \leqslant |z| < \infty$，而右边第二项是 z 的负幂级数，按照级数收敛的阿贝尔定理可推知，存在一个收敛半径 R_{x^-}，级数在以原点为中心，以 R_{x^-} 为半径的圆外任何点都是绝对收敛的，因此只有这两项都收敛时级数才收敛。所以取两项收敛域的交集，得右边序列的收敛域至少为

$$R_{x^-} < |z| < \infty$$

右边序列及其收敛域如图 6-2 所示。

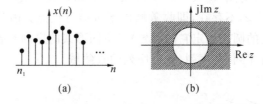

图 6-2　右边序列及其收敛域

即 $n_1 < 0$，收敛域不包含 $|z| = \infty$。

因果序列是最重要的一种右边序列，即 $n_1 = 0$ 的右边序列，也就是说在 $n \geqslant 0$ 时，$x(n)$ 有值，其 z 变换中只有第二项，因此级数收敛可以包括 $|z| = \infty$，即

$$X(z) = \sum_{n=0}^{\infty} x(n)z^{-n}, R_{x^-} < |z| \leqslant \infty$$

3. 左边序列

设 $x(n)=\begin{cases} x(n), & n\leqslant n_2 \\ 0, & n>n_2 \end{cases}$ 为左边序列,即在 $n\leqslant n_2$ 时,$x(n)$ 有值。其 z 变换为

$$X(z)=\sum_{n=-\infty}^{n_2}x(n)z^{-n}=\sum_{n=-\infty}^{0}x(n)z^{-n}+\sum_{n=1}^{n_2}x(n)z^{-n} \tag{6-10}$$

等式第二项是有限长序列的 z 变换,根据前面的分析,其收敛域为 $0<|z|\leqslant\infty$,第一项是 z 的正幂级数,按阿贝尔定理,必存在收敛半径 R_{x^+},级数在以原点为中心,以 R_{x^+} 为半径的圆内任何点都绝对收敛,如果 R_{x^+} 为收敛域的最大的半径,则综合以上两项,左边序列 z 变换的收敛域为

$$0<|z|<R_{x^+}$$

如图 6-3 所示。如果 $n_2\leqslant 0$,则上式中不存在第二项,故收敛域应包含原点,即 $|z|<R_{x^+}$。

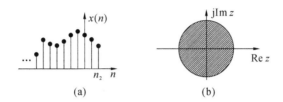

图 6-3　左边序列及其收敛域

即 $n_2>0$,收敛域不包含 $|z|=0$。

4. 双边序列

n 为任意值时 $x(n)$ 皆有值的序列,可以把它看成是一个右边序列和一个左边序列之和。其 z 变换为

$$X(z)=\sum_{n=-\infty}^{\infty}x(n)z^{-n}=\sum_{n=-\infty}^{-1}x(n)z^{-n}+\sum_{n=0}^{\infty}x(n)z^{-n} \tag{6-11}$$

式(6-11)中第一项为左边序列,根据前面的分析,其收敛域为 $|z|<R_{x^+}$;第二项为右边序列,其收敛域为 $R_{x^-}<|z|\leqslant\infty$。若 $R_{x^-}<R_{x^+}$,存在公共收敛域,即双边序列 z 变换的收敛域为

$$R_{x^-}<|z|<R_{x^+}$$

它是一个环状区域,如图 6-4 所示。若 $R_{x^-}>R_{x^+}$,公共收敛域为空集,则双边序列 z 变换不存在。

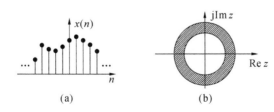

图 6-4　双边序列及其收敛域

下面举例来说明各种序列 z 变换及其收敛域的求法。

■ 例 6.1　$x(n)=\delta(n)$,求此序列的 z 变换和收敛域。

■ 解　这是 $n_1=n_2=0$ 的有限长序列的特例。由于 $\mathscr{Z}[\delta(n)]=\sum_{n=-\infty}^{\infty}\delta(n)z^{-n}=$

$1,0 \leqslant |z| \leqslant \infty$，所以收敛域应是整个 z 的闭平面。

例 6.2 $x(n) = \begin{cases} a^n, & n \geqslant 0 \\ -b^n, & n \leqslant -1 \end{cases}$，$a$、$b$ 为实数，且 $b > a > 0$，求其 z 变换及收敛域。

解 这是一个双边序列，若求序列的单边 z 变换，则

$$X(z) = \mathcal{Z}[x(n)] = \sum_{n=0}^{\infty} x(n)z^{-n} = \sum_{n=0}^{\infty} a^n z^{-n} = \frac{1}{1-az^{-1}} = \frac{z}{z-a}$$

无穷等比级数的收敛域为：

$$|az^{-1}| < 1 \Rightarrow |z| > a$$

故其收敛域为：

$$|z| > a$$

若求序列的双边 z 变换，则

$$\begin{aligned} X(z) &= \mathcal{Z}[x(n)] = \sum_{n=-\infty}^{\infty} x(n)z^{-n} \\ &= \sum_{n=-\infty}^{\infty} [a^n u(n) - b^n u(-n-1)]z^{-n} \\ &= \sum_{n=0}^{\infty} a^n z^{-n} - \sum_{n=-\infty}^{-1} b^n z^{-n} \\ &= \sum_{n=0}^{\infty} a^n z^{-n} - \sum_{n=1}^{\infty} b^{-n} z^n \\ &= \frac{1}{1-az^{-1}} - \frac{b^{-1}z}{1-b^{-1}z} \\ &= \frac{z}{z-a} + \frac{z}{z-b} \end{aligned}$$

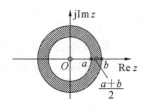

图 6-5 例 6.2 收敛域

第一项无穷等比级数的收敛域同上，$|z| > a$；第二项无穷等比级数的收敛域为：$|b^{-1}z| < 1 \Rightarrow |z| < b$，综合以上两项，其收敛域为：$a < |z| < b$，如图 6-5 所示。

由该例可以看出，由于 $X(z)$ 在收敛域内是解析的，因此收敛域内不应该包含任何极点。通常，收敛域以极点为边界。如果出现多极点的情况，首先应能判断出哪些极点是属于右边序列的，哪些极点是属于左边序列的。对于右边序列的 z 变换收敛域一定在模最大的有限极点所在圆之外；对于左边序列的 z 变换收敛域一定在模最小的有限极点所在圆之内。

6.2 典型序列的 z 变换

6.2.1 单位样值函数 $\delta(n)$

单位样值函数 $\delta(n)$ 的定义为

$$\delta(n) = \begin{cases} 1, & n = 0 \\ 0, & n \neq 0 \end{cases}$$

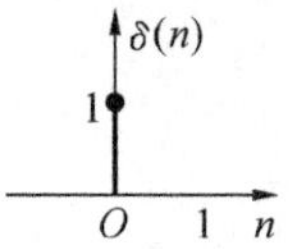

单位样值函数如图 6-6 所示。根据 z 变换的定义有

图 6-6 单位样值函数

$$\mathcal{Z}[\delta(n)] = \sum_{n=0}^{+\infty} \delta(n)z^{-n} = \delta(0) + \delta(1)z^{-1} + \delta(2)z^{-2} + \cdots$$

$$= 1+0+0+\cdots = 1 \tag{6-12}$$

6.2.2 单位阶跃序列

单位阶跃序列 $u(t)$ 的定义为

$$u(n) = \begin{cases} 1, n \geqslant 0 \\ 0, n < 0 \end{cases}$$

单位阶跃序列如图 6-7 所示。取其 z 变换得到

$$\mathscr{Z}[u(n)] = \sum_{n=0}^{+\infty} u(n)z^{-n} = \sum_{n=0}^{+\infty} z^{-n}$$

若 $|z| > 1$，该几何级数收敛，它等于

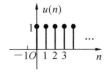

图 6-7 单位阶跃序列

$$\mathscr{Z}[u(n)] = \sum_{n=0}^{+\infty} z^{-n} = \frac{z}{z-1} = \frac{1}{1-z^{-1}} \tag{6-13}$$

6.2.3 斜变序列

斜变序列 $x(n)$ 的定义为

$$x(n) = nu(n)$$

斜变序列如图 6-8 所示。其 z 变换为

$$\mathscr{Z}[x(n)] = \sum_{n=0}^{+\infty} nu(n)z^{-n} = \sum_{n=0}^{+\infty} nz^{-n}$$

由式(6-13)可知

$$\sum_{n=0}^{+\infty} z^{-n} = \frac{1}{1-z^{-1}}, |z| > 1$$

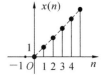

图 6-8 斜变序列

将上式两边分别对 z^{-1} 求导，得到

$$\sum_{n=0}^{+\infty} n(z^{-1})^{n-1} = \frac{1}{(1-z^{-1})^2}$$

两边各乘 z^{-1}，便得到了斜变序列的 z 变换，即

$$\mathscr{Z}[nu(n)] = \sum_{n=0}^{+\infty} nz^{-n} = \frac{z}{(z-1)^2}, |z| > 1 \tag{6-14}$$

同样，若式(6-14)两边再对 z^{-1} 取导数，还可以得到

$$\mathscr{Z}[n^2 u(n)] = \frac{z(z+1)}{(z-1)^3} \tag{6-15}$$

$$\mathscr{Z}[n^3 u(n)] = \frac{z(z^2+4z+1)}{(z-1)^4} \tag{6-16}$$

6.2.4 指数序列

单边指数序列的表达式为

$$x(n) = a^n u(n)$$

单边指数序列如图 6-9 所示。由 z 变换的定义，可求出
指数序列的 z 变换为

$$\mathscr{Z}[a^n u(n)] = \sum_{n=0}^{+\infty} a^n z^{-n} = \sum_{n=0}^{+\infty} (az^{-1})^n$$

显然，对此级数若满足 $|z| > |a|$，则可收敛为

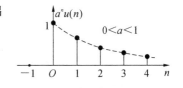

图 6-9 单边指数序列

$$\mathscr{Z}[a^n u(n)] = \frac{1}{1-(az^{-1})} = \frac{z}{z-a}, |z| > |a| \qquad (6\text{-}17)$$

若令 $a = e^b$，当 $|z| > |e^b|$ 时，则有

$$\mathscr{Z}[e^{bn}u(n)] = \frac{z}{z-e^b}$$

一些典型序列的单边 z 变换见表 6-1。

表 6-1　典型序列单边 z 变换表

序号	序列	单边 z 变换	收敛域
1	$\delta(n)$	1	$|z| \geqslant 0$
2	$\delta(n-m), m>0$	z^{-m}	$|z| > 0$
3	$u(n)$	$\dfrac{z}{z-1}$	$|z| > 1$
4	$a^n u(n)$	$\dfrac{z}{z-a}$	$|z| > |a|$
5	$nu(n)$	$\dfrac{z}{(z-1)^2}$	$|z| > 1$
6	$na^n u(n)$	$\dfrac{az}{(z-a)^2}$	$|z| > |a|$
7	$e^{jn\omega_0} u(n)$	$\dfrac{z}{z-e^{j\omega_0}}$	$|z| > 1$
8	$\sin(n\omega_0)u(n)$	$\dfrac{z\sin\omega_0}{z^2-2z\cos\omega_0+1}$	$|z| > 1$
9	$\cos(\omega_0 n)u(n)$	$\dfrac{z(z-\cos\omega_0)}{z^2-2z\cos\omega_0+1}$	$|z| > 1$
10	$\beta^n\sin(\omega_0 n)u(n)$	$\dfrac{\beta z\sin\omega_0}{z^2-2\beta z\cos\omega_0+\beta^2}$	$|z| > |\beta|$
11	$\beta^2\cos(\omega_0 n)u(n)$	$\dfrac{z(z-\beta\cos\omega_0)}{z^2-2\beta z\cos\omega_0+\beta^2}$	$|z| > |\beta|$

6.3　z 变换的性质

6.3.1　线性性质

线性性质是指要满足比例性和可加性，z 变换的线性性质也是如此。若

$$\mathscr{Z}[x(n)] = X(z), R_{x^-} < |z| < R_{x^+}$$
$$\mathscr{Z}[y(n)] = Y(z), R_{y^-} < |z| < R_{y^+}$$

则

$$\mathscr{Z}[ax(n) + by(n)] = aX(z) + bY(z) \qquad (6\text{-}18)$$

式中：a, b 为任意常数。

其收敛域为

$$\max(R_{x^-}, R_{y^-}) = R_- < |Z| < R_+ = \min(R_{x^+}, R_{y^+})$$

如果这些线性组合中某些零极点相互抵消，则收敛域可能扩大。

例 6.3　求序列 $f(n) = a^n u(n) - a^n u(n-1)$ 的 z 变换。

解 （1）方法一。

根据线性性质，有

$$F(z) = F_1(z) - F_2(z)$$

由式(6-13)可知

$$\mathcal{Z}[a^n u(n)] = \frac{z}{z-a}, |z| > |a|$$

即

$$F_1(z) = \frac{z}{z-a}, |z| > |a|$$

而

$$F_2(z) = \sum_{n=0}^{+\infty} a^n u(n-1) z^{-n} = \sum_{n=1}^{+\infty} a^n z^{-n}$$
$$= a^1 u(1) z^{-1} + a^2 u(2) z^{-2} + \cdots + a^n u(n) z^{-n} + \cdots$$
$$= a^1 z^{-1} + a^2 z^{-2} + \cdots + a^n z^{-n} + \cdots$$

这是一个首项为 az^{-1}，公比为 az^{-1} 的无穷等比级数。当公比的模 $|az^{-1}| > 1$ 时，此级数发散；当 $|az^{-1}| < 1$ 时，此级数收敛。因此当 $|az^{-1}| < 1$，即 $|z| > |a|$ 时有

$$F_2(z) = az^{-1} + a^2 z^{-2} + \cdots = \frac{az^{-1}}{1-az^{-1}} = \frac{a}{z-a} \quad (|z| > |a|)$$

则

$$F(z) = F_1(z) - F_2(z) = \frac{z}{z-a} - \frac{a}{z-a} = 1 \quad (|z| > |a|)$$

（2）方法二。

先将序列在时域化简，有

$$f(n) = a^n u(n) - a^n u(n-1) = a^n[u(n) - u(n-1)] = a^n[\delta(n)] = a^0[\delta(n)] = \delta(n)$$

所以，有

$$F(z) = \mathcal{Z}[f(n)] = \mathcal{Z}[\delta(n)] = 1 \quad （全平面收敛）$$

比较两种解法，可见第二种解法简单得多。还要指出的是，两种解法得到的收敛域是不一样的，这是因为收敛域与求解过程有关，也即与路径有关。

6.3.2 序列的移位

讨论序列移位后其 z 变换与原序列 z 变换的关系，可以有左移和右移两种情况，所采用的变换形式又可能有单边 z 变换与双边 z 变换，它们的移位性质基本相同，但又各具有不同的特点。

1. 双边 z 变换的移位性质

若序列 $x(n)$ 的双边 z 变换为

$$\mathcal{Z}[x(n)] = X(z), R_x^- < |z| < R_x^+$$

则有

$$\mathcal{Z}[x(n-m)] = x^{-m}X(z), R_x^- < |z| < R_x^+ \qquad (6-19)$$

式中：m 为任意整数，m 为正，则为右移，m 为负则为左移。

证明 利用双边 z 变换的定义

$$\mathcal{Z}[x(n-m)] = \sum_{n=-\infty}^{\infty} x(n-m) z^{-n} = z^{-m} \sum_{n=-\infty}^{\infty} x(n-m) z^{-(n-m)}$$

$$\overline{\underline{\quad}}=z^{-m}\sum_{k=-\infty}^{k=n-m}x(k)z^{-k}=x^{-m}X(z)$$

可以看出序列移位后，收敛域是相同的，只是对单边序列在 $z=0$ 或 $z=\infty$ 处可能有例外。而对于双边序列，其收敛域是环状区域，已不包括 $z=0$ 和 $z=\infty$，故序列移位后，z 变换收敛域不会变化。

例如，已知 $\mathcal{Z}[\delta(n)]=1$，在 z 平面处处收敛，但是，$\mathcal{Z}[\delta(n-1)]=z^{-1}$，它在 $z=0$ 处不收敛，而 $\mathcal{Z}[\delta(n+1)]=z$，在 $z=\infty$ 处不收敛。

2. 单边 z 变换的移位性质

1）双边序列左移

设 $x(n)$ 是双边序列，已知其单边 z 变换 $X(z)=\sum_{n=0}^{\infty}x(n)z^{-n}$，则其左移序列 $x(n+k)$（$k>0$）的单边 z 变换为

$$\mathcal{Z}[x(n+k)]=\sum_{n=0}^{\infty}x(n+k)\cdot z^{-n}=z^{k}\Big[F(z)-\sum_{m=0}^{k-1}x(m)z^{-m}\Big] \tag{6-20}$$

证明 根据单边 z 变换的定义，有

$$\mathcal{Z}[x(n+k)]=\sum_{n=0}^{\infty}x(n+k)\cdot z^{-n}=z^{k}\sum_{n=0}^{+\infty}x(n+k)z^{-(n+k)}$$

进行变量置换，令 $m=n+k$，则有

$$上式=z^{k}\sum_{m=k}^{+\infty}x(m)z^{-m}=z^{k}\Big[\sum_{m=0}^{+\infty}x(m)z^{-m}-\sum_{m=0}^{k-1}x(m)z^{-m}\Big]=z^{k}\Big[F(z)-\sum_{m=0}^{k-1}x(m)z^{-m}\Big]$$

当 $k=1$ 时，$\mathcal{Z}[x(n+1)]=zX(z)-zx(0)$。

当 $k=2$ 时，$\mathcal{Z}[x(n+2)]=z^{2}X(z)-z^{2}x(0)-zx(1)$。

2）双边序列右移

设 $x(n)$ 是双边序列，已知其单边 z 变换 $X(z)=\sum_{n=0}^{\infty}x(n)z^{-n}$，则其右移序列 $x(n-k)$（$k>0$）的单边 z 变换为

$$\mathcal{Z}[x(n-k)]=\sum_{n=0}^{\infty}x(n-k)\cdot z^{-n}=z^{-k}\Big[X(z)+\sum_{m=0}^{k-1}x(m)z^{-m}\Big] \tag{6-21}$$

证明 根据单边 z 变换的定义，有

$$\mathcal{Z}[x(n-k)]=\sum_{n=0}^{+\infty}x(n-k)z^{-n}$$

对上式进行变量置换，令 $m=n-k$，则有

$$上式=\sum_{m=-k}^{+\infty}x(m)z^{-(m+k)}=z^{-k}\Big[\sum_{m=-k}^{+\infty}x(m)z^{-m}\Big]$$

$$=z^{-k}\Big[\sum_{m=-k}^{-1}x(m)z^{-m}+\sum_{m=0}^{+\infty}x(m)z^{-m}\Big]$$

$$=z^{-k}\Big[X(z)+\sum_{m=-k}^{-1}x(m)z^{-m}\Big]$$

当 $k=1$ 时，$\mathcal{Z}[x(n-1)]=z^{-1}X(z)+x(-1)$。

当 $k=2$ 时，$\mathcal{Z}[x(n-2)]=z^{-2}X(z)+z^{-1}x(-1)+x(-2)$。

3）因果序列右移

因果序列的一般表示方法为 $x(n)\cdot u(n)$，若已知因果序列 $x(n)\cdot u(n)$ 的 z 变换为

$$X(z) = \sum_{n=0}^{\infty} x(n) \cdot u(n) \cdot z^{-n} = \sum_{n=0}^{\infty} x(n) \cdot z^{-n}$$

则其右移序列 $x(n-k) \cdot u(n-k), k > 0$ 的单边 z 变换为

$$\mathcal{Z}[x(n-k)u(n-k)] = \sum_{n=0}^{\infty} x(n-k) \cdot u(n-k) \cdot z^{-n} = z^{-k}X(z) \qquad (6\text{-}22)$$

4）因果序列左移

若已知因果序列 $x(n) \cdot u(n)$ 的 z 变换为

$$X(z) = \sum_{n=0}^{\infty} x(n) \cdot u(n) \cdot z^{-n} = \sum_{n=0}^{\infty} x(n) \cdot z^{-n}$$

则其左移序列 $x(n+k) \cdot u(n+k), k > 0$ 的单边 z 变换为

$$\mathcal{Z}[x(n+k)u(n+k)] = \sum_{n=0}^{\infty} x(n+k) \cdot u(n+k) \cdot z^{-n} = z^{k}\left[X(z) - \sum_{n=0}^{k-1} x(n) \cdot z^{-n}\right]$$

$$(6\text{-}23)$$

这种情况的证明方法和结论与双边序列左移是一样的。

6.3.3 乘以指数序列

序列乘以指数序列 a^n，其中 a 可以是常数，也可以是复数，则序列的 z 变换如何变化？

若序列 $x(n)$ 的 z 变换为

$$\mathcal{Z}[x(n)] = X(z), R_{x^-} < |z| < R_{x^+}$$

$$\mathcal{Z}[a^n x(n)] = X\left(\frac{z}{a}\right), |a|R_{x^-} < |z| < |a|R_{x^+}$$

■ **证明**　根据 z 变换的定义有

$$\mathcal{Z}[a^n x(n)] = \sum_{n=0}^{\infty} a^n x(n) z^{-n} = \sum_{n=0}^{\infty} x(n)\left(\frac{z}{a}\right)^{-n} = X\left(\frac{z}{a}\right)$$

$$R_{x^-} < \left|\frac{z}{a}\right| < R_{x^+} \Rightarrow |a|R_{x^-} < |z| < |a|R^{+}$$

6.3.4 序列的线性加权

若已知 $\mathcal{Z}[x(n)] = X(z)$ ，$R_{x^-} < |z| < R_{x^+}$ ，则有

$$\mathcal{Z}[nx(n)] = -z \cdot \frac{\mathrm{d}}{\mathrm{d}z}X(z), R_{x^-} < |z| < R_{x^+} \qquad (6\text{-}24)$$

同理，有

$$\mathcal{Z}[n^2 x(n)] = \mathcal{Z}[n \cdot nx(n)] = -z\frac{\mathrm{d}}{\mathrm{d}z}\{\mathcal{Z}[nx(n)]\} = -z \cdot \frac{\mathrm{d}}{\mathrm{d}z}\left[-z\frac{\mathrm{d}X(z)}{\mathrm{d}z}\right] \quad (6\text{-}25)$$

■ **证明**　由于 $X(z) = \sum\limits_{n=-\infty}^{\infty} x(n)z^{-n}$，两边同时求导得

$$\frac{\mathrm{d}X(z)}{\mathrm{d}z} = \frac{\mathrm{d}}{\mathrm{d}z}\sum_{n=-\infty}^{\infty} x(n)z^{-n}$$

等式右边求和与求导交换次序得

$$\frac{\mathrm{d}X(z)}{\mathrm{d}z} = \frac{\mathrm{d}}{\mathrm{d}z}\sum_{n=0}^{\infty} x(n)z^{-n} = \sum_{n=0}^{\infty} x(n)\frac{\mathrm{d}}{\mathrm{d}z}(z^{-n}) = \sum_{n=0}^{\infty} x(n)(-n)z^{-n-1}$$

$$= -z^{-1}\sum_{n=0}^{\infty} nx(n)z^{-n} = -z^{-1}\,\mathcal{Z}[nx(n)]$$

所以有

$$\mathcal{Z}[nx(n)] = -z \cdot \frac{\mathrm{d}}{\mathrm{d}z}X(z), R_x^- < |z| < R_x^+$$

6.3.5 反褶序列

若已知

$$\mathcal{Z}[x(n)] = X(z), R_x^- < |z| < R_x^+$$

则有

$$\mathcal{Z}[x(-n)] = X(\frac{1}{z}), \frac{1}{R_x^+} < |z| < \frac{1}{R_x^-} \tag{6-26}$$

证明

$$\mathcal{Z}[x(-n)] = \sum_{n=-\infty}^{\infty} x(-n)z^{-n} = \sum_{n=-\infty}^{\infty} x(n)z^{n} = \sum_{n=-\infty}^{\infty} x(n)(z^{-1})^{-n} = X(\frac{1}{z})$$

$$R_x^- < \left|\frac{1}{z}\right| < R_x^+ \Rightarrow \frac{1}{R_x^+} < |z| < \frac{1}{R_x^-}$$

6.3.6 初值定理

对于因果序列 $x(n)$，即 $x(n)=0, n<0$，有

$$\lim_{z\to\infty}X(z) = x(0) \tag{6-27}$$

证明 利用 z 变换定义证明，由于 $x(n)$ 是因果序列，则有

$$X(z) = \sum_{n=-\infty}^{\infty} x(n)u(n)z^{-n} = \sum_{n=0}^{\infty} x(n)z^{-n}$$

将求和式展开，得

$$\sum_{n=0}^{\infty} x(n)z^{-n} = x(0) + x(1)z^{-1} + x(2)z^{-2} + \cdots$$

故

$$\lim_{z\to\infty}X(z) = x(0)$$

6.3.7 终值定理

设 $x(n)$ 为因果序列，且 $X(z)=\mathcal{Z}[x(n)]$ 的极点位于单位圆内（单位圆上最多在 $z=1$ 处可有一阶极点），则

$$\lim_{n\to\infty}x(n) = \lim_{z\to1}[(z-1)X(z)]$$
$$x(\infty) = \lim_{n\to\infty}x(n) = \lim_{z\to1}[(z-1)X(z)] = \mathrm{Res}[X(z)]_{z=1} \tag{6-28}$$

证明 利用序列的移位，得

$$\mathcal{Z}[x(n+1)-x(n)] = \sum_{n=-\infty}^{\infty}[x(n+1)-x(n)]z^{-n} = (z-1)X(z)$$

利用 $x(n)$ 是因果序列可得

$$(z-1)X(z) = \sum_{n=-1}^{\infty}[x(n+1)-x(n)]z^{-n} = \lim_{n\to\infty}\sum_{m=-1}^{n}[x(m+1)-x(m)]z^{-m}$$

因为 $x(n)$ 是因果序列，且 $X(z)$ 极点在单位圆最多只在 $z=1$ 处可能有一阶极点，故在 $(z-1)X(z)$ 中乘因子 $(z-1)$ 将抵消 $z=1$ 处可能的极点，故 $(z-1)X(z)$ 在 $1 \leqslant |z| \leqslant \infty$ 上都收敛，即在 $z\to1$ 的极限存在。

$$\lim_{z \to 1}[(z-1)X(z)] = \lim_{n \to \infty}\sum_{m=-1}^{n}[x(m+1)-x(m)] \cdot 1^{-m}$$

$$= \lim_{n \to \infty}\{[x(0)-0]+[x(1)-x(0)]+[x(2)-$$

$$x(1)]+\cdots+[x(n+1)-x(n)]\}$$

$$= \lim_{n \to \infty}[x(n+1)] = \lim_{n \to \infty}x(n)$$

所以有

$$x(\infty) = \lim_{n \to \infty}x(n) = \lim_{z \to 1}[(z-1)X(z)] = \text{Res}[X(z)]_{z=1}$$

6.3.8　时域卷积定理

设 $y(n)$ 是 $x(n)$ 与 $h(n)$ 的卷积和,即

$$y(n) = x(n)*h(n) = \sum_{m=-\infty}^{\infty}x(m)h(n-m)$$

$$X(z) = \mathcal{Z}[x(n)], R_{x^-} < |z| < R_{x^+}$$

$$H(z) = \mathcal{Z}[h(n)], R_{h^-} < |z| < R_{h^+}$$

则

$$Y(z) = \mathcal{Z}[y(n)] = H(z)X(z), \max[R_{x^-}, R_{h^-}] < |z| < \min[R_{x^+}, R_{h^+}] \quad (6\text{-}29)$$

若时域为卷积和,则 z 变换域是相乘,乘积的收敛域是 $X(z)$ 收敛域和 $H(z)$ 收敛域的重叠部分。如果收敛域边界上一个 z 变换的零点与另一个 z 变换的极点可相互抵消,则收敛域还可扩大。

▌**证明**　

$$\mathcal{Z}[x(n)*h(n)] = \sum_{n=-\infty}^{\infty}[x(n)*h(n)]z^{-n}$$

$$= \sum_{n=-\infty}^{\infty}\sum_{m=-\infty}^{\infty}x(m)h(n-m)z^{-n}$$

$$= \sum_{m=-\infty}^{\infty}x(m)\Big[\sum_{n=-\infty}^{\infty}h(n-m)z^{-n}\Big]$$

$$= \sum_{m=-\infty}^{\infty}x(m)z^{-m}H(z)$$

$$= H(z)X(z)$$

$$\max[R_{x^-}, R_{h^-}] < |z| < \min[R_{x^+}, R_{h^+}]$$

▌**例 6.4**　已知系统单位样值响应的 z 变换 $\mathcal{Z}[h(n)] = H(z)$,和激励的 z 变换 $\mathcal{Z}[e(n)] = E(z)$,求系统零状态响应的 z 变换。

▌**解**　因为系统零状态响应为:

$$y_{zs}(n) = e(n)*h(n)$$

对上式两边取 z 变换有:

$$\mathcal{Z}[y_{zs}(n)] = Z[h(n)*e(n)]$$

由卷积定理可得

$$\mathcal{Z}[y_{zs}(n)] = Y_{zs}(z) = H(z)E(z)$$

上式表明,系统零状态响应的 z 变换等于系统单位样值响应的 z 变换与激励的 z 变换的乘积。

▌**例 6.5**　求下列两个单边指数序列的卷积。

$$x(n) = a^n u(n)$$

$$h(n) = b^n u(n)$$

解 因为

$$X(z) = \frac{z}{z-a}, |z| > |a|$$

$$H(z) = \frac{z}{z-b}, |z| > |b|$$

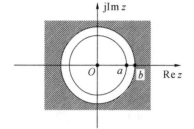

由式(6-22)得

$$Y(z) = X(z)H(z) = \frac{z^2}{(z-a)(z-b)}$$

显然,其收敛域为 $|z| > |a|$ 与 $|z| > |b|$ 的重叠部分,如图 6-10 所示。

将 $Y(z)$ 展开成部分分式,得

$$Y(z) = \frac{1}{a-b}\left(\frac{az}{z-a} - \frac{bz}{z-b}\right)$$

其逆变换为

图 6-10 $a^n u(n) * b^n u(n)$ 的 z 变换收敛域

$$y(n) = x(n) * h(n) = \mathcal{Z}^{-1}[Y(z)] = \frac{1}{a-b}(a^{n+1} - b^{n+1})u(n)$$

 ## 6.4 逆 z 变换

从给定的 z 变换 $X(z)$ 中还原出原序列 $x(n)$,称为逆 z 变换。其表达式为

$$x(n) = \mathcal{Z}^{-1}[X(z)]$$

可看出,这实质上是求 $X(z)$ 的幂级数,$x(n)$ 可以看成是幂级数的系数。

逆 z 变换的求解方法有围线积分法(留数法)、部分分式展开法、幂级数展开法(长除法)等。

6.4.1 围线积分法(留数法)

围线积分法是逆 z 变换的一种有用的分析方法。根据复变函数理论,若函数 $X(z)$ 在环状区域 $R_{x^-} < |z| < R_{x^+}$,$R_{x^-} \geqslant 0$,$R_{x^+} \leqslant \infty$(这一表示法包含了圆内、圆外、环状区域三种可能)内是解析的,则在此区域内 $X(z)$ 可展开成洛朗级数,即

$$X(z) = \sum_{n=-\infty}^{\infty} C_n z^{-n}, R_{x^-} < |z| < R_{x^+}$$

而

$$C_n = \frac{1}{2\pi j}\oint_{c逆} X(z) z^{n-1} \mathrm{d}z, n = 0, \pm 1, \pm 2, \cdots$$

其中,围线 c 是 $X(z)$ 的环状收敛域内环绕原点的一条逆时针方向的闭合单围线。

由上式 $X(z) = \sum\limits_{n=-\infty}^{\infty} C_n z^{-n}$ 与 z 变换的公式 $X(z) = \sum\limits_{n=-\infty}^{\infty} x(n) z^{-n}$ 比较可知 $x(n) = C_n$,即

$$x(n) = \frac{1}{2\pi j}\oint_{c逆} X(z) z^{n-1} \mathrm{d}z, c \in (R_{x^-}, R_{x^+})$$

直接计算围线积分比较麻烦,一般采用留数定理来求解。按留数定理:若函数 $F(z) = X(z)z^{n-1}$ 在围线 c 上连续,在 c 以内有 k 个极点 z_k,而在 c 以外有 m 个极点 z_m(m,k 为有限值),则有

$$\frac{1}{2\pi j}\oint_{c逆}X(z)z^{n-1}\mathrm{d}z = \sum_{k}\mathrm{Res}[F(z)]_{z=z_k} \tag{6-30}$$

或

$$\frac{1}{2\pi j}\oint_{c顺}X(z)z^{n-1}\mathrm{d}z = \sum_{m}\mathrm{Res}[F(z)]_{z=z_m} \tag{6-31}$$

式中:$\mathrm{Res}[F(z)]_{z=z_m}$ 表示函数 $F(z)$ 在点 $z=z_m$ 处的留数。

式(6-30)说明,函数 $F(z)$ 沿围线 c 逆时针方向的积分等于 $F(z)$ 在 c 内部极点的留数之和;式(6-31)说明,函数 $F(z)$ 沿围线 c 顺时针方向的积分等于 $F(z)$ 在 c 外部极点的留数之和。式(6-31)的应用条件是 $F(z)$ 在 $z=\infty$ 有二阶或二阶以上的零,即要求分母多项式 z 的阶次比分子多项式 z 的阶次高二阶或二阶以上,由于

$$\oint_{c逆}X(z)z^{n-1}\mathrm{d}z = -\oint_{c顺}X(z)z^{n-1}\mathrm{d}z \tag{6-32}$$

所以由式(6-30)和式(6-31),可得

$$\sum_{k}\mathrm{Res}[F(z)]_{z=z_k} = -\sum_{m}\mathrm{Res}[F(z)]_{z=z_m} \tag{6-33}$$

综上,可导出

$$x(n) = \frac{1}{2\pi j}\oint_{c逆}X(z)z^{n-1}\mathrm{d}z = \sum_{k}\mathrm{Res}[X(z)z^{n-1}]_{z=z_k} \tag{6-34}$$

$$x(n) = \frac{1}{2\pi j}\oint_{c逆}X(z)z^{n-1}\mathrm{d}z = -\sum_{m}\mathrm{Res}[X(z)z^{n-1}]_{z=z_m} \tag{6-35}$$

同样,应用式(6-35),必须满足 $X(z)z^{n-1}$ 的分母多项式 z 的阶次比分子多项式 z 的阶次高二阶或二阶以上。

根据具体情况,既可以采用式(6-34),也可以采用式(6-35)。例如,如果当 n 大于某一值时,函数 $X(z)z^{n-1}$ 在 $z=\infty$ 处,也就是在围线的外部可能有多重极点,这时选 c 的外部极点计算留数就比较麻烦,而通常选 c 的内部极点求留数则较简单。如果当 n 小于某值时,函数 $X(z)z^{n-1}$ 在 $z=0$ 处,也就是围线的内部可能有多重极点,这时选用 c 的外部极点求留数就方便多了。

现在来讨论如何求 $X(z)z^{n-1}$ 在任一极点 z_r 处的留数。

设 z_r 是 $X(z)z^{n-1}$ 的单阶极点,则有

$$\mathrm{Res}[X(z)z^{n-1}]_{z=z_r} = [(z-z_r)X(z)z^{n-1}]_{z=z_r} \tag{6-36}$$

如果 z_r 是 $X(z)z^{n-1}$ 的高阶(l 阶)极点,则有

$$\mathrm{Res}[X(z)z^{n-1}]_{z=z_r} = \frac{1}{(l-1)!}\left\{\frac{\mathrm{d}^{l-1}}{\mathrm{d}z^{l-1}}[(z-z_r)^l X(z)z^{n-1}]\right\}_{z=z_r} \tag{6-37}$$

■ 例 6.6 求 $X(z) = \dfrac{z^2}{(z-1)(z-0.5)}$（$|z|>1$）的逆变换。

■ 解 由式(6-34)知 $X(z)$ 的逆变换为

$$x(n) = \sum_{k}\mathrm{Res}[X(z)z^{n-1}]_{z=z_k} = \sum_{k}\mathrm{Res}\left[\frac{z^{n+1}}{(z-1)(z-0.5)}\right]_{z=z_k}$$

当 $n \geqslant -1$ 时,在 $z=0$ 点没有极点,仅有 $z=1$ 和 $z=0.5$ 处有一阶极点,可得

$$\mathrm{Res}\left[\frac{z^{n+1}}{(z-1)(z-0.5)}\right]_{z=1} = (z-1)\frac{z^{n+1}}{(z-1)(z-0.5)}\bigg|_{z=1} = 2$$

$$\mathrm{Res}\left[\frac{z^{n+1}}{(z-1)(z-0.5)}\right]_{z=0.5} = (z-0.5)\frac{z^{n+1}}{(z-1)(z-0.5)}\bigg|_{z=0.5} = -(0.5)^n$$

由此写出
$$x(n) = [2-(0.5)^n]u(n+1)$$
实际上,当 $n=-1$ 时 $x(n)=0$,因此上式可以简写为
$$x(n) = [2-(0.5)^n]u(n)$$

当 $n<-1$ 时,在 $z=0$ 处有高阶极点存在,不难求得与此点相对应的留数和上面两极点处之留数总和的值为零,所以 $x(n)=0$。本题的答案就是上面求得的因果序列 $x(n)$,这与收敛域条件($|z|>1$)一致。

6.4.2　部分分式展开法

在实际应用中,一般 $X(z)$ 是 z 的有理分式,可表示为
$$X(z) = \frac{B(z)}{A(z)}$$
$A(z),B(z)$ 都是变量 z 的实系数多项式,则可分解成如下部分分式的形式。
$$X(z) = \frac{B(z)}{A(z)} = X_1(z) + X_2(z) + \cdots + X_k(z)$$
然后求每一个部分分式的逆 z 变换,将各个逆变换相加起来,就得到所求的 $x(n)$,即
$$x(n) = \mathcal{Z}^{-1}[X(z)] = \mathcal{Z}^{-1}[X_1(z)] + \mathcal{Z}^{-1}[X_2(z)] + \cdots + \mathcal{Z}^{-1}[X_k(z)]$$
下面讨论如何展开部分分式,$X(z)$ 的分子分母都是关于 z 的多项式,可以写成如下形式。

$$X(z) = \frac{B(z)}{A(z)} = \frac{\sum_{i=0}^{M} b_i z^{-i}}{1 + \sum_{i=1}^{N} a_i z^{-i}} = \sum_{n=0}^{M-N} B_n z^{-n} + \sum_{k=1}^{M-r} \frac{A_k}{1-z_k z^{-1}} + \sum_{i=1}^{r} \frac{C_k}{[1-z_i z^{-1}]^k}$$

式中:z_i 为 $X(z)$ 的一个 r 阶极点;z_k 是 $X(z)$ 的单阶极点;B_n 是 $X(z)$ 的整式部分的系数。当 $M \geqslant N$ 时存在 B_n,B_n 可用长除法求得;当 $M<N$ 时,$B_n=0$。

用留数定理求系数为
$$A_k = \mathrm{Res}[\frac{X(z)}{z}]_{z=z_k}, k=1,2,\cdots,M-r \tag{6-38}$$
$$C_k = \frac{1}{(r-k)!}\left\{\frac{\mathrm{d}^{r-k}}{\mathrm{d}z^{r-k}}[(z-z_i)^r \frac{X(z)}{z}]\right\}_{z=z_i}, k=1,2,\cdots,r \tag{6-39}$$

例 6.7　已知 $F(z) = \frac{z^2}{(z+1)(z-2)}$($|z|>2$),用部分分式法求解 $f(n)$。

解　令
$$Q(z) = \frac{F(z)}{z} = \frac{z}{(z+1)(z-2)} = \frac{A_1}{z+1} + \frac{A_2}{z-2} \tag{1}$$
则
$$A_1 = Q(z)(z+1)|_{z=-1} = \frac{z}{z-2}\Big|_{z=-1} = \frac{1}{3} \tag{2}$$
$$A_2 = Q(z)(z-2)|_{z=2} = \frac{z}{z+1}\Big|_{z=2} = \frac{2}{3} \tag{3}$$
将式(2)和式(3)带入式(1)得
$$F(z) = \frac{\frac{1}{3}z}{z+1} + \frac{\frac{2}{3}z}{z-2}$$

对上式取逆变换，查表得

$$f(n) = \left[\frac{1}{3}(-1)^n + \frac{2}{3}2^n\right]u(n)$$

例 6.8 已知 $F(z) = \dfrac{z^3 + z^2}{(z-1)^3}(|z| > 1)$，用部分分式法求解 $f(n)$。

解 令

$$Q(z) = \frac{F(z)}{z} = \frac{z^2 + z}{(z-1)^3} = \frac{A_3}{(z-1)^3} + \frac{A_2}{(z-1)^2} + \frac{A_1}{z-1} \tag{1}$$

其中，$z = 1$ 是 $F(z)$ 的三重极点，由数学知识可知，$Q(z)$ 的展开式只能具有式(1)那样的形式。式(1)是一个恒等式，即 z 可取任何值，只要不使分母为零，等式均成立。可利用这一性质来求出式(1)中的待定系数 A_1, A_2, A_3。

为了书写简洁，设

$$Q_1(z) = Q(z)(z-1)^3 = z^2 + z$$

由式(1)可得

$$A_3 = Q(z)(z-1)^3 \big|_{z=1} = (z^2 + z) \big|_{z=1} = 2$$

为了求得 A_2，将式(1)两边同乘以 $(z-1)^3$，得

$$Q_1(z) = A_3 + A_2(z-1) + A_1(z-1)^2 \tag{2}$$

对式(2)两边求导一次后，令 $z = 1$ 即可求得 A_2，即

$$\frac{\mathrm{d}Q_1(z)}{\mathrm{d}z} = 2z + 1 = A_2 + 2A_1(z-1) \tag{3}$$

在式(3)中令 $z = 1$，所以有

$$A_2 = 3$$

对式(3)两边再求导一次得

$$2 = 2A_1$$

于是有

$$A_1 = 1$$

将求得的 A_1, A_2, A_3 带入式(1)得

$$F(z) = \frac{2z}{(z-1)^3} + \frac{3z}{(z-1)^2} + \frac{z}{z-1}$$

查表并结合运算可得逆变换为

$$f(n) = (n^2 - n)u(n) + 3nu(n) + u(n) = (n+1)^2 u(n)$$

对于 $F(z)$ 含有一对共轭极点的情况，开始可按单极点的情况处理，待求出指数形式的解以后，必须运用欧拉公式将一对指数形式的解化成正弦余弦序列。

例 6.9 已知序列 $f(n)$ 的单边 z 变换为 $F(z) = \dfrac{z^2 + z}{(z-1)(z^2 - z + 1)}(|z| > 1)$，用部分分式法求 $f(n)$。

解 令 $Q(z) = \dfrac{F(z)}{z}$，得 $Q(z) = \dfrac{z+1}{(z-1)\left[z - (\frac{1}{2} + \frac{\sqrt{3}}{2}\mathrm{j})\right]\left[z - (\frac{1}{2} - \frac{\sqrt{3}}{2}\mathrm{j})\right]}$。

将 $Q(z)$ 进行部分分式展开，得

$$Q(z) = \frac{2}{z-1} + \frac{-1}{z - (\frac{1}{2} + \frac{\sqrt{3}}{2}\mathrm{j})} + \frac{-1}{z - (\frac{1}{2} - \frac{\sqrt{3}}{2}\mathrm{j})}$$

所以有

$$F(z) = Q(z) \cdot z = \frac{2z}{z-1} + \frac{-z}{z-(\frac{1}{2}+\frac{\sqrt{3}}{2}j)} + \frac{-z}{z-(\frac{1}{2}-\frac{\sqrt{3}}{2}j)}$$

根据 z 变换的基本公式,可知

$$f(n) = 2 - \left[(\frac{1}{2}+\frac{\sqrt{3}}{2}j)^n + (\frac{1}{2}-\frac{\sqrt{3}}{2}j)^n \right] (n \geqslant 0) \tag{1}$$

到这一步,解题并没有结束,还应该将式(1)中方括号内的两个指数项序列利用欧拉公式进一步化简成正弦或余弦序列。

由于 $(\frac{1}{2}+\frac{\sqrt{3}}{2}j)^n = (e^{j\frac{\pi}{3}})^n = e^{j\frac{\pi}{3}n}$ 及 $(\frac{1}{2}-\frac{\sqrt{3}}{2})^n = (e^{-j\frac{\pi}{3}})^n = e^{-j\frac{\pi}{3}n}$,所以有

$$\left[(\frac{1}{2}+\frac{\sqrt{3}}{2}j)^n + (\frac{1}{2}-\frac{\sqrt{3}}{2}j)^n \right] = (e^{j\frac{\pi}{3}n} + e^{-j\frac{\pi}{3}n}) = 2\cos(\frac{\pi}{3}n) \tag{2}$$

将式(2)带入式(1)得

$$f(n) = \left[2 - 2\cos(\frac{\pi}{3}n) \right] u(n) = 2\left[1 - \cos(\frac{\pi}{3}n) \right] u(n)$$

6.4.3 幂级数展开法(长除法)

根据 z 变换的定义,可将 $X(z)$ 展开成如下的幂级数。

$$X(z) = \sum_{n=-\infty}^{\infty} x(n)z^{-n} = \cdots + x(-1)z^1 + x(0)z^0 + x(1)z^{-1} + x(2)z^{-2} + \cdots$$

所以只要在给定的收敛域内,将 $X(z)$ 展开成幂级数,则级数的系数就是序列 $x(n)$。那么在幂级数展开时,是应把上式展开成正幂级数,还是展开成负幂级数? 这取决于 $x(n)$,若 $x(n)$ 中的 n 均为正数(右边序列),则展成负幂级数;若 $x(n)$ 中的 n 均为负数(左边序列),则展成正幂级数。

因此,必须根据收敛域判断 $x(n)$ 的性质,再展开成相应的 z 的幂级数。

(1) 当 $X(z)$ 的收敛域为 $|z| > R_{x^-}$ 时,则 $x(n)$ 必为因果序列,此时应将 $X(z)$ 展开成 z 的负幂级数,$X(z)$ 的分子分母应按 z 的降幂排列。

(2) 当 $X(z)$ 的收敛域为 $|z| < R_{x^+}$ 时,则 $x(n)$ 必为左边序列,此时应将 $X(z)$ 展开成 z 的正幂级数,$X(z)$ 的分子分母应按 z 的升幂排列。

例 6.10 已知 $X(z) = \frac{z}{(z-1)^2} (|z| > 1)$,用幂级数展开法求 $x(n)$。

解 为收敛域 $|z| > 1$,序列为右序列,应展开为 z 的降幂级数。

$$X(z) = \frac{z}{z^2 - 2z + 1}$$

$$
\begin{array}{r}
z^{-1} + 2z^{-2} + 3z^{-3} \cdots \\
z^2 - 2z + 1 \overline{\smash{\big)}\ z} \\
\underline{z - 2 - z^{-1}} \\
2 - z^{-1} \\
\underline{2 - 4z^{-1} + 2z^{-2}} \\
3z^{-1} - 2z^{-2} \\
\underline{3z^{-1} - 6z^{-2} + 3z^{-3}} \\
4z^{-2} - 3z^{-3} \\
\cdots
\end{array}
$$

则有

$$X(z) = z^{-1} + 2z^{-2} + 3z^{-3} + \cdots = \sum_{n=0}^{\infty} nz^{-n}$$

所以

$$x(n) = nu(n)$$

6.5 利用 z 变换解差分方程

用拉普拉斯变换可以将微积分方程变成代数方程,而用 z 变换则可以将差分方程变成代数方程。二者都是先求出变换域的解之后,再通过求逆变换获得时域解。本节将通过实例来讨论用 z 变换解差分方程的步骤和方法。

6.5.1 用 z 变换求零输入响应

在 6.3 节介绍了 z 变换的移位性质,用 z 变换求前向差分方程的零输入响应时,经常要用到的 z 变换的两条移位性质为

$$\mathcal{Z}[x(n+1)] = zX(z) - zx(0)$$
$$\mathcal{Z}[x(n+2)] = z^2X(z) - z^2x(0) - zx(1)$$

例 6.11 已知离散时间系统的差分方程为

$$y(n+2) - 0.7y(n+1) + 0.1y(n) = 7x(n+2) - 2x(n+1)$$

其初始条件为 $y(0)=2, y(1)=4$,求系统的零输入响应。

解 求系统的零输入响应 $y_{zi}(n)$ 时,差分方程右边的激励项为零,$y_{zi}(n)$ 应该满足如下方程。

$$y_{zi}(n+2) - 0.7y_{zi}(n+1) + 0.1y_{zi}(n) = 0 \tag{1}$$

对式(1)两边取 z 变换得

$$z^2Y_{zi}(z) - z^2y_{zi}(0) - zy_{zi}(1) - 0.7[zY_{zi}(0) - zy_{zi}(0)] + 0.1Y_{zi}(z) = 0 \tag{2}$$

依题意,将 $y_{zi}(0)=y(0)=2, y_{zi}(1)=y(1)=4$ 带入式(2)得到

$$Y_{zi}(z) = \frac{2z^2 + 4z - 1.4z}{z^2 - 0.7z + 0.1} = \frac{z(2z + 2.6)}{(z-0.5)(z-0.2)}$$

利用部分分式法求解 $y_{zi}(n)$,令

$$Q(z) = \frac{Y_{zi}(z)}{z} = \frac{2z + 2.6}{(z-0.5)(z-0.2)}$$

可得

$$Q(z) = \frac{12}{z-0.5} + \frac{-10}{z-0.2}$$

所以

$$Y_{zi}(z) = \frac{12z}{z-0.5} - \frac{10z}{z-0.2} \tag{3}$$

对式(3)取逆 z 变换可得

$$y_{zi}(n) = [12(0.5)^n - 10(0.2)^n] \cdot u(n)$$

若用 z 变换求后向差分方程的零输入响应时,经常要用到的 x 变换的两条位移性质为

$$\mathcal{Z}[x(n-1)] = z^{-1}X(z) + x(-1)$$
$$\mathcal{Z}[x(n-2)] = z^{-2}X(z) + z^{-1}x(-1) + x(-2)$$

例 6.12 已知离散时间系统的差分方程为

$$y(n)+3y(n-1)+2y(n-2)=x(n)$$

且初始状态为 $y(-1)=0, y(-2)=0.5$，求系统的零输入响应。

解 零输入响应应满足如下方程。

$$y_{zi}(n)+3y_{zi}(n-1)+2y_{zi}(n-2)=0 \tag{1}$$

对式(1)两边取 z 变换，有

$$Y_{zi}(z)+3[z^{-1}Y_{zi}(z)+y_{zi}(-1)]+2[z^{-2}Y_{zi}(z)+z^{-1}y_{zi}(-1)+y_{zi}(-2)]=0 \tag{2}$$

依题意，$y_{zi}(-1)=y(-1)=0, y_{zi}(-2)=y(-2)=0.5$ 带入式(2)，解得

$$Y_{zi}(z)=\frac{-1}{1+3z^{-1}+2z^{-2}}=\frac{-z^2}{z^2+3z+2} \tag{3}$$

令

$$Q(z)=\frac{Y_{zi}(z)}{z}=\frac{-z}{z^2+3z+2}=\frac{-z}{(z+2)(z+1)}=\frac{B_1}{z+2}+\frac{B_2}{z+1} \tag{4}$$

求得 $B_1=-2, B_2=1$，将其带入式(4)得

$$Y_{zi}(z)=\frac{-2z}{z+2}+\frac{z}{z+1} \tag{5}$$

对式(5)取逆 z 变换，得到

$$y_{zi}(n)=[-2(-2)^n+(-1)^n]u(n)$$

6.5.2 用 z 变换求零状态响应

由第 5 章可知，系统零状态响应为

$$y_{zs}(n)=x(n)*h(n)$$

对上式两边取 z 变换有

$$\mathscr{Z}[y_{zs}(n)]=[x(n)*h(n)]$$

由卷积定理可得

$$\mathscr{Z}[y_{zs}(n)]=Y_{zs}(z)=X(z)H(z)$$

上式表明，系统零状态响应的 z 变换等于系统单位样值响应的 z 变换 $H(z)$ 与激励的 z 变换 $X(z)$ 之乘积。反之，若已知系统函数 $H(z)$ 和激励的 z 变换 $X(z)$，则可通过求逆 z 变换来求系统的零状态响应，即

$$y_{zs}(n)=\mathscr{Z}^{-1}[Y_{zs}(z)]=\mathscr{Z}^{-1}[X(z)H(z)] \tag{6-40}$$

无论是前向差分方程还是后向差分方程，都可以根据式(6-40)来求零状态响应。

例 6.13 已知离散时间系统的系统函数为

$$H(z)=\frac{z(7z-2)}{(z-0.5)(z-0.2)}$$

试求激励为阶跃序列时的零状态响应。

解 因为 $x(n)=u(n)$，则 $X(z)=\frac{z}{z-1}$，根据卷积定理知

$$Y_{zs}(z)=H(z) \cdot X(z)=\frac{z(7z-2)}{(z-0.5)(z-0.2)} \cdot \frac{z}{z-1} \tag{1}$$

将式(1)进行部分分式分解得

$$Y_{zs}(z) = \frac{12.5z}{z-1} - \frac{5z}{z-0.5} - \frac{0.5z}{z-0.2} \tag{2}$$

对式(2)求逆 z 变换得

$$y_{zs}(n) = [12.5 - 5(0.5)^n - 0.5(0.2)^n] \cdot u(n)$$

6.5.3 用 z 变换求解全响应

离散时间系统的全响应等于零输入响应与零状态响应之和,也可以用 z 变换的方法来求解。下面用实例进行说明。

例 6.14 离散时间系统的差分方程为

$$y(n) - y(n-1) - 2y(n-2) = x(n) + 2x(n-2)$$

且初始状态为 $y(-1) = 2$, $y(-2) = -\frac{1}{2}$,激励 $x(n) = u(n)$,求系统的全响应。

解 直接对差分方程两边取 z 变换,根据移位性质可得

$$Y(z) - [z^{-1}Y(z) + y(-1)] - 2[z^{-2}Y(z) + z^{-1}y(-1) + y(-2)] = X(z) + 2z^2 X(z)$$

将 $y(-1) = 2$, $y(-2) = -\frac{1}{2}$ 带入上式,整理可得

$$Y(z) = \frac{z(z+4)}{(z-2)(z+1)} + \frac{z^2+2}{(z^2-z-2)}\frac{z}{z-1} \tag{1}$$

对式(1)进行部分分式分解得

$$Y(z) = \frac{2z}{z-2} - \frac{z}{z+1} + \frac{2z}{z-2} + \frac{\frac{1}{2}z}{z+1} - \frac{\frac{3}{2}z}{z-1} = \frac{4z}{z-2} - \frac{\frac{1}{2}z}{z+1} - \frac{\frac{3}{2}z}{z-1} \tag{2}$$

对式(2)求逆 z 变换即可得到全响应为

$$y(n) = \left[4(2)^n - \frac{1}{2}(-1)^n - \frac{3}{2}\right]u(n)$$

6.6 离散时间系统的系统函数

6.6.1 单位样值响应与系统函数

一个线性时不变离散系统在时域中可以用线性常系数差分方程来描述,5.4 节中式(5-42)已经给出了这种差分方程的一般形式为

$$\sum_{k=0}^{N} a_k y(n-k) = \sum_{m=0}^{M} b_m x(n-m)$$

若激励 $x(n)$ 是因果序列,且系统处于零状态,此时,由上式进行 z 变换,得到

$$Y(z) \sum_{k=0}^{N} a_k z^{-k} = X(z) \sum_{m=0}^{M} b_m z^{-m}$$

于是有

$$H(z) = \frac{Y(z)}{X(z)} = \frac{\sum\limits_{m=0}^{M} b_m z^{-m}}{\sum\limits_{k=0}^{N} a_k z^{-k}} \tag{6-41}$$

$$Y(z) = X(z)H(z)$$

式中：$H(z)$ 为离散系统的系统函数，它表示系统的零状态响应与激励的 z 变换之比值。

式(6-41)中分子和分母多项式经因式分解可以改写为：

$$H(z) = G \frac{\prod\limits_{m=1}^{M}(1-z_mz^{-1})}{\prod\limits_{k=1}^{N}(1-p_kz^{-1})} \tag{6-42}$$

式中：z_m 是 $H(z)$ 的零点；p_k 是 $H(z)$ 的极点。它们由差分方程的系数 a_k 和 b_m 决定。

由第 5 章相关内容可知，系统的零状态响应可以用激励与单位样值响应的卷积表示，即

$$y(n) = x(n) * h(n)$$

由时域卷积定理得

$$Y(z) = X(z)H(z)$$

其中

$$H(z) = \mathcal{Z}[h(n)] = \sum_{n=0}^{\infty} h(n)z^{-n}$$

可见，系统函数 $H(z)$ 与单位样值响应 $h(n)$ 是一对 z 变换。我们既可以利用卷积求系统的零状态响应，又可以借助系统函数与激励 z 变换式乘积的逆 z 变换求此响应。

■ 例 6.15 求下列差分方程所述的离散系统的系统函数和单位样值响应。

$$y(n) - ay(n-1) = bx(n)$$

■ 解 零状态条件下，对差分方程两边取 z 变换，并利用移位特性，得到

$$Y(z) - az^{-1}Y(z) = bX(z)$$

其系统函数为

$$H(z) = \frac{Y(z)}{X(z)} = \frac{b}{1-az^{-1}} = \frac{bz}{z-a}$$

对上式求逆 z 变换，即得到单位样值响应为

$$h(n) = ba^nu(n)$$

6.6.2 系统函数 $H(z)$ 的极点对系统性能的影响

在第 5 章中，已从时域特性研究了离散时间系统的稳定性和因果性，下面从 z 域特征考察系统的稳定和因果特性。

1. 稳定性

离散时间系统稳定的必要条件是单位样值响应 $h(n)$ 绝对可和，即

$$\sum_{n=-\infty}^{\infty} |h(n)| \leqslant M$$

式中：M 为有限正值，也可以写为

$$\sum_{n=-\infty}^{\infty} |h(n)| < \infty$$

由 z 变换定义和系统函数定义可知

$$H(z) = \sum_{n=-\infty}^{\infty} h(n)z^{-n}$$

当 $z=1$（在 z 平面单位圆上）时，有

$$H(z) = \sum_{n=-\infty}^{\infty} h(n)$$

为使系统稳定应满足

$$\sum_{n=-\infty}^{\infty} h(n) < \infty$$

这表明,对于稳定系统 $H(z)$ 的收敛域应包含单位圆在内。

2. 因果性

对于因果系统,$h(n) = h(n)u(n)$ 为因果序列,它的 z 变换的收敛域包含 ∞ 点,通常收敛域表示为某圆外区 $a < |z| \leqslant \infty$。

在实际问题中经常遇到的稳定因果系统应同时满足以上两方面的条件,即

$$\begin{cases} a < |z| \leqslant \infty \\ a < 1 \end{cases} \tag{6-43}$$

这时,全部极点落在单位圆内。

例 6.16 某离散时间系统的差分方程为
$$y(n) + 0.2y(n-1) - 0.24y(n-2) = x(n) + x(n-1)$$
求:(1) 求系统函数 $H(z)$;

(2) 讨论此因果系统 $H(z)$ 的收敛域和稳定性;

(3) 求单位样值响应 $h(n)$;

(4) 当激励 $x(n)$ 为单位阶跃序列时,求零状态响应 $y(n)$。

解 (1) 将差分方程两边取 z 变换,得
$$Y(z) + 0.2z^{-1}Y(z) - 0.24z^{-2}Y(z) = X(z) + z^{-1}X(z)$$

于是有

$$H(z) = \frac{Y(z)}{X(z)} = \frac{1 + z^{-1}}{1 + 0.2z^{-1} - 0.24z^{-2}}$$

也可写为

$$H(z) = \frac{z(z+1)}{(z-0.4)(z+0.6)}$$

(2) $H(z)$ 的两个极点分别位于 0.4 和 -0.6,它们都在单位圆内,对此因果系统的收敛域为 $|z| > 0.6$,且包含 $z = \infty$ 点,是一个稳定的因果系统。

(3) 将 $H(z)/z$ 展开部分分式,得到

$$H(z) = \frac{1.4z}{z - 0.4} - \frac{0.4z}{z + 0.6} \quad (|z| > 0.6)$$

取逆 z 变换,得到单位样值响应为
$$h(n) = [1.4(0.4)^n - 0.4(-0.6)^n]u(n) \quad (|z| > 0.6)$$

(4) 若激励 $x(n) = u(n)$,则

$$X(z) = \frac{z}{z-1} \quad (|z| > 1)$$

于是有

$$Y(z) = H(z)X(z) = \frac{z^2(z+1)}{(z-1)(z-0.4)(z+0.6)}$$

将其展开成部分分式,得到

$$Y(z)=\frac{2.08z}{z-1}-\frac{0.93z}{z-0.4}-\frac{0.15z}{z+0.6} \quad (|z|>1)$$

对上式取逆 z 变换后,得到

$$y(n)=[2.08-0.93(0.4)^n-0.15(-0.6)^n]u(n)$$

6.7 离散时间信号与系统的 z 域分析及 MATLAB 实现

6.7.1 z 变换与逆 z 变换的 MATLAB 实现

例 6.17 用 MATLAB 求出离散序列 $f(k)=(0.5)^k u(k)$ 的 z 变换。

解 具体程序如下。

```
syms n z
f=0.5^k;              % 定义离散信号
Fz=ztrans(f)          % 对离散信号进行 z 变换
```

程序运行结果如下。

```
Fz=
z/(z-1/2)
```

例 6.18 已知某离散信号的 z 变换式为 $F(z)=\dfrac{2z}{2z-1}$,求出它所对应的离散信号 $f(k)$。

解 具体程序如下。

```
syms k z
Fz=2*z/(2*z-1);       % 定义 z 变换表达式
fk=iztrans(Fz,k)      % 求逆 z 变换
```

运行结果如下。

```
fk=
(1/2)^k
```

6.7.2 离散系统零极点图及零极点的 MATLAB 分析

1. 零极点图的绘制

设离散系统的系统函数为

$$H(z)=\frac{B(z)}{A(z)}$$

则系统的零极点可用 MATLAB 的多项式求根函数 roots() 来实现,其调用格式为

```
p=roots(a)
```

其中,a 为待求多项式的系数构成的行矩阵,返回向量 p 则是包含多项式所有根的列向量。

例 6.19 多项式为 $B(z)=z^2+\dfrac{3}{4}z+\dfrac{1}{8}$,求该多项式根。

解 具体程序如下。

```
A=[1 3/4 1/8];
P=roots(a)
```

程序运行结果如下。

```
p=
 -0.5000
 -0.2500
```

需注意的是,在求系统函数零极点时,系统函数可能有两种形式:一种是分子、分母多项式均按 z 的降幂次序排列;另一种是分子、分母多项式均按 z^{-1} 的升幂次序排列。这两种方式在构造多项式系数向量时稍有不同。

(1) $H(z)$ 按 z 的降幂次序排列:系数向量一定要由多项式最高次幂开始,一直到常数项,缺项要用 0 补齐。例如

$$H(z) = \frac{z^3 + 2z}{z^4 + 3z^3 + 2z^2 + 2z + 1}$$

其分子、分母多项式系数向量分别为 $A=[1\ 0\ 2\ 0]$,$B=[1\ 3\ 2\ 2\ 1]$。

(2) $H(z)$ 按 z^{-1} 的升幂次序排列:分子和分母多项式系数向量的维数一定要相同,不足的要用 0 补齐,否则 $z=0$ 的零点或极点就可能被漏掉。例如

$$H(z) = \frac{1 + 2z^{-1}}{1 + \frac{1}{2}z^{-1} + \frac{1}{4}z^{-2}}$$

其分子、分母多项式系数向量分别为 $A=[1\ 2\ 0]$,$B=[1\ 1/2\ 1/4]$。

用 roots() 函数求得 $H(z)$ 的零极点后,就可以用 plot() 函数绘制系统的零极点图。下面是用于求系统零极点,并绘制其零极点图的 MATLAB 实用函数 ljdt(),同时还绘制了单位圆。

```
function ljdt(A,B)
%  The function to draw the pole-zero diagram for discrete system
p=roots(a);                    % 求系统极点
q=roots(b);                    % 求系统零点
p=p';                          % 将极点列向量转置为行向量
q=q';                          % 将零点列向量转置为行向量
x=max(abs([p q 1]));           % 确定纵坐标范围
x=x+0.1;
y=x;                           % 确定横坐标范围
clf                            % 用来清除图形的命令
hold on
axis([-x x -y y])              % 确定坐标轴显示范围
w=0:pi/300:2*pi;
t=exp(i*w);                    % 复数定义 exp(i*x)=cos(x) + i*sin(x)
plot(t)                        % 画单位圆
axis('square')                 % 将当前坐标系图形设置为方形。横轴及纵轴比例是 1:1
plot([-x x],[0 0])             % 画横坐标轴
plot([0 0],[-y y])             % 画纵坐标轴
text(0.1,x,'jIm[z]')
text(y,1/10,'Re[z]')
plot(real(p),imag(p),'x')      % 画极点
plot(real(q),imag(q),'o')      % 画零点
```

```
title('pole-zero diagram for discrete system')   % 标注标题
hold off
```

例 6.20 利用函数 ljdt,绘制如下系统函数的零极点。

(1) $H(z) = \dfrac{3z^3 - 5z^2 + 10z}{z^3 - 3z^2 + 7z - 5}$

(2) $H(z) = \dfrac{1 - 0.5z^{-1}}{1 + \dfrac{3}{4}z^{-1} + \dfrac{1}{8}z^{-2}}$

解 具体 MATLAB 程序如下。

(1)

```
A=[1 -3 7 -5];
B=[3 -5 10 0];
ljdt(A,B)
```

绘制的零极点图如图 6-11(a)所示。

(2)

```
A=[1 3/4 1/8];
B=[1 -0.5 0];
ljdt(A,B)
```

绘制的零极点图如图 6-11(b)所示。

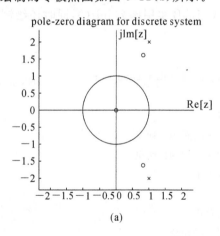
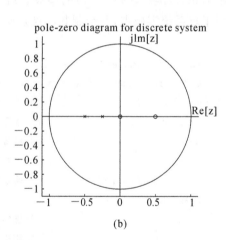

图 6-11 例 6.20 零极点图

2. 离散系统零极点分析

1) 离散系统零极点分布与系统稳定性

6.6.2 节中介绍了离散系统稳定的条件如下。

(1) 时域条件:离散系统稳定的充要条件为 $\displaystyle\sum_{n=-\infty}^{\infty} |h(n)| < \infty$,即系统的单位样值响应绝对可和。

(2) z 域条件:离散系统稳定的充要条件为系统函数 $H(z)$ 的所有极点均位于 Z 平面的单位圆内。

对于三阶以下的低阶系统,可以利用求根公式求出系统函数的极点,从而判断系统的稳定性,但对于高阶系统,手工求解则显得十分困难,这时可以利用 MATLAB 来实现。其实现方法是调用前述的函数 ljdt() 绘制系统的零极点图,然后根据极点的位置判断系统的稳定性。

例 6.21 系统函数如例 6.20 所示,判断两个系统的稳定性。

解 由例 6.20 绘制的零极点图 6-12 可以看出两个系统的稳定性分别为:

第(1)个系统不稳定;

第(2)个系统稳定。

2)零极点分布与系统单位样值时域特性的关系

离散系统的系统函数 $H(z)$ 与单位样值响应 $h(n)$ 是一对 z 变换对。因而,$H(z)$ 必然包含了 $h(n)$ 的固有特性。

离散系统的系统函数可以写成

$$H(z) = C \frac{\prod_{j=1}^{M} (z - q_j)}{\prod_{i=1}^{N} (z - p_i)} \tag{6-44}$$

若系统的 N 个极点均为单极点,可将 $H(z)$ 进行部分分式展开为

$$H(z) = \sum_{i=1}^{N} \frac{k_i z}{z - p_i} \tag{6-45}$$

由逆 z 变换得

$$h(n) = \sum_{i=1}^{N} k_i (p_i)^n u(n) \tag{6-46}$$

由式(6-45)和式(6-46)可知离散系统单位样值响应 $h(n)$ 的时域特性完全由系统函数 $H(z)$ 的极点位置决定,并得到以下结论。

(1) $H(z)$ 位于 z 平面单位圆内的极点决定了 $h(n)$ 随时间衰减的信号分量。

(2) $H(z)$ 位于 z 平面单位圆上的一阶极点决定了 $h(n)$ 的稳定信号分量。

(3) $H(z)$ 位于 z 平面单位圆外的极点或单位圆上高于一阶的极点决定了 $h(n)$ 的随时间增长的信号分量。

下面用例子证明上述规律的正确性。

例 6.22 已知如下系统的系统函数 $H(z)$,试用 MATLAB 分析系统单位样值响应 $h(n)$ 的时域特性。

(1) $H(z) = \dfrac{1}{z-1}$,单位圆上的一阶实极点。

(2) $H(z) = \dfrac{1}{z^2 - 2z\cos(\frac{\pi}{8}) + 1}$,单位圆上的一阶共轭极点。

(3) $H(z) = \dfrac{z}{(z-1)^2}$,单位圆上的二阶实极点。

(4) $H(z) = \dfrac{1}{z-0.8}$,单位圆内的一阶实极点。

(5) $H(z) = \dfrac{1}{(z-0.5)^2}$,单位圆内的二阶实极点。

(6) $H(z) = \dfrac{1}{z-1.2}$,单位圆外的一阶实极点。

解 利用 MATLAB 提供的函数 impz()绘制离散系统单位样值响应波形，impz()基本调用格式如下。

```
impz(b,a,N)
```

式中：b 为系统函数分子多项式的系数向量；a 为系统函数分母多项式的系数向量；N 为产生序列的长度。需要注意的是：b 和 a 的维数应相同，不足用 0 补齐。

下面是求解个系统单位样值响应的 MATLAB 程序。

（1）

```
a=[1 −1];
b=[0 1];
impz(b,a,10)
```

程序运行结果如图 6-12(a)所示。

（2）

```
a=[1 −2 * cos(pi/8) 1];
b=[0 0 1];
impz(b,a,50)
```

程序运行结果如图 6-12(b)所示。

（3）

```
a=[1 −2 1];
b=[0 1 0];
impz(b,a,10)
```

程序运行结果如图 6-12(c)所示。

（4）

```
a=[1 −0.8];
b=[0 1];
impz(b,a,10)
```

程序运行结果如图 6-12(d)所示。

（5）

```
a=[1 −1 0.25];
b=[0 0 1];
impz(b,a,10)
```

程序运行结果如图 6-12(e)所示。

（6）

```
a=[1 −1.2];
b=[0 1];
impz(b,a,10)
```

程序运行结果如图 6-12(f)所示。

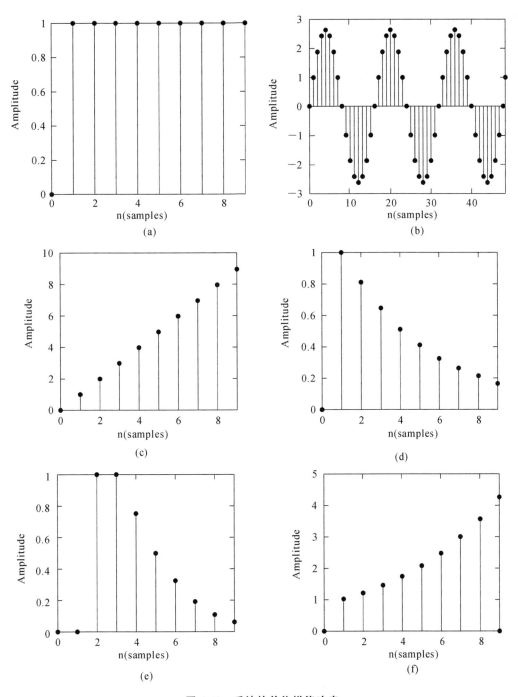

图 6-12　系统的单位样值响应

6.7.3　离散序列卷积和的 MATLAB 实现

在离散信号与系统的分析过程中,我们有两个与卷积和相关的重要结论,具体如下。

（1） $f(k) = \sum\limits_{i=-\infty}^{\infty} f(i) \cdot \delta(k-i) = f(k) * \delta(k)$,即离散序列可分解为一系列幅度由 $f(k)$ 决定的单位序列 $\delta(k)$ 及其移位序列之和。

（2）对于线性时不变系统,设其输入序列为 $f(k)$,单位样值响应为 $h(k)$,其零状态响应

为 $y(k)$，则有

$$y(k) = \sum_{i=-\infty}^{\infty} f(i) \cdot h(k-i) = f(k) * h(k)$$

可见，离散序列卷积和的计算对进行离散信号与系统的分析具有非常重要的意义。

设序列 $f_1(k)$ 在区间 $n_1 \sim n_2$ 非零，$f_2(k)$ 在区间 $m_1 \sim m_2$ 非零，则 $f_1(k)$ 的时域宽度为 $L_1 = n_2 - n_1 + 1$，$f_2(k)$ 的时域宽度为 $L_2 = m_2 - m_1 + 1$。由卷积和的定义可得，序列 $f(k) = f_1(k) * f_2(k)$ 的时域宽度为 $L = L_1 + L_2 - 1$，且只在区间 $(n_1 + m_1) \sim n_1 + m_1 + (L_1 + L_2) - 2$ 非零。因此，对于 $f_1(k)$ 和均为有限期间非零的情况，我们只需要计算序列 $f(k)$ 在区间 $(n_1 + m_1) \sim n_1 + m_1 + (L_1 + L_2) - 2$ 的序列值，便可以表征整个序列 $f(k)$。

MATLAB 的 conv( ) 函数可以帮助我们快速求出两个离散序列的卷积和。conv( ) 函数的调用格式如下。

```
f＝conv(f1,f2)
```

其中，f1 为包含序列 $f_1(k)$ 的非零样值点的行向量，f2 为包含序列 $f_2(k)$ 的非零样值点的行向量，向量 f 则返回序列 $f(k) = f_1(k) * f_2(k)$ 的所有非零样值点的行向量。

例 6.23 已知序列 $f_1(k)$ 和 $f_2(k)$ 如下所示。

$$f_1(k) = \begin{cases} 1, 0 \leq k \leq 2 \\ 0, 其他 \end{cases} ; \quad f_2(k) = \begin{cases} 1, k=1 \\ 2, k=2 \\ 3, k=3 \\ 0, 其他 \end{cases}$$

求 $f(k) = f_1(k) * f_2(k)$。

解 调用 conv( ) 函数求上述两个序列的卷积和的 MATLAB 程序为

```
f1＝ones(1,3);
f2＝0:3;
f＝conv(f1,f2)
```

运行结果如下。

```
f=
    0   1   3   6   5   3
```

由例 6.23 可以看出，函数 conv() 不需要给定序列 $f_1(k)$ 和 $f_2(k)$ 非零样值点的时间序号，也不返回序列 $f(k) = f_1(k) * f_2(k)$ 的非零样值点的时间序号。因此，要正确的标识出函数 conv() 的计算结果向量 f，我们还必须构造序列 $f_1(k)$、$f_2(k)$ 及 $f(k)$ 的对应时间序号向量。对于上例，设序列 $f_1(k)$、$f_2(k)$ 及 $f(k)$ 的对应序号向量分别为 k1,k2 和 k，则应有

```
k1=[0,1,2];
k2=[0,1,2,3];
k=[0,1,2,3,4,5];
```

如前所述，$f(k)$ 的序号向量 k 由序列 $f_1(k)$ 和 $f_2(k)$ 非零样值点的起始序号及它们的时域宽度决定。故上例最终的卷积和结果应为

$$f(k) = \begin{cases} 0, k=0 \\ 1, k=1 \\ 3, k=2 \\ 6, k=3 \\ 5, k=4 \\ 3, k=5 \\ 0, 其他 \end{cases}$$

下面是利用 MATLAB 计算两离散序列卷积和 $f(k) = f_1(k) * f_2(k)$ 的实用函数 dconv()程序,该程序在计算出卷积和 $f(k)$ 的同时,还绘制了序列 $f_1(k)$、$f_2(k)$ 及 $f(k)$ 的时域波形图,并返回 $f(k)$ 的非零样值点的对应向量。

```
function [f,k]=dconv(f1,f2,k1,k2)
% The function of computef= f1 * f2
% f 卷积和序列 f(k)对应的非零样值向量
% k 序列 f(k)的对应序号向量
% f1 序列 f1(k)非零样值向量
% f2 序列 f2(k)非零样值向量
% k1 序列 f1(k)的对应序号向量
% k2 序列 f2(k)的对应序号向量
f= conv(f1,f2)                   % 计算序列 f1 与 f2 的卷积和 f
k0= k1(1) +k2(1) ;               % 计算序列 f 非零样值的起点位置
k3= length(f1)+length(f2)-2;     % 计算卷积和 f 非零样值的宽度
k= k0:k0+k3;                     % 确定卷积和 f 非零样值的序号向量
subplot(2,2,1);
stem(k1,f1)                      % 在子图 1 绘序列 f1(k)的波形
title('f1(k)')
xlabel('k')
ylabel('f1(k)')
subplot(2,2,2);
stem(k2,f2)                      % 在子图 2 绘序列 f2(k)的波形
title('f1(k)')
xlabel('k')
ylabel('f2(k)')
subplot(2,2,3);
stem(k,f);                       % 在子图 3 绘序列 f(k)的波形
title('f1(k)与 f2(k)的卷积和 f(k)')
xlabel('k')
ylabel('f(k)')
h= get(gca,'position');
h(3)=2.5*h(3) ;
set(gca,'position',h)            % 将第三个子图的横坐标范围扩为原来的 2.5 倍
```

▌**例 6.24** 试用 MATLAB 计算如下所示序列的卷积和 $f(k)$,并绘制它们的时域波形。

$$f_1(k) = \{1\ \underset{\uparrow}{2}\ 1\ 0\}, f_2(k) = \{1\ 1\ \underset{\uparrow}{1}\ 1\ 1\ 0\}$$

▌**解** 该问题可用上述介绍的 dconv( )函数来解决,实现这一过程的程序如下。

```
f1=[1 2 1];
k1=[-1 0 1];
f2=ones(1,5);
k2= -2:2;
[f,k]=dconv(f1,f2,k1,k2)
```

程序运行结果如下。

```
f=
   1  3  4  4  4  3  1
k=
  -3  -2  -1  0  1  2  3
```

其时域波形如图 6-13 所示。

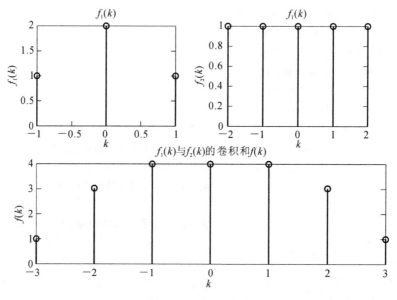

图 6-13 例 6.24 图

习 题 6

6.1 求下列序列的 z 变换 $X(z)$，并标明收敛域，绘制 $X(z)$ 的零极点分布图。

(1) $(\frac{1}{2})^n u(n)$

(2) $(-\frac{1}{4})^n u(n)$

(3) $(\frac{1}{3})^n u(-n)$

(4) $(\frac{1}{3})^{-n} u(n)$

(5) $\delta(n+1)$

(6) $(\frac{1}{2})^n [u(n)-u(n-10)]$

6.2 求双边序列 $x(n)=(\frac{1}{2})^{|n|}$ 的 z 变换，并标明收敛域及绘制零极点分布图。

6.3 直接从下列 z 变换写出它们所对应的序列。

(1) $X(z)=1 \quad (|z| \leqslant \infty)$

(2) $X(z)=z^3 \quad (|z| < \infty)$

(3) $X(z)=z^{-1} \quad (0 < |z| \leqslant \infty)$

(4) $X(z)=\dfrac{1}{1-az^{-1}} \quad (|z| > a)$

6.4 求下列 $X(z)$ 的逆变换 $x(n)$。

(1) $X(z)=\dfrac{1}{1+0.5z^{-1}}, |z| > 0.5$

(2) $X(z)=\dfrac{1-0.5z^{-1}}{1+0.75z^{-1}+0.125z^{-2}}, |z| > 0.5$

(3) $X(z)=\dfrac{1-\dfrac{1}{2}z^{-1}}{1-\dfrac{1}{4}z^{-2}}, |z| > \dfrac{1}{2}$

6.5 利用三种 z 反变换方法求下列 $X(z)$ 的逆变换 $x(n)$。

$$X(z) = \frac{10z}{(z-1)(z-2)}, |z| > 2$$

6.6 利用幂级数展开法求 $X(z) = \mathrm{e}^z(|z| < \infty)$ 所对应的序列 $x(n)$。

6.7 求下列 $X(z)$ 的逆变换 $x(n)$。

(1) $X(z) = \dfrac{10}{(1-0.5z^{-1})(1-0.25z^{-1})}, |z| > 0.5$

(2) $X(z) = \dfrac{10z^2}{(z-1)(z+1)}, |z| > 1$

(3) $X(z) = \dfrac{1+z^{-1}}{1-2z^{-1}\cos\omega+z^{-2}}, |z| > 1$

6.8 求下列 $X(z)$ 的逆变换 $x(n)$。

(1) $X(z) = \dfrac{z^{-1}}{(1-6z^{-1})^2}, |z| > 6$

(2) $X(z) = \dfrac{z^{-2}}{1+z^{-2}}, |z| > 1$

6.9 画出 $X(z) = \dfrac{-3z^{-1}}{2-5z^{-1}+2z^{-2}}$ 的零极点分布图，在下列三种收敛域下，哪种情况对应左边序列、右边序列、双边序列？并求各对应序列。

(1) $|z| > 2$ (2) $|z| < 0.5$ (3) $0.5 < |z| < 2$

6.10 已知因果序列的 z 变换 $X(z)$，求序列的初值 $x(0)$ 与终值 $x(\infty)$。

(1) $X(z) = \dfrac{1+z^{-1}+z^{-2}}{(1-z^{-1})(1-2z^{-1})}$

(2) $X(z) = \dfrac{1}{(1-0.5z^{-1})(1+0.5z^{-1})}$

(3) $X(z) = \dfrac{z^{-1}}{1-1.5z^{-1}+0.5z^{-2}}$

6.11 离散时间系统的差分方程为

$$y(n+2) - 0.7y(n+1) + 0.1y(n) = 7x(n+2) - 2x(n+1)$$

若激励为 $x(n) = u(n)$，求系统函数 $H(z)$ 和零状态响应。

6.12 用 z 变换计算 $y(n)$。

(1) $y(n) = 2^n u(n) * 2^n u(n)$

(2) $y(n) = 2^n u(n) * 3^n u(n)$

(3) $y(n) = [\underset{\underset{n=0}{\uparrow}}{-1}, 2, 0, 3] * [\underset{\underset{n=0}{\uparrow}}{2}, 0, 3]$

6.13 用 z 变换法解下列差分方程。

(1) $y(n) - 0.9y(n-1) = 0.05u(n), y(n) = 0, n \leq -1$

(2) $y(n) - 0.9y(n-1) = 0.05u(n), y(-1) = 1, y(n) = 0, n < -1$

(3) $y(n) + 3y(n-1) + 2y(n-2) = u(n), y(-1) = 0, y(-2) = \dfrac{1}{2}, y(n) = 0, n \leq -3$

(4) $y(n) - 0.8y(n-1) + 0.15y(n-2) = \delta(n), y(-1) = 0.2, y(-2) = 0.5, y(n) = 0, n \leq -3$

6.14 设线性时不变系统的系统函数 $H(z)$ 为

$$H(z) = \frac{1-a^{-1}z^{-1}}{1-az^{-1}}, a \text{ 为实数}$$

试求参数 a 如何取值时,才能使系统因果稳定?并画出其零极点分布图及收敛域。

6.15 设离散时间系统的差分方程为
$$y(n) = y(n-1) + y(n-2) + x(n-1)$$
(1) 求系统的系统函数 $H(z)$,并画出零极点分布图。
(2) 限定系统是因果的,写出 $H(z)$ 的收敛域,并求出其单位响应 $h(n)$。
(3) 限定系统是稳定的,写出 $H(z)$ 的收敛域,并求出其单位响应 $h(n)$。

6.16 一个数字滤波器的输入为 $f(n) = [\underset{n=0}{1}, 0.5]$,响应为 $y(n) = \delta(n+1) - 2\delta(n) - \delta(n-1)$,试求:(1) 滤波器的系统函数 $H(z)$;(2) 此滤波器是稳定的吗?是因果的吗?

6.17 检验下列各系统的因果性与稳定性。

(1) $X(z) = \dfrac{z}{z-0.5}, |z| > 0.5$

(2) $X(z) = \dfrac{z}{z-2}, |z| < 2$

(3) $X(z) = \dfrac{z}{z-3}, |z| > 3$

(4) $X(z) = \dfrac{z}{(z-0.5)(z-2)}, 0.5 < |z| < 2$

6.18 已知二阶因果离散系统的差分方程为
$$y(n) - 0.25y(n-2) = x(n) + 2x(n-1)$$
(1) 求系统的单位样值响应 $h(n)$;
(2) 求系统的阶跃响应 $g(n)$;
(3) 画出系统的零极点分布图。

6.19 已知一阶因果离散系统的差分方程为
$$y(n) + 3y(n-1) = x(n)$$
试求:(1) 系统的单位样值响应 $h(n)$;(2) 若 $x(n) = (n+n^2)u(n)$,求零状态响应 $y_{zs}(n)$。

第7章 状态变量分析

前面各章所研究的系统分析方法,不论是连续时间系统还是离散时间系统,又或是系统的时域分析或频域分析,都着眼于系统的输入与输出关系,而不考虑系统内部的特性,该方法通称为输入输出法。输入输出法在工程设计与分析中有着非常重要的应用,且对于简单的单输入单输出系统,使用起来很方便,但对于多输入多输出系统,尤其是对于现代工程中遇到的越来越多的非线性系统或时变系统的研究,若采用输入输出描述法则几乎不可能。随着系统理论和计算机技术的迅速发展,自20世纪60年代开始,作为现代控制理论基础的状态变量分析法得到广泛应用。相比输入输出法,此方法主要具有如下优点。

(1)可以获知系统(内部和外部)更多的信息,在认识和设计系统时,所考虑的问题能更加全面。

(2)不论系统的复杂程度如何,其数学模型都是一阶微分方程或一阶差分方程,更适用于计算机进行数值计算。

(3)不仅适用于单输入输出、线性时不变系统,也适用于多输入输出、非线性与时变系统。

本章将介绍状态变量分析法的基本理论与方法。

7.1 系统状态与状态变量

在分析和设计系统时,通常需要了解清楚系统内部或外部某些参量随时间变化的情况。系统状态与状态变量正是用于描述系统内部的变化情况。

下面通过一个简单实例介绍状态变量的概念。如图7-1所示为一个串联谐振电路,如果只考虑其激励 $e(t)$ 与电容两端电压 $u_C(t)$ 之间的关系,则系统可以用如下微分方程描述。

$$\frac{\mathrm{d}^2}{\mathrm{d}t^2}u_C(t) + \frac{R}{L}\frac{\mathrm{d}}{\mathrm{d}t}u_C(t) + \frac{1}{LC}u_C(t) = \frac{1}{LC}e(t) \tag{7-1}$$

对于激励信号 $e(t)$ 所引起的不同响应 $r(t)$,如电容电压 $u_C(t)$ 或电感电流 $i_L(t)$,如果采用输入输出法系统模型来研究,则如图7-2所示。

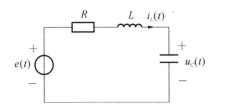

图 7-1 RLC 串联谐振电路

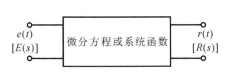

图 7-2 输入输出法方框图

同样对于图7-1所示的电路,如果不仅希望了解电容上的电压 $u_C(t)$,而且希望同时知道在 $e(t)$ 的作用下,电感中电流 $i_L(t)$ 的变化情况,需列写下列方程

$$Ri_L(t) + L\frac{\mathrm{d}}{\mathrm{d}t}i_L(t) + u_C(t) = e(t) \tag{7-2}$$

及

$$u_C(t) = \frac{1}{C}\int i_L(t)\mathrm{d}t$$

或

$$\frac{\mathrm{d}}{\mathrm{d}t}u_C(t) = \frac{1}{C}i_L(t) \tag{7-3}$$

以上两式可以写成

$$\begin{cases}\dfrac{\mathrm{d}}{\mathrm{d}t}i_L(t) = -\dfrac{R}{L}i_L(t) - \dfrac{1}{L}u_C(t) + \dfrac{1}{L}e(t) \\[2mm] \dfrac{\mathrm{d}}{\mathrm{d}t}u_C(t) = \dfrac{1}{C}i_L(t)\end{cases} \tag{7-4}$$

式(7-4)是以 $i_L(t)$ 和 $u_C(t)$ 作为变量的一阶微分方程组。由此对于图 7-1 所示的串联谐振电路只要知道 $i_L(t)$ 及 $u_C(t)$ 的初始情况及激励 $e(t)$ 情况,即可完全确定电路的全部行为。这样描述系统的方法称为系统的状态变量法,其中 $i_L(t)$ 和 $u_C(t)$ 即为串联谐振电路的状态变量。方程组(7-4)即为状态方程。

在状态变量法中,可将状态方程以矢量和矩阵形式表示,于是式(7-4)可改写为

$$\begin{bmatrix}\dfrac{\mathrm{d}}{\mathrm{d}t}i_L(t) \\[2mm] \dfrac{\mathrm{d}}{\mathrm{d}t}u_C(t)\end{bmatrix} = \begin{bmatrix}-\dfrac{R}{L} & -\dfrac{1}{L} \\[2mm] \dfrac{1}{C} & 0\end{bmatrix}\begin{bmatrix}i_L(t) \\[2mm] u_C(t)\end{bmatrix} + \begin{bmatrix}\dfrac{1}{L} \\[2mm] 0\end{bmatrix}[e(t)] \tag{7-5}$$

对于图 7-1 所示的电路,若指定电容电压为输出信号,用 $y(t)$ 表示,则输出方程的矩阵形式为

$$y(t) = \begin{bmatrix}0 & 1\end{bmatrix}\begin{bmatrix}i_L(t) \\ u_C(t)\end{bmatrix} \tag{7-6}$$

当系统的阶次较高,即状态变量数目较多或者系统具有多输入多输出信号时,描述系统的方程形式仍如式(7-5)和式(7-6)所示,只是矢量或矩阵的维数有所增加。系统状态变量分析法中的几个常用名词的定义如下。

(1)状态:一个动态系统的状态是指表示系统的一组最少物理量,通过这些物理量和输入就能完全确定系统的行为。

(2)状态变量:能够表示系统状态的那些变量称为状态变量。例如,图 7-1 中所示的 $i_L(t)$ 和 $u_C(t)$。但不是任何一个系统都能够选择到状态变量,比如纯电阻网络,由于不含储能元件,属于无记忆系统。状态变量法只适用于有记忆系统(含储能元件)。

(3)状态矢量:能完全描述一个系统行为的 k 个状态变量,可以看成矢量 $x(t)$ 的各个分量。例如,图 7-1 中所示的状态变量 $i_L(t)$ 和 $u_C(t)$ 可以看成二维矢量 $x(t) = \begin{bmatrix}x_1(t) \\ x_2(t)\end{bmatrix}$ 的两个分量 $x_1(t)$ 和 $x_2(t)$。$x(t)$ 即为状态矢量。

(4)状态空间:当使用状态矢量时,暗指存在一个基础矢量空间。其中,每两个矢量之和仍是这组矢量中的一个分量,称为具有可加性;同时,一个标量和一个矢量的乘积仍是这组矢量中的一个分量,称为具有标乘性。具有可加性和标乘性的任何一组 n 个分量的矢量称为矢量空间。

(5)状态方程:是指用于描述状态变量变化规律的一组一阶微分方程组。各方程的左边是状态变量的一阶导数,右边是状态变量和输入信号的某种组合,不含微分和积分运算。对于线性系统则是线性组合。

(6)输出方程:是指用于描述系统输出与状态变量之间的关系的方程组。各方程左边是输出变量,右边是包括系统参数、状态变量和激励的一般函数表达式,不含变量的微分和

积分运算。

对于离散时间系统,其状态变量和状态方程的描述类似,只是状态变量都是离散量,因而状态方程是一组一阶差分方程,而输出方程则是一组离散变量的线性代数方程。

7.2 状态方程和输出方程的一般形式

7.2.1 连续时间系统状态方程和输出方程的一般形式

1. 状态方程的一般形式

连续时间系统的状态方程为状态变量的一阶微分方程组。设 n 阶系统的状态变量为 $x_1(t)$、$x_2(t)$、$\cdots$、$x_n(t)$,m 个输入信号为 $e_1(t)$、$e_2(t)$、$\cdots$、$e_m(t)$,则状态方程的一般形式如下。

$$x'_1(t) = a_{11}x_1(t) + a_{12}x_2(t) + \cdots + a_{1n}x_n(t) + b_{11}e_1(t) + b_{12}e_2(t) + \cdots + b_{1m}e_m(t)$$
$$x'_2(t) = a_{21}x_1(t) + a_{22}x_2(t) + \cdots + a_{2n}x_n(t) + b_{21}e(t) + b_{22}e_2(t) + \cdots + b_{2m}e_m(t)$$
$$\vdots$$
$$x'_n(t) = a_{n1}x_1(t) + a_{n2}x_2(t) + \cdots + a_{nn}x_n(t) + b_{n1}e(t) + b_{n2}e_2(t) + \cdots + b_{nm}e_m(t) \quad (7\text{-}7)$$

式中各系数均由系统的元件参数确定。对于线性非时变系统,它们都是常数;对于线性时变系统,它们中有的可以是时间函数。将式(7-7)写成如下的矩阵形式。

$$\begin{bmatrix} x'_1(t) \\ x'_2(t) \\ \vdots \\ x'_n(t) \end{bmatrix} = \begin{bmatrix} a_{11} & a_{12} & \cdots & a_{1n} \\ a_{21} & a_{22} & \cdots & a_{2n} \\ \vdots & \vdots & \ddots & \vdots \\ a_{n1} & a_{n2} & \cdots & a_{nn} \end{bmatrix} \begin{bmatrix} x_1(t) \\ x_2(t) \\ \vdots \\ x_n(t) \end{bmatrix} + \begin{bmatrix} b_{11} & b_{12} & \cdots & b_{1m} \\ b_{21} & b_{22} & \cdots & b_{2m} \\ \vdots & \vdots & \ddots & \vdots \\ b_{n1} & b_{n2} & \cdots & b_{nm} \end{bmatrix} \begin{bmatrix} e_1(t) \\ e_2(t) \\ \vdots \\ e_m(t) \end{bmatrix} \quad (7\text{-}8)$$

定义状态矢量 $x(t)$ 及其导数 $x'(t)$ 分别为

$$x(t) = \begin{bmatrix} x_1(t) \\ x_2(t) \\ \vdots \\ x_n(t) \end{bmatrix}, x'(t) = \begin{bmatrix} x'_1(t) \\ x'_2(t) \\ \vdots \\ x'_n(t) \end{bmatrix} \quad (7\text{-}9)$$

定义输入矢量为

$$e(t) = \begin{bmatrix} e_1(t) \\ e_2(t) \\ \vdots \\ e_m(t) \end{bmatrix} \quad (7\text{-}10)$$

另外,把由系数 a_{ij} 组成的 n 行 n 列的矩阵记为 A,把由系数 b_{ij} 组成的 n 行 m 列的矩阵记为 B,则

$$A = \begin{bmatrix} a_{11} & a_{12} & \cdots & a_{1n} \\ a_{21} & a_{22} & \cdots & a_{2n} \\ \vdots & \vdots & \ddots & \vdots \\ a_{n1} & a_{n2} & \cdots & a_{nn} \end{bmatrix}, \quad B = \begin{bmatrix} b_{11} & b_{12} & \cdots & b_{1m} \\ b_{21} & b_{22} & \cdots & b_{2m} \\ \vdots & \vdots & \ddots & \vdots \\ b_{n1} & b_{n2} & \cdots & b_{nm} \end{bmatrix} \quad (7\text{-}11)$$

将式(7-9)、式(7-10)和式(7-11)代入式(7-8),可将状态方程简写为

$$x'(t) = Ax(t) + Be(t) \quad (7\text{-}12)$$

2. 输出方程的一般形式

如果系统有 q 个输出 $y_1(t)$,$y_2(t)$,$\cdots$,$y_q(t)$,则输出方程的矩阵形式为

$$\begin{bmatrix} y_1(t) \\ y_2(t) \\ \vdots \\ y_q(t) \end{bmatrix} = \begin{bmatrix} c_{11} & c_{12} & \cdots & c_{1n} \\ c_{21} & c_{22} & \cdots & c_{2n} \\ \vdots & \vdots & \ddots & \vdots \\ c_{q1} & c_{q2} & \cdots & c_{qn} \end{bmatrix} \begin{bmatrix} x_1(t) \\ x_2(t) \\ \vdots \\ x_n(t) \end{bmatrix} + \begin{bmatrix} d_{11} & d_{12} & \cdots & d_{1m} \\ d_{21} & d_{22} & \cdots & d_{2m} \\ \vdots & \vdots & \ddots & \vdots \\ d_{q1} & d_{q2} & \cdots & d_{qm} \end{bmatrix} \begin{bmatrix} e_1(t) \\ e_2(t) \\ \vdots \\ e_m(t) \end{bmatrix}$$

$$(7\text{-}13)$$

参照前面的内容,定义输出矢量为

$$y(t) = \begin{bmatrix} y_1(t) \\ y_2(t) \\ \vdots \\ y_q(t) \end{bmatrix} \tag{7-14}$$

并将由系数 c_{ij} 组成的 q 行 n 列矩阵记为 C,把由系数 d_{ij} 组成的 q 行 m 列矩阵记为 D,即

$$C = \begin{bmatrix} c_{11} & c_{12} & \cdots & c_{1n} \\ c_{21} & c_{22} & \cdots & c_{2n} \\ \vdots & \vdots & \ddots & \vdots \\ c_{q1} & c_{q2} & \cdots & c_{qn} \end{bmatrix}, \quad D = \begin{bmatrix} d_{11} & d_{12} & \cdots & d_{1m} \\ d_{21} & d_{22} & \cdots & d_{2m} \\ \vdots & \vdots & \ddots & \vdots \\ d_{q1} & d_{q2} & \cdots & d_{qm} \end{bmatrix} \tag{7-15}$$

于是,输出方程可简写为

$$y(t) = Cx(t) + De(t) \tag{7-16}$$

对于线性时不变系统,上面所有系数矩阵为常数矩阵。式(7-12)和式(7-16)分别是状态方程和输出方程的矩阵形式。

7.2.2　离散时间系统状态方程和输出方程的一般形式

离散时间系统是用差分方程描述的,选择适当的状态变量将差分方程转换为关于状态变量的一阶差分方程组,这个差分方程组就是该系统的状态方程。

设有 m 个输入,q 个输出的 n 阶离散时间系统,其状态方程的一般形式是

$$\begin{bmatrix} x_1(k+1) \\ x_2(k+1) \\ \vdots \\ x_n(k+1) \end{bmatrix} = \begin{bmatrix} a_{11} & a_{12} & \cdots & a_{1n} \\ a_{21} & a_{22} & \cdots & a_{2n} \\ \vdots & \vdots & \ddots & \vdots \\ a_{n1} & a_{n2} & \cdots & a_{nn} \end{bmatrix} \begin{bmatrix} x_1(k) \\ x_2(k) \\ \vdots \\ x_n(k) \end{bmatrix} + \begin{bmatrix} b_{11} & b_{12} & \cdots & b_{1m} \\ b_{21} & b_{22} & \cdots & b_{2m} \\ \vdots & \vdots & \ddots & \vdots \\ b_{n1} & b_{n2} & \cdots & b_{nm} \end{bmatrix} \begin{bmatrix} e_1(k) \\ e_2(k) \\ \vdots \\ e_m(k) \end{bmatrix}$$

$$(7\text{-}17)$$

其输出方程为

$$\begin{bmatrix} y_1(k) \\ y_2(k) \\ \vdots \\ y_q(k) \end{bmatrix} = \begin{bmatrix} c_{11} & c_{12} & \cdots & c_{1n} \\ c_{21} & c_{22} & \cdots & c_{2n} \\ \vdots & \vdots & \ddots & \vdots \\ c_{q1} & c_{q2} & \cdots & c_{qn} \end{bmatrix} \begin{bmatrix} x_1(k) \\ x_2(k) \\ \vdots \\ x_n(k) \end{bmatrix} + \begin{bmatrix} d_{11} & d_{12} & \cdots & d_{1m} \\ d_{21} & d_{22} & \cdots & d_{2m} \\ \vdots & \vdots & \ddots & \vdots \\ d_{q1} & d_{q2} & \cdots & d_{qm} \end{bmatrix} \begin{bmatrix} e_1(k) \\ e_2(k) \\ \vdots \\ e_m(k) \end{bmatrix} \tag{7-18}$$

以上二式可简记为

$$x(k+1) = Ax(k) + Be(k) \tag{7-19}$$

$$y(k) = Cx(k) + De(k) \tag{7-20}$$

式中

$$x(k) = \begin{bmatrix} x_1(k) \\ x_2(k) \\ \vdots \\ x_n(k) \end{bmatrix}, e(k) = \begin{bmatrix} e_1(k) \\ e_2(k) \\ \vdots \\ e_m(k) \end{bmatrix}, y(k) = \begin{bmatrix} y_1(k) \\ y_2(k) \\ \vdots \\ y_q(k) \end{bmatrix}$$

$x(k)$、$e(k)$和$y(k)$分别是状态矢量、输入矢量和输出矢量,其各分量都是离散时间序列。观察离散时间系统的状态方程可以看出:$(k+1)$时刻的状态变量是k时刻状态变量和输入信号的函数。在离散时间系统中,动态元件是延时器,因而常常取延时器的输出作为系统的状态变量。

 ## 7.3 信号流图与梅森公式

采用代数方法,如微分方程、差分方程或状态方程等来描述系统是基本而有效的方法。信号流图是用几何模型来描述线性方程组变量之间因果关系的一种表示方法。实际上是一种由点和标以方向的线构成的图形,可以从方框图演变而来,并采用梅森公式求出系统函数。

7.3.1 信号流图

1.流图中术语的定义

(1) 节点:表示系统中变量或信号的点。

(2) 转移函数:两个节点之间的增益。

(3) 支路:连接两个节点之间的定向线段。

(4) 输入结点(源点):只有输出支路的节点,对应输入信号。

(5) 输出结点(阱点):只有输入支路的节点,对应输出信号。

(6) 混合结点:既有输入支路又有输出支路的节点。

(7) 通路:沿支路的箭头方向通过各相连支路的途径(无相反方向支路)。

(8) 开通路:通路与任一节点相交不多于一次。

(9) 闭通路(环路):通路终点就是通路起点,并且与任何其他节点相交不多于一次。

(10) 环路增益:环路中各支路转移函数的乘积。

(11) 不接触环路:两环路之间没有任何公共结点。

(12) 前向通路:从源点到阱点方向的通路上,通过任何节点不多于一次的全部路径。

(13) 前向通路增益:前向通路中各支路转移函数的乘积。

2.流图的性质

(1) 支路表示一个信号与另一个信号的函数关系,信号只能沿支路上的箭头方向通过。

(2) 节点可以把所有输入支路的信号叠加,并把总和信号传送到所有输出支路。

(3) 混合节点可以通过添加一个单位传输支路而转变为输出节点。

(4) 对于给定系统,信号流图的形式不唯一。

3.流图的代数运算(化简)

(1) 乘法规则:同方向串联支路的总传输,等于各个支路传输之积,如图 7-3(a)所示。

(2) 加法规则:同方向并联支路的总传输,等于各个支路传输之和,如图 7-3(b)所示。

(3) 反馈连接:回环可以根据反馈连接的规则化为等效支路,如图 7-3(c)所示。

(4) 节点移动:混合节点可以通过移动支路的方法消去,如图 7-3(d)所示。

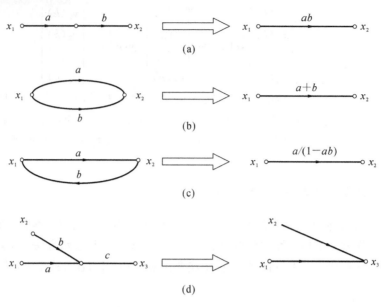

图 7-3　信号流图的化简规则

7.3.2　梅森公式

给定系统信号流图后,通常希望确定信号流图中输入变量与输出变量之间的关系,即两个节点之间的总增益。可以采用信号流图简化规则,通过逐渐简化而得到,但是通过简化求增益往往非常麻烦,而利用梅森公式可以对复杂的信号流图直接求出系统输入和输出之间的总增益,使用起来更为方便。

梅森公式可以表示为

$$H = \frac{1}{\Delta} \sum P_k \Delta_k$$

式中:H 为输入输出之间的增益;P_k 为第 k 条前向通路的增益;Δ 为信号流图的特征式,具体如下。

$$\Delta = 1 - \sum_j L_j + \sum_{m,n} L_m L_n - \sum_{p,q,r} L_p L_q L_r + \cdots$$

式中:$\sum_j L_j$ 为所有不同回路的增益之和;$\sum_{m,n} L_m L_n$ 为所有两两不接触回路的增益乘积之和;$\sum_{p,q,r} L_p L_q L_r$ 为所有三个都互不接触的增益乘积之和。

Δ_k 称为第 k 条前向通路特征式的余子式,是与第 k 条前向通路不接触的那部分信号流图的特征式 Δ。

例 7.1　利用梅森公式求图 7-4 所示系统的总增益。

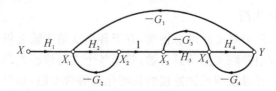

图 7-4　例 7.1 图

解 输入与输出之间只有 1 条前向通路,对应的 P_k 与 Δ_k 为

$$P_1 = H_1 H_2 H_3 H_4; \Delta_1 = 1$$

图中有 4 个单回环,其增益为:$L_1 = -H_2 G_2$, $L_2 = -H_3 G_3$, $L_3 = -H_4 G_4$, $L_4 = -H_2 H_3 H_4 G_1$;其中 L_1 与 L_2, L_1 与 L_3 是两两互不接触的环,其增益之积分别为 $L_1 L_2 = H_2 G_2 H_3 G_3$; $L_1 L_3 = H_2 G_2 H_4 G_4$,无三个互不接触的环。故系统函数为

$$H = \frac{H_1 H_2 H_3 H_4}{1 + (H_2 G_2 + H_3 G_3 + H_4 G_4 + H_2 H_3 H_4 G_1) + (H_2 G_2 H_3 G_3 + H_2 G_2 H_4 G_4)}$$

7.4 状态方程的建立

在用状态变量分析法来分析一个系统时,最关键的问题是如何建立状态方程,这包括状态变量数目的确定、状态变量的选取,以及如何根据系统的约束条件建立微分方程式等。

在描述一个系统时,本书采用了如下四种形式。

(1)原理图形式,最典型的是电路系统原理图。

(2)输入输出方程的形式,即用微分方程(或差分方程)来描述系统。

(3)框图形式,即用信号流图或系统框图来描述系统。

(4)系统函数(或系统增益)的形式。

下面分别从这四种形式的系统描述入手建立各自对应的状态方程。

7.4.1 从电路图建立状态方程

1. 状态变量的选取

为了建立系统的状态方程,首先要选定状态变量。这组状态变量应当是各自独立的变量,即状态变量之间不能够被线性表达。状态变量的个数等于系统的阶数。对于一个电路,通常选择独立的电感电流和独立的电容电压值作为状态变量。

2. 状态方程的建立

建立一个电路的状态方程,即要列写出包含各状态变量、状态变量的一阶导数、输入信号以及输出信号的一阶微分方程。这些方程中,有可能包含其他形式的变量,需要通过化简这些变量用状态变量来表示,甚至有些时候需要重新定义状态变量。最后经过整理,可得到标准形式的状态方程。

例 7.2 如图 7-5 所示为一个电路二阶系统,试写出它的状态方程。

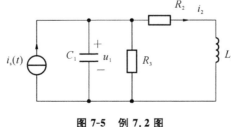

图 7-5 例 7.2 图

解 (1)选取状态变量。由于两个储能元件是相互独立的,所以选电容电压 $u_1(t)$ 和电感电流 $i_2(t)$ 作为状态变量。

(2)分别写出包含有 $u'_1(t)$ 和 $i'_2(t)$ 的 KVL 方程。

$$\begin{cases} C_1 u'_1(t) + i_2 + \dfrac{1}{R_3} u_1(t) = i_s(t) \\ R_2 i_2(t) + L_2 i'_2(t) = u_1(t) \end{cases} \tag{7-21}$$

（3）将上式整理，最后得所求状态方程为

$$\begin{cases} u'_1(t) = -\dfrac{1}{R_3 C_1} u_1(t) - \dfrac{1}{C_1} i_2(t) + \dfrac{1}{C_1} i_s(t) \\ i'_2(t) = \dfrac{1}{L_2} u_1(t) - \dfrac{R_2}{L_2} i_2(t) \end{cases} \tag{7-22}$$

或者记为矩阵形式

$$\begin{bmatrix} u'_1(t) \\ u'_2(t) \end{bmatrix} = \begin{bmatrix} -\dfrac{1}{R_3 C_1} & -\dfrac{1}{C_1} \\ \dfrac{1}{L_2} & -\dfrac{R_2}{L_2} \end{bmatrix} \begin{bmatrix} u_1(t) \\ i_2(t) \end{bmatrix} + \begin{bmatrix} \dfrac{1}{C_1} \\ 0 \end{bmatrix} i_s(t) \tag{7-23}$$

7.4.2 由系统的输入-输出方程建立状态方程

1. 单输入单输出系统

对于连续时间系统的情况，系统的输入输出方程是微分方程，微分方程的阶数代表了状态变量的个数。

例 7.3 系统的输入-输出方程为三阶微分方程 $y'''(t) + 5y''(t) + 7y'(t) + 3y(t) = f(t)$，试导出其状态方程和输出方程。

解 选取状态变量为

$$\begin{cases} x_1 = y \\ x_2 = y' = x'_1 \\ x_3 = y'' = x'_2 \end{cases} \tag{7-24}$$

即状态矢量为

$$x = \begin{bmatrix} x_1 & x_2 & x_3 \end{bmatrix}^T \tag{7-25}$$

将原方程改写为

$$y''(t) = -5y''(t) - 7y'(t) - 3y(t) + f(t) \tag{7-26}$$

将式（7-24）代入到式（7-26），得

$$\begin{cases} \dot{x}_1 = x_2 \\ \dot{x}_2 = x_3 \\ \dot{x}_3 = -3x_1 - 7x_2 - 5x_3 + f \end{cases}$$

写成状态方程和输出方程的标准形式为

$$\begin{bmatrix} \dot{x}_1 \\ \dot{x}_2 \\ \dot{x}_3 \end{bmatrix} = \begin{bmatrix} 0 & 1 & 0 \\ 0 & 0 & 1 \\ -3 & -7 & -5 \end{bmatrix} \begin{bmatrix} x_1 \\ x_2 \\ x_3 \end{bmatrix} + \begin{bmatrix} 0 \\ 0 \\ 1 \end{bmatrix} f \tag{7-27}$$

$$y = \begin{bmatrix} 1 & 0 & 0 \end{bmatrix} \begin{bmatrix} x_1 \\ x_2 \\ x_3 \end{bmatrix} + \begin{bmatrix} 0 \end{bmatrix} f \tag{7-28}$$

2. 多输入多输出系统

对于多输入多输出系统,常常采用微分方程组来描述,其状态方程的建立与单输入单输出系统的情况类似。下面举例进行说明。

例 7.4 二输入二输出系统由下面的微分方程组描述,将其转换为状态方程。

$$\begin{cases} \dot{y}_1 + \dot{y}_2 = f_1 \\ \ddot{y}_2 + \dot{y}_1 + \dot{y}_2 + y_1 = f_2 \end{cases}$$

解 在微分方程中,输出 y_1 只有一阶导数,输出 y_2 有两阶导数,因此状态变量应有三个。令

$$x_1 = y_1, \text{则} \ \dot{x}_1 = \dot{y}_1$$
$$x_2 = y_2, \text{则} \ \dot{x}_2 = \dot{y}_2$$
$$x_3 = \dot{y}_2, \text{则} \ \dot{x}_3 = \ddot{y}_2$$

代入微分方程组,得到下面的状态方程组。

$$\begin{bmatrix} \dot{x}_1 \\ \dot{x}_2 \\ \dot{x}_3 \end{bmatrix} = \begin{bmatrix} 0 & 0 & -1 \\ 0 & 0 & 1 \\ -1 & 0 & 0 \end{bmatrix} \begin{bmatrix} x_1 \\ x_2 \\ x_3 \end{bmatrix} + \begin{bmatrix} 1 & 0 \\ 0 & 0 \\ -1 & 1 \end{bmatrix} \begin{bmatrix} f_1 \\ f_2 \end{bmatrix}$$

其输出方程为

$$\begin{bmatrix} y_1 \\ y_2 \end{bmatrix} = \begin{bmatrix} 1 & 0 & 0 \\ 0 & 1 & 0 \end{bmatrix} \begin{bmatrix} x_1 \\ x_2 \\ x_3 \end{bmatrix}$$

7.4.3 从信号流图建立状态方程

信号流图是由基本运算单元,如加法器、相乘器和积分器(或延迟单元)通过一定的方式连接而成。在信号流图上选择积分器(或延迟单元)的输出作为状态变量,由流图的函数关系,很容易建立状态方程。如图 7-6 所示为一般形式的信号流图。为列写状态方程,取每一积分器的输出作为状态变量,如图中所标的 $\lambda_1(t), \lambda_2(t), \cdots, \lambda_k(t)$,即

$$\begin{cases} \dot{\lambda}_1 = \lambda_2 \\ \dot{\lambda}_2 = \lambda_3 \\ \quad \vdots \\ \dot{\lambda}_{k-1} = \lambda_k \\ \dot{\lambda}_k = -a_k \lambda_1 - a_{k-1} \lambda_2 - \cdots a_2 \lambda_{k-1} - a_1 \lambda_k + e(t) \end{cases} \tag{7-29}$$

$$\begin{aligned} r(t) &= b_k \lambda_1 + b_{k-1} \lambda_2 + \cdots + b_2 \lambda_{k-1} + b_1 \lambda_k + b_0[-a_k \lambda_1 - a_{k-1} \lambda_2 - \cdots - a_2 \lambda_{k-1} - a_1 \lambda_k + e(t)] \\ &= (b_k - a_k b_0) \lambda_1 + (b_{k-1} - a_{k-1} b_0) \lambda_2 + \cdots + (b_2 - a_2 b_0) \lambda_{k-1} + (b_1 - a_1 b_0) \lambda_k + b_0 e(t) \end{aligned} \tag{7-30}$$

写成矢量矩阵的形式,得到系统的状态方程和输出方程为

$$\begin{bmatrix} \dot{\lambda}_1 \\ \dot{\lambda}_2 \\ \vdots \\ \dot{\lambda}_{k-1} \\ \dot{\lambda}_k \end{bmatrix} = \begin{bmatrix} 0 & 1 & 0 & \cdots & 0 \\ 0 & 0 & 1 & \cdots & 0 \\ \vdots & \vdots & \vdots & \ddots & \vdots \\ 0 & 0 & 0 & \cdots & 1 \\ -a_k & -a_{k-1} & -a_{k-2} & \cdots & -a_1 \end{bmatrix} \begin{bmatrix} \lambda_1 \\ \lambda_2 \\ \vdots \\ \lambda_{k-1} \\ \lambda_k \end{bmatrix} + \begin{bmatrix} 0 \\ 0 \\ \vdots \\ 0 \\ 1 \end{bmatrix} e(t) \tag{7-31}$$

$$y = \begin{bmatrix} (b_k - a_k b_0) & (b_{k-1} - a_{k-1} b_0) & \cdots & (b_2 - a_2 b_0) & (b_1 - a_1 b_0) \end{bmatrix} \begin{bmatrix} \lambda_1 \\ \lambda_2 \\ \vdots \\ \lambda_{k-1} \\ \lambda_k \end{bmatrix} + b_0 e(t)$$

$$(7-32)$$

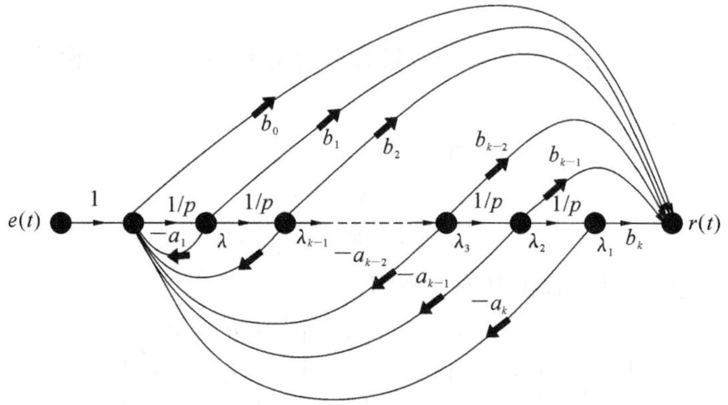

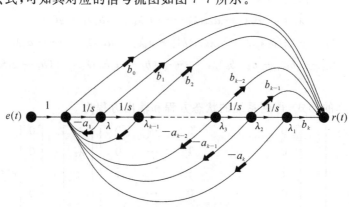

图 7-6　信号流图

如果将图 7-6 所示信号流图进行转置处理,可以得到不同的状态方程。同一系统流图的形式不同,状态变量的选择就可以不同,因而对于一个给定系统而言,状态变量的选择并非唯一的,其状态方程的形式也将随着状态变量的变化而发生相应的改变。

7.4.4　从系统函数建立状态方程

假定某一系统可用如下微分方程表示。

$$r^{(k)}(t) + a_1 r^{(k-1)}(t) + \cdots + a_{k-1} r'(t) + a_k r(t)$$
$$= b_0 e^{(k)}(t) + b_1 e^{(k-1)}(t) + \cdots + b_{k-1} e'(t) + b_k e(t) \tag{7-33}$$

其系统函数可以表示为

$$H(s) = \frac{b_0 s^k + b_1 s^{k-1} + \cdots + b_{k-1} s + b_k}{s^k + a_1 s^{k-1} + \cdots + a_{k-1} s + a_k} = \frac{b_0 + \dfrac{b_1}{s} + \cdots + \dfrac{b_{k-1}}{s^{k-1}} + \dfrac{b_k}{s^k}}{1 + \dfrac{a_1}{s} + \cdots + \dfrac{a_{k-1}}{s^{k-1}} + \dfrac{a_k}{s^k}} \tag{7-34}$$

对比梅森公式,可知其对应的信号流图如图 7-7 所示。

图 7-7　信号流图

对比图 7-6 和图 7-7,几乎相同,故可以通过 7.4.3 节所描述方法完成后续状态方程和输出方程的建立过程。

更多时候,对于特定的系统函数,可以对其分母分解因式,得到并联或串联形式的流图结构,这样又可构成不同形式的状态方程,下面通过例 7.5 来介绍这种方法。

例 7.5 已知三阶系统微分方程为
$$y'''(t) + 8y''(t) + 19y'(t) + 12y(t) = 4f'(t) + 10f(t)$$
求出其系统函数,并得到相应的状态方程和输出方程。

解 (1) 级联形式。

其系统函数为

$$H(s) = \frac{4s + 10}{s^3 + 8s^2 + 19s + 12} = \frac{\dfrac{4}{s^2} + \dfrac{10}{s^3}}{1 + \dfrac{8}{s} + \dfrac{19}{s^2} + \dfrac{12}{s^3}}$$

对比梅森公式,可得其信号流图如图 7-8 所示。

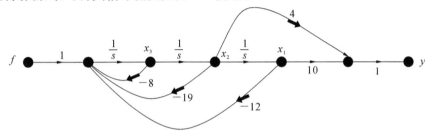

图 7-8 级联形式信号流图

同样选择积分器的输出作为状态变量,得到其输出方程和状态方程为

$$\begin{cases} \dot{x}_1 = x_2 \\ \dot{x}_2 = x_3 \\ \dot{x}_3 = -12x_1 - 19x_2 - 8x_3 + f \\ y = 10x_1 + 4x_2 \end{cases}$$

$$\Rightarrow \begin{bmatrix} \dot{x}_1 \\ \dot{x}_2 \\ \dot{x}_3 \end{bmatrix} = \begin{bmatrix} 0 & 1 & 0 \\ 0 & 0 & 1 \\ -12 & -19 & -8 \end{bmatrix} \begin{bmatrix} x_1 \\ x_2 \\ x_3 \end{bmatrix} + \begin{bmatrix} 0 \\ 0 \\ 1 \end{bmatrix} f$$

$$\Rightarrow y = \begin{bmatrix} 10 & 4 & 0 \end{bmatrix} \begin{bmatrix} x_1 \\ x_2 \\ x_3 \end{bmatrix} + 0 \cdot f$$

(2) 并联形式。

通过对系统函数的分母进行因式分解,化简为基本分式和的形式,则其信号流图相应变化为三个子系统并联结构。

$$H(s) = \frac{4s + 10}{s^3 + 8s^2 + 19s + 12} = \frac{1}{s+1} + \frac{1}{s+3} - \frac{2}{s+4}$$

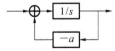

图 7-9 并联形式信号流图

由 $\dfrac{1}{s+a} = \dfrac{\dfrac{1}{s}}{1 + \dfrac{a}{s}}$,对比梅森公式可知其子系统的信号流图如图

7-9 所示。

将 3 个子系统的增益相加,则总系统的信号流图如图 7-10 所示。

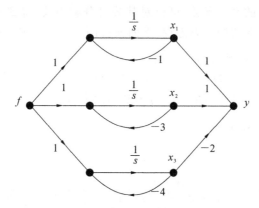

图 7-10　总系统的信号流图

选择每条支路的积分器输出作为状态变量,得到其输出方程和状态方程为

$$\begin{bmatrix} \dot{x}_1 \\ \dot{x}_2 \\ \dot{x}_3 \end{bmatrix} = \begin{bmatrix} -1 & 0 & 0 \\ 0 & -3 & 0 \\ 0 & 0 & -4 \end{bmatrix} \begin{bmatrix} x_1 \\ x_2 \\ x_3 \end{bmatrix} + \begin{bmatrix} 1 \\ 1 \\ 1 \end{bmatrix} f, \quad y = \begin{bmatrix} 1 & 1 & -2 \end{bmatrix} \begin{bmatrix} x_1 \\ x_2 \\ x_3 \end{bmatrix} + 0 \cdot f$$

(3) 串联形式。

通过对系统函数的分母进行因式分解,化简为基本分式积的形式,则其信号流图相应变化为 3 个子系统串联结构,如图 7-11 所示。

$$H(s) = \frac{4}{s+1} \cdot \frac{1}{s+3} \cdot \frac{s+\frac{5}{2}}{s+4}$$

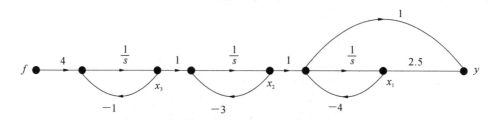

图 7-11　串联形式信号流图

同样选择每条支路的积分器输出作为状态变量,得到其输出方程和状态方程为

$$\begin{bmatrix} \dot{x}_1 \\ \dot{x}_2 \\ \dot{x}_3 \end{bmatrix} = \begin{bmatrix} -4 & 1 & 0 \\ 0 & -3 & 1 \\ 0 & 0 & -1 \end{bmatrix} \begin{bmatrix} x_1 \\ x_2 \\ x_3 \end{bmatrix} + \begin{bmatrix} 0 \\ 0 \\ 4 \end{bmatrix} f, \quad y = \begin{bmatrix} -1.5 & 1 & 0 \end{bmatrix} \begin{bmatrix} x_1 \\ x_2 \\ x_3 \end{bmatrix} + 0 \cdot f$$

7.5　状态方程与输出方程的解法

由前两节的讨论可知,线性时不变系统的状态方程是由若干个一阶常微分方程组成。因此在前面介绍的求解微分方程的方法在此均适用。这里还须说明,本章仅限于讨论因果系统及因果信号,所用的拉普拉斯变换都是单边变换,后面不再重复。

对于连续时间系统状态方程和输出方程的求解,通常采用下面两种方法:一种是基于拉普拉斯变换的复频域求解;另一种是采用时域法求解。下面分别进行介绍。

7.5.1 连续时间系统状态方程和输出方程的复频域解法

对于连续时间系统,其状态方程和输出方程的标准形式为

$$\begin{cases} x'(t) = Ax(t) + Be(t) \\ y(t) = Cx(t) + De(t) \end{cases} \tag{7-35}$$

对上式两边逐项取单边拉普拉斯变换得

$$\begin{cases} sX(s) - x(0) = AX(s) + BE(s) \\ Y(s) = CX(s) + DE(s) \end{cases} \tag{7-36}$$

式中,$x(0)$为初始条件的列矩阵

$$\boldsymbol{x}(0) = \begin{bmatrix} x_1(0) \\ x_2(0) \\ \vdots \\ x_n(0) \end{bmatrix} \tag{7-37}$$

整理得

$$\begin{cases} X(s) = (sI - A)^{-1}x(0) + (sI - A)^{-1}BE(s) \\ Y(s) = C(sI - A)^{-1}x(0) + [C(sI - A)^{-1}B + D]E(s) \\ \qquad = Y_{zi}(s) + Y_{zs}(s) \end{cases} \tag{7-38}$$

因而时域表示式为

$$\begin{cases} x(t) = L^{-1}[(sI - A)^{-1}x(0)] + L^{-1}[(sI - A)^{-1}BE(s)] \\ y(t) = \underbrace{CL^{-1}[(sI - A)^{-1}x(0)]}_{\text{零输入解}} + \underbrace{L^{-1}\{[C(sI - A)^{-1}B + D]E(s)\}}_{\text{零状态解}} \end{cases} \tag{7-39}$$

对比零状态响应 $Y_{zs}(s) = H(s)E(s)$ 的定义和式(7-39)可得

$$H(s) = C(sI - A)^{-1}B + D \tag{7-40}$$

其中,$(sI - A)^{-1} = \dfrac{\mathrm{adj}(sI - A)}{|sI - A|}$,而式(7-40)的分母 $|sI - A|$ 即为 $H(s)$ 分母的特征多项式,因此又称 $(sI - A)^{-1}$ 为系统的特征矩阵,通常用 $\boldsymbol{\Phi}(s)$ 表示。

■ **例 7.6** 已知状态方程和输出方程为

$$\begin{bmatrix} \dot{x}_1(t) \\ \dot{x}_2(t) \end{bmatrix} = \begin{bmatrix} 2 & 3 \\ 0 & -1 \end{bmatrix}\begin{bmatrix} x_1(t) \\ x_2(t) \end{bmatrix} + \begin{bmatrix} 0 & 1 \\ 1 & 0 \end{bmatrix}\begin{bmatrix} f_1(t) \\ f_2(t) \end{bmatrix}$$

$$\begin{bmatrix} y_1(t) \\ y_2(t) \end{bmatrix} = \begin{bmatrix} 1 & 1 \\ 0 & -1 \end{bmatrix}\begin{bmatrix} x_1(t) \\ x_2(t) \end{bmatrix} + \begin{bmatrix} 1 & 0 \\ 1 & 0 \end{bmatrix}\begin{bmatrix} f_1(t) \\ f_2(t) \end{bmatrix}$$

系统的初始状态和输入分别为

$$\begin{bmatrix} x_1(0_-) \\ x_2(0_-) \end{bmatrix} = \begin{bmatrix} 2 \\ -1 \end{bmatrix}, \begin{bmatrix} f_1(t) \\ f_2(t) \end{bmatrix} = \begin{bmatrix} u(t) \\ \delta(t) \end{bmatrix}$$

试求此系统的全响应。

■ **解** 由已知条件可知 $\boldsymbol{A}, \boldsymbol{B}, \boldsymbol{C}, \boldsymbol{D}$ 四个矩阵分别为

$$\boldsymbol{A} = \begin{bmatrix} 2 & 3 \\ 0 & -1 \end{bmatrix}, \boldsymbol{B} = \begin{bmatrix} 0 & 1 \\ 1 & 0 \end{bmatrix}, \boldsymbol{C} = \begin{bmatrix} 1 & 1 \\ 0 & -1 \end{bmatrix}, \boldsymbol{D} = \begin{bmatrix} 1 & 0 \\ 1 & 0 \end{bmatrix}$$

计算得到

$$(sI - \boldsymbol{A}) = s\begin{bmatrix} 1 & 0 \\ 0 & 1 \end{bmatrix} - \begin{bmatrix} 2 & 3 \\ 0 & -1 \end{bmatrix} = \begin{bmatrix} s-2 & -3 \\ 0 & s+1 \end{bmatrix}$$

$$则 (sI-A)^{-1} = \frac{\mathrm{adj}(sI-A)}{|sI-A|} = \frac{1}{(s-2)(s+1)}\begin{bmatrix} s+1 & 3 \\ 0 & s-2 \end{bmatrix} = \begin{bmatrix} \dfrac{1}{s-2} & \dfrac{3}{(s-2)(s+1)} \\ 0 & \dfrac{1}{s+1} \end{bmatrix}$$

而系统输入的拉普拉斯变换为 $\boldsymbol{F}(s) = \begin{bmatrix} \dfrac{1}{s} \\ 1 \end{bmatrix}$,则通过式(7-38)可求得

$$\begin{bmatrix} X_1(s) \\ X_2(s) \end{bmatrix} = \begin{bmatrix} \dfrac{1}{s-2} & \dfrac{3}{(s-2)(s+1)} \\ 0 & \dfrac{1}{s+1} \end{bmatrix}\begin{bmatrix} 2 \\ -1 \end{bmatrix} + \begin{bmatrix} \dfrac{1}{s-2} & \dfrac{3}{(s-2)(s+1)} \\ 0 & \dfrac{1}{s+1} \end{bmatrix}\begin{bmatrix} 0 & 1 \\ 1 & 0 \end{bmatrix}\begin{bmatrix} \dfrac{1}{s} \\ 1 \end{bmatrix}$$

$$= \begin{bmatrix} \dfrac{1}{s-2}+\dfrac{1}{s+1} \\ -\dfrac{1}{s+1} \end{bmatrix} + \begin{bmatrix} \dfrac{3}{2}\cdot\dfrac{1}{s-2}+\dfrac{1}{s+1}-\dfrac{3}{2}\cdot\dfrac{1}{s} \\ \dfrac{1}{s}-\dfrac{1}{s+1} \end{bmatrix}$$

$$\begin{bmatrix} Y_1(s) \\ Y_2(s) \end{bmatrix} = \begin{bmatrix} 1 & 1 \\ 0 & -1 \end{bmatrix}\left\{\begin{bmatrix} \dfrac{1}{s-2}+\dfrac{1}{s+1} \\ -\dfrac{1}{s+1} \end{bmatrix} + \begin{bmatrix} \dfrac{3}{2}\cdot\dfrac{1}{s-2}+\dfrac{1}{s+1}-\dfrac{3}{2}\cdot\dfrac{1}{s} \\ \dfrac{1}{s}-\dfrac{1}{s+1} \end{bmatrix}\right\} + \begin{bmatrix} 1 & 0 \\ 1 & 0 \end{bmatrix}\begin{bmatrix} \dfrac{1}{s} \\ 1 \end{bmatrix}$$

$$= \begin{bmatrix} \dfrac{1}{s-2} \\ \dfrac{1}{s+1} \end{bmatrix} + \begin{bmatrix} \dfrac{3}{2}\cdot\dfrac{1}{s-2}+\dfrac{1}{2}\cdot\dfrac{1}{s} \\ \dfrac{1}{s+1} \end{bmatrix}$$

分别对 $X(s)$ 和 $Y(s)$ 求反变换,则状态变量及输出响应的时域解为

$$\begin{bmatrix} x_1(t) \\ x_2(t) \end{bmatrix} = \begin{bmatrix} \mathrm{e}^{2t}+\mathrm{e}^{-t} \\ -\mathrm{e}^{-t} \end{bmatrix} + \begin{bmatrix} \dfrac{3}{2}\mathrm{e}^{2t}+\mathrm{e}^{-t}-\dfrac{3}{2} \\ 1-\mathrm{e}^{-t} \end{bmatrix} = \begin{bmatrix} \dfrac{5}{2}\mathrm{e}^{2t}+2\mathrm{e}^{-t}-\dfrac{3}{2} \\ 1-2\mathrm{e}^{-t} \end{bmatrix}(t>0)$$

$$\begin{bmatrix} y_1(t) \\ y_2(t) \end{bmatrix} = \begin{bmatrix} \mathrm{e}^{2t} \\ \mathrm{e}^{-t} \end{bmatrix} + \begin{bmatrix} \dfrac{3}{2}\mathrm{e}^{2t}+\dfrac{1}{2} \\ \mathrm{e}^{-t} \end{bmatrix} = \begin{bmatrix} \dfrac{5}{2}\mathrm{e}^{2t}+\dfrac{1}{2} \\ 2\mathrm{e}^{-t} \end{bmatrix}(t>0)$$

以上是对一个二输入二阶系统进行状态变量法求解的过程,可见其运算比较烦琐。但是,这是一套规范化了的求解过程,随着系统的阶数增高以及输入或输出数目的增加,都仅只是增加有关矩阵的阶数。所以将这套解算过程编程,较为复杂的系统也可方便地利用计算机求解。

7.5.2 连续时间系统状态方程和输出方程的时域解法

将式(7-12)表示的连续时间系统状态方程改写为

$$x'(t) - Ax(t) = Be(t) \tag{7-41}$$

它与一阶电路的微分方程 $y'(t)-ay(t)=be(t)$ 形式相似。将 a 换为 A,b 换为 B,则状态方程解可写为

$$x(t) = x(0)\mathrm{e}^{At} + \int_0^t \mathrm{e}^{A(t-\tau)}Be(\tau)\mathrm{d}\tau \tag{7-42}$$

或者表示为

$$x(t) = x(0)\mathrm{e}^{At} + \mathrm{e}^{At} * [Be(t)] \tag{7-43}$$

其中,$x(0)$ 为初始条件的列矩阵,式(7-42)即为方程(7-41)的一般解。将此结果代入输出方程有

$$y(t) = Cx(t) + De(t) = Ce^{At}x(0) + \int_{0^-}^{t} Ce^{A(t-\tau)} Be(\tau)\mathrm{d}\tau + De(t)$$

$$= \underbrace{Ce^{At}x(0)}_{\text{零输入解}} + \underbrace{[Ce^{At}B + D\delta(t)] \cdot e(t)}_{\text{零状态解}} \quad\quad (7\text{-}44)$$

将时域求解结果式(7-43)和式(7-44)与变换域求解结果式(7-39)相比较,不难发现$(sI-A)^{-1}$就是e^{At}的拉普拉斯变换,也即

$$e^{At} = \mathcal{L}^{-1}[(sI-A)^{-1}] \quad\quad (7\text{-}45)$$

无论是状态方程的解还是输出方程的解,都由两部分相加组成。一部分是由$x(0)$引起的零输入解,另一部分是由激励信号$e(t)$引起的零状态解;而两部分的变化规律都与矩阵e^{At}有关,因此可以说e^{At}反映了系统状态变化的本质。故称e^{At}为"状态过渡矩阵",常用符号$\Phi(t)$表示。即

$$\Phi(t) = e^{At} \quad\quad (7\text{-}46)$$

例 7.7 已知状态方程和输出方程为

$$\begin{cases} x'_1(t) = -2x_1(t) + x_2(t) + e(t) \\ x'_2(t) = -x_2(t) \end{cases}$$

$$y(t) = x_1(t)$$

系统的初始状态为$x_1(0)=1, x_2(0)=1$,激励$e(t)=\varepsilon(t)$。

(1) 求该系统的状态过渡矩阵。

(2) 求出其系统函数$H(s)$和单位冲激响应$h(t)$。

解 (1) 将系统的状态方程和输出方程都可写成如下的矩阵形式。

$$\begin{bmatrix} x'_1(t) \\ x'_2(t) \end{bmatrix} = \begin{bmatrix} -2 & 1 \\ 0 & -1 \end{bmatrix} \begin{bmatrix} x_1(t) \\ x_2(t) \end{bmatrix} + \begin{bmatrix} 1 \\ 0 \end{bmatrix} u(t)$$

$$y(t) = \begin{bmatrix} 1 & 0 \end{bmatrix} \begin{bmatrix} x_1(t) \\ x_2(t) \end{bmatrix}$$

可知 $\boldsymbol{A}, \boldsymbol{B}, \boldsymbol{C}, \boldsymbol{D}$ 四个矩阵分别为

$$\boldsymbol{A} = \begin{bmatrix} -2 & 1 \\ 0 & -1 \end{bmatrix}, \boldsymbol{B} = \begin{bmatrix} 1 \\ 0 \end{bmatrix}, \boldsymbol{C} = \begin{bmatrix} 1 & 0 \end{bmatrix}, \boldsymbol{D} = 0$$

计算得 $\quad s\boldsymbol{I} - \boldsymbol{A} = s\begin{bmatrix} 1 & 0 \\ 0 & 1 \end{bmatrix} - \begin{bmatrix} -2 & 1 \\ 0 & -1 \end{bmatrix} = \begin{bmatrix} s+2 & s-1 \\ 0 & s+1 \end{bmatrix}$

则 $\quad (s\boldsymbol{I} - \boldsymbol{A})^{-1} = \begin{bmatrix} \dfrac{1}{s+2} & \dfrac{1}{s+1} - \dfrac{1}{s+2} \\ 0 & \dfrac{1}{s+1} \end{bmatrix}$

由式(7-45)和式(7-46),该系统的状态过渡矩阵为

$$\Phi(t) = e^{At} = \mathcal{L}^{-1}[(s\boldsymbol{I} - \boldsymbol{A})^{-1}] = \mathcal{L}^{-1}\left\{ \begin{bmatrix} \dfrac{1}{s+2} & \dfrac{1}{s+1} - \dfrac{1}{s+2} \\ 0 & \dfrac{1}{s+1} \end{bmatrix} \right\} = \begin{bmatrix} e^{-2t} & e^{-t} - e^{-2t} \\ 0 & e^{-t} \end{bmatrix} u(t)$$

(2) 由式(7-40)可知,该系统的系统函数矩阵为

$$H(s) = C(s\boldsymbol{I} - \boldsymbol{A})^{-1}B + D = \begin{bmatrix} 1 & 0 \end{bmatrix} \begin{bmatrix} \dfrac{1}{s+2} & \dfrac{1}{s+1} - \dfrac{1}{s+2} \\ 0 & \dfrac{1}{s+1} \end{bmatrix} \begin{bmatrix} 1 \\ 0 \end{bmatrix} = \dfrac{1}{s+2}$$

则单位冲激响应为

$$h(t) = \mathcal{L}^{-1}\left[\frac{1}{s+2}\right] = \mathrm{e}^{-2t}u(t)$$

或者由式(7-44)可得 $h(t) = C\mathrm{e}^{At}B + D\delta(t)$，计算得出相同的结果。

7.5.3 离散时间系统状态方程和输出方程的解法

在离散时间系统中，状态方程和输出方程的一般形式为

$$x(k+1) = Ax(k) + Be(k) \tag{7-47}$$

$$y(k) = Cx(k) + De(k) \tag{7-48}$$

显然，如果解出了状态方程，得到矢量 $x(k)$，就很容易求得输出矢量 $y(k)$。离散时间系统状态方程的求解和连续时间系统状态方程的求解方法类似，包括时域和变换域两种方法，下面分别进行介绍。

1. 离散时间系统状态方程的时域解法

由差分方程表示的离散时间系统状态方程的时域解法，实际上是一种递推方法。当已知初始条件和输入激励信号时，通过反复代入式(7-47)，可依次递推求得 $x(k)$。即

$$x(1) = Ax(0) + Be(0) \tag{7-49}$$

$$x(2) = Ax(1) + Be(1) = A^2 x(0) + ABe(0) + Be(1)$$

$$x(3) = Ax(2) + Be(2) = A^3 x(0) + A^2 Be(0) + ABe(1) + Be(2)$$

$$\vdots$$

以此可推得

$$x(k) = Ax(k-1) + Be(k-1) = A^k x(0) + A^{k-1}Be(0) + A^{k-2}Be(1) + \cdots + Be(k-1)$$

$$= \underbrace{A^k x(0)}_{\text{零输入解}} + \underbrace{\left[\sum_{i=0}^{k-1} A^{k-1-i}Be(i)\right]}_{\text{零状态解}} \tag{7-50}$$

相应地，输出为

$$y(k) = Cx(k) + De(k) = \underbrace{CA^k x(0)}_{\text{零输入解}} + \underbrace{\left[\sum_{i=0}^{k-1} CA^{k-1-i}Be(i)\right] + De(k)}_{\text{零状态解}} \tag{7-51}$$

称 A^k 为离散时间系统的状态转移矩阵或状态过渡矩阵，它与连续时间系统中的 e^{At} 含义类似，用 $\Phi(k)$ 表示，即

$$\Phi(k) = A^k \tag{7-52}$$

2. 离散时间系统状态方程的 z 变换解法

对离散时间系统的状态方程式(7-47)和输出方程式(7-48)两边取 z 变换得

$$\begin{cases} zX(z) - zx(0^-) = AX(z) + BE(z) \\ Y(z) = CX(z) + DE(z) \end{cases} \tag{7-53}$$

整理得到

$$X(z) = (zI - A)^{-1}zx(0^-) + (zI - A)^{-1}BE(z) \tag{7-54}$$

$$Y(z) = C(zI - A)^{-1}zx(0^-) + [C(zI - A)^{-1}B + D]E(z) \tag{7-55}$$

取其逆变换即得时域表达式为

$$x(k) = \mathcal{Z}^{-1}[(zI - A)^{-1}z]x(0) + \mathcal{Z}^{-1}[(zI - A)^{-1}B] * \mathcal{Z}^{-1}[E(z)]$$

$$y(k) = \underbrace{\mathscr{Z}^{-1}[C(zI-A)^{-1}z]x(0)}_{\text{零输入解}} + \underbrace{\mathscr{Z}^{-1}[C(zI-A)^{-1}B+D] * \mathscr{Z}^{-1}[E(z)]}_{\text{零状态解}} \quad (7\text{-}56)$$

将式(7-54)与式(7-50)比较,可以得出状态转移矩阵为

$$A^k = \mathscr{Z}^{-1}[(zI-A)^{-1}z] = \mathscr{Z}^{-1}[(I-z^{-1}A)^{-1}] \quad (7\text{-}57)$$

而由式(7-56)中零状态响应分量可得出系统函数表示式为

$$H(z) = C(zI-A)^{-1}B+D \quad (7\text{-}58)$$

例 7.8 某离散时间系统的状态方程和输出方程分别为

$$\begin{bmatrix} x_1(k+1) \\ x_2(k+1) \end{bmatrix} = \begin{bmatrix} 0 & \dfrac{1}{2} \\ -\dfrac{1}{2} & 1 \end{bmatrix} \begin{bmatrix} x_1(k) \\ x_2(k) \end{bmatrix} + \begin{bmatrix} 0 \\ 1 \end{bmatrix} e(k)$$

$$y(k) = \begin{bmatrix} 1 & 1 \end{bmatrix} \begin{bmatrix} x_1(k) \\ x_2(k) \end{bmatrix}$$

求状态过渡矩阵 $\boldsymbol{\Phi}(k)$ 和描述系统的差分方程。

解 由给定的状态方程,可得

$$(zI-A) = \begin{bmatrix} z & -\dfrac{1}{2} \\ \dfrac{1}{2} & z-1 \end{bmatrix}$$

其逆矩阵为

$$(zI-A)^{-1} = \frac{\text{adj}(zI-A)}{|zI-A|} = \frac{1}{z^2-z+\dfrac{1}{4}} \begin{bmatrix} z-1 & \dfrac{1}{2} \\ -\dfrac{1}{2} & z \end{bmatrix} = \begin{bmatrix} \dfrac{z-1}{(z-\dfrac{1}{2})^2} & \dfrac{\dfrac{1}{2}}{(z-\dfrac{1}{2})^2} \\ \dfrac{-\dfrac{1}{2}}{(z-\dfrac{1}{2})^2} & \dfrac{z}{(z-\dfrac{1}{2})^2} \end{bmatrix}$$

(1) 求状态过渡矩阵 $\boldsymbol{\Phi}(k)$。

由式(7-52)有

$$\boldsymbol{\Phi}(k) = \mathscr{Z}^{-1}[(zI-A)^{-1}z] = \mathscr{Z}^{-1} \begin{bmatrix} \dfrac{z(z-1)}{(z-\dfrac{1}{2})^2} & \dfrac{\dfrac{1}{2}z}{(z-\dfrac{1}{2})^2} \\ \dfrac{-\dfrac{1}{2}z}{(z-\dfrac{1}{2})^2} & \dfrac{z^2}{(z-\dfrac{1}{2})^2} \end{bmatrix}$$

$$= \begin{bmatrix} (1-k)(\dfrac{1}{2})^k & k(\dfrac{1}{2})^k \\ -k(\dfrac{1}{2})^k & (1+k)(\dfrac{1}{2})^k \end{bmatrix} \varepsilon(k)$$

(2) 求差分方程。

由式(7-58)有

$$H(z) = C(zI-A)^{-1}B+D = \begin{bmatrix} 1 & 1 \end{bmatrix} \frac{1}{z^2-z+\frac{1}{4}} \begin{bmatrix} z-1 & \frac{1}{2} \\ -\frac{1}{2} & z \end{bmatrix} \begin{bmatrix} 0 \\ 1 \end{bmatrix} = \frac{z+\frac{1}{2}}{z^2-z+\frac{1}{4}}$$

由此可知描述系统的差分方程为

$$y(k) - y(k-1) + \frac{1}{4}y(k-2) = e(k) + \frac{1}{2}e(k-1)$$

7.6 根据状态方程判断系统稳定性

前面章节已经讨论过,系统的稳定性可以用系统函数的极点来判定。在用状态方程表示的多输入多输出系统中,同样可以用系统函数的极点来确定。

7.6.1 连续时间系统的稳定性

对于连续时间系统,其系统函数矩阵由式(7-40)得到

$$H(s) = C(sI-A)^{-1}B+D$$

式中:A,B,C,D 均为系数矩阵,对于时不变系统,它们与 s 无关。系统函数的极点仅由特征多项式 $(sI-A)^{-1}$ 决定。当 $|sI-A|=0$ 的根位于 s 平面的左半平面时,系统稳定,否则系统不稳定。

例 7.9 已知系统的状态方程为 $\begin{cases} \dot{x}_1(t) = x_2(t) \\ \dot{x}_2(t) = Kx_1(t) + x_2(t) + 2f(t) \end{cases}$,试确定当 K 为何值时,系统稳定。

解 由题意知 $A = \begin{bmatrix} 0 & 1 \\ K & 1 \end{bmatrix}$,则系统的特征行列式为

$$sI-A = s\begin{bmatrix} 1 & 0 \\ 0 & 1 \end{bmatrix} - \begin{bmatrix} 0 & 1 \\ K & 1 \end{bmatrix} = \begin{bmatrix} s & -1 \\ -K & s-1 \end{bmatrix} = s(s-1)-K = s^2-s-K = 0$$

由罗斯-霍尔维茨准则可以知道,当 $K>0$ 时,系统是稳定的。

7.6.2 离散时间系统的稳定性

对于离散时间系统,由式(7-58)可得其系统函数矩阵为

$$H(z) = C(zI-A)^{-1}B+D$$

与连续时间系统分析类似,式中 A,B,C,D 均为系数矩阵,对时不变系统,它们与 z 无关。因此,系统函数的极点仅由特征多项式 $(zI-A)^{-1}$ 决定。当 $|zI-A|=0$ 的根位于 z 平面的单位圆内部时,系统稳定,否则系统不稳定。

例 7.10 已知系统的 A 矩阵为 $A = \begin{bmatrix} 0 & 1 \\ 1 & -1 \end{bmatrix}$,判断该系统是否稳定。

解 由系统的特征方程可得

$$|zI-A| = z\begin{bmatrix} 1 & 0 \\ 0 & 1 \end{bmatrix} - \begin{bmatrix} 0 & 1 \\ 1 & -1 \end{bmatrix} = \begin{bmatrix} z & -1 \\ -1 & z+1 \end{bmatrix} = z^2+z-1 = 0$$

解得系统的极点为

$$z_{1,2} = -\frac{1}{2} \pm \frac{1}{2}\sqrt{5}$$

由于 $|z_1| = \left| -\frac{1}{2} - \frac{1}{2}\sqrt{5} \right| = \frac{1+\sqrt{5}}{2} > 1$,系统有一个根在单位圆外,因此系统是不稳定的。

7.7　系统的状态变量分析法的 MATLAB 实现

7.7.1　系统状态方程的 MATLAB 实现

在 MATLAB 中,描述系统的传递函数型 tf(transfer function),零极点型 zp(zero pole)以及状态变量型 ss(state space)三种方式可以很方便地转换。MATLAB 中相应的函数具体如下。

- tf2zp——传递函数型转换为零极点型。
- tf2ss——传递函数型转换为状态空间型。
- zp2tf——零极点型转换为传递函数型。
- zp2ss——零极点型转换为状态空间型。
- ss2tf——状态空间型转换为传递函数型。
- ss2zp——状态空间型转换为零极点型。

例 7.11　　已知系统的传递函数为

$$H(s) = \frac{s^2 + 6s + 8}{s^3 + 8s^2 + 19s + 12}$$

将其转换为零极点型。

解　　本例的 MATLAB 具体程序如下。

```
num=[1,6,8]; den=[ 1,8,19,12];      % 即分子、分母多项式的系数
printsys(num,den,'s')               % 打印出系统函数,即由 s 表示的分子分母多项式
```

程序运行结果如下。

```
num/den=
s^2+6s+8
——————————
s^3+8s^2+19s+12
```

采用以 tf2zp 函数的具体程序如下。

```
[z,p,k]=tf2zp(num,den)
```

程序运行结果如下。

```
z=
  -4
  -2
8p=
  -4.0000
  -3.0000
  -1.0000
k=
  1
```

这就表示了 $H(s)$ 由传递函数型转换到零极点型,即

$$H(s) = \frac{(s-2)(s-4)}{(s+1)(s+3)(s+4)}$$

若需将其转换为状态变量型,具体程序如下。

```
[a,b,c,d]=tf2ss(num,den)
```

程序运行结果如下。

```
a=
  -8   -19   -12
   1     0     0
   0     1     0
b=
   1
   0
   0
c=
   1     6     8
d=
   0
```

即对应的状态方程为

$$\dot{x} = Ax + Bu, y = Cx + Du$$

式中：A, B, C, D 对应于程序中的 a, b, c, d。

7.7.2　连续时间系统状态方程和输出方程求解的 MATLAB 实现

例 7.12　已知状态方程的系数矩阵为

$$A = \begin{bmatrix} -2 & 3 \\ -1 & -1 \end{bmatrix}, B = \begin{bmatrix} 3 & 2 \\ 2 & 1 \end{bmatrix}, C = \begin{bmatrix} 1 & 2 \\ -2 & 2 \\ 1 & -1 \end{bmatrix}$$

试求：

（1）在零输入条件和初始状态为 $x_1(0)=1, x_2(0)=1$ 时，系统状态方程和输出方程的解；

（2）在零状态条件和输入为 $v_1(t)=u(t), v_2(t)=\mathrm{e}^{-t}$ 时，系统状态方程和输出方程的解。

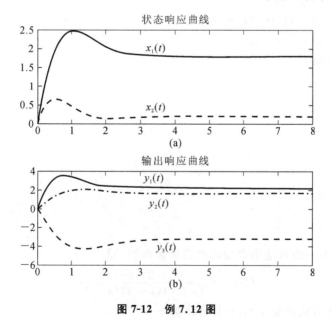

图 7-12　例 7.12 图

解　可使用 MATLAB 中的 lsim() 函数来计算 LTI 系统对任意输入的响应。

(1) 具体程序如下。

```
A=[−2,3; −1,−1];
B=[3,2; 2,1];
C=[1,2; −2,2; 1,−1];
D=zeros(3,2);
t=0:0.04:8;              % 模拟 0<t<8 秒
x0=[0,0]';               % 初始状态为零
v(:,1)=ones(length(t),1);
v(:,2)=exp(−t)';
[y,x]=lsim(A,B,C,D,v,t,x0);
subplot(211)
plot(t,x(:,1),'−',t,x(:,2),'−−')
title('状态响应曲线')
subplot(212)
plot(t,y(:,1),'−',t,y(:,2),'−−',t,y(:,3),'−.')
title('输出响应曲线')
```

程序运行后,系统的状态 $x_1(t),x_2(t)$ 的曲线如图 7-12(a)所示,输出 $y_1(t),y_2(t),y_3(t)$ 的曲线如图 7-12(b)所示。

(2) 具体程序如下。

```
A=[−2,3; −1,−1];
B=[3,2; 2,1];
C=[1,2; −2,2; 1,−1];
D=zeros(3,2);
t=0:0.04:8;              % 模拟 0<t<8 秒
x0=[0,0]';               % 初始状态为零
v(:,1)=ones(length(t),1);
v(:,2)=exp(−t)';
[y,x]=lsim(A,B,C,D,v,t,x0);
subplot(211)
plot(t,x(:,1),'−',t,x(:,2),'−−')
subplot(212)
plot(t,y(:,1),'−',t,y(:,2),'−−',t,y(:,3),'−.')
```

程序运行后,系统的状态 $x_1(t),x_2(t)$ 的曲线如图 7-13(a)所示,输出 $y_1(t),y_2(t),y_3(t)$ 的曲线如图 7-13(b)所示。

7.7.3 离散时间系统状态方程和输出方程求解的 MATLAB 实现

例 7.13 已知状态方程的系数矩阵为

$$A = \begin{bmatrix} 1 & -1 & 0 \\ 1 & 0 & 1 \\ 0 & 1 & 0 \end{bmatrix}, B = \begin{bmatrix} 1 & 0 & 1 \\ 0 & 1 & 0 \\ 0 & 0 & 1 \end{bmatrix}, C = \begin{bmatrix} 0 & 1 & 0 \\ 1 & 0 & 1 \end{bmatrix}, D = \begin{bmatrix} 0 & 0 & 0 \\ 0 & 1 & 0 \end{bmatrix}$$

在初始状态为 $x_1(0)=1,x_2(0)=1,x_3(0)=0$ 时,试用 MATLAB 求系统的状态方程和输出方程的解。

解 可使用 MATLAB 中的 dlsim()函数来计算状态方程的解。具体程序

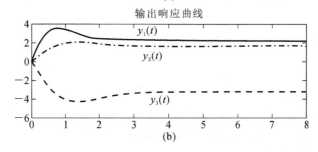

图 7-13　例 7.12 图

如下。

```
A=[1,-1,0;1,0,1;0,1,0];
B=[1,0,1;0,1,0;0,0,1];
C=[0,1,0; 1,0,1];
D=[0,0,0;0,1,0];
x0=[1,1,0]';
n=0:1:10;
v=zeros(length(n),3);
[y,x]=dlsim(A,B,C,D,v,x0)
```

程序运行结果如下。

```
y=

    1    1
    1    1
    1    0
    0   -1
   -1   -2
   -2   -2
   -2   -1
   -1    1
    1    3
    3    4
    4    3
x=

    1    1    0
    0    1    1
```

```
-1   1   1
-2   0   1
-2  -1   0
-1  -2  -1
 1  -2  -2
 3  -1  -2
 4   1  -1
 3   3   1
 0   4   3
```

习　题　7

7.1　对如图 7-14 所示的电路，列出状态方程。

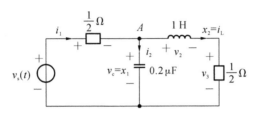

图 7-14　题 7.2 图

7.2　列出如图 7-15 所示网络的状态方程（以 i_L 和 u_C 为状态变量）。

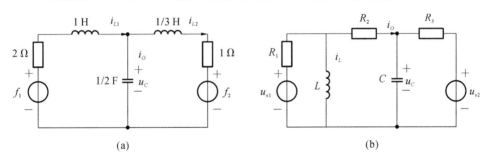

(a)　　　　　　　　　　　　　(b)

图 7-15　题 7.2 图

7.3　列写如图 7-16 所示电路的状态方程。

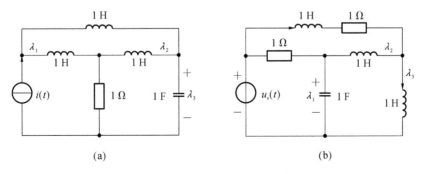

(a)　　　　　　　　　　　　　(b)

图 7-16　题 7.3 图

7.4　列出如图 7-17 所示电路的状态方程。若以 R_4 上电流 i_4 为输出，列出输出方程。

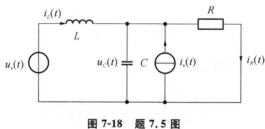

图 7-17   题 7.4 图

7.5   列写如图 7-18 所示电路的状态方程和输出方程（以 $i_n(t)$ 为输出）。

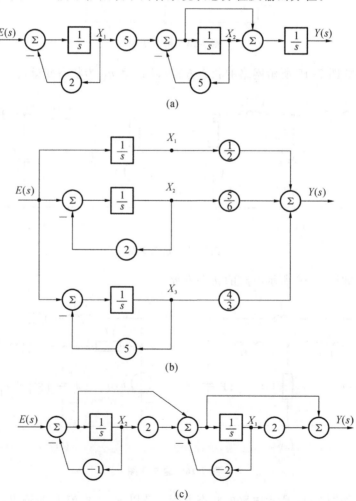

图 7-18   题 7.5 图

7.6   列出如图 7-19 所示框图表示的各系统状态方程及输出方程。

(a)

(b)

(c)

图 7-19   题 7.6 图

7.7 列写如图 7-20 所示系统的状态方程和输出方程。

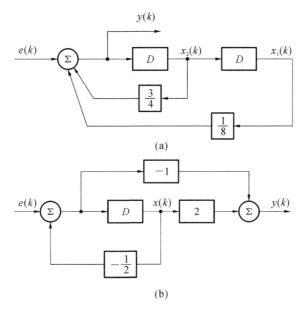

图 7-20 题 7.7 图

7.8 已知系统函数如下,列写系统的状态变量方程与输出方程。

(1) $H(s) = \dfrac{2s+8}{s^3+6s^2+11s+6}$

(2) $H(s) = \dfrac{4s}{(s+1)(s+2)^2}$

(3) $H(s) = \dfrac{4s^3+16s^2+23s+13}{(s+1)^3(s+2)}$

(4) $H(s) = \dfrac{1}{s^3+4s^2+3s+2}$

7.9 已知离散系统的系统函数如下,列写系统的状态方程与输出方程。

(1) $H(z) = \dfrac{z^3-13z+12}{z^3+6z^2+11z+6}$

(2) $H(z) = \dfrac{1}{1-z^{-1}-0.11z^{-2}}$

7.10 描述系统的微分方程如下,试写出其状态方程和输出方程。

(1) $\dfrac{\mathrm{d}^3 y(t)}{\mathrm{d}t^3} + 2\dfrac{\mathrm{d}^2(t)}{\mathrm{d}t^2} + 7\dfrac{\mathrm{d}y(t)}{\mathrm{d}t} + 6y(t) = 2e(t)$。

(2) $2\dfrac{\mathrm{d}^3 y(t)}{\mathrm{d}t^3} - 3y(t) = \dfrac{\mathrm{d}^2 e(t)}{\mathrm{d}t^2} - 2e(t)$。

(3) $\dfrac{\mathrm{d}^2 y(t)}{\mathrm{d}t^2} + 4y(t) = e(t)$。

7.11 描述系统的差分方程如下,试写出其状态方程和输出方程。

(1) $y(k+2) + 3y(k+1) + 2y(k) = e(k+1) + e(k)$。

(2) $y(k) + 2y(k-1) + 5y(k-2) + 6y(k-3) = e(k-3)$。

(3) $y(k) + 3y(k-1) + 2y(k-2) + y(k-3) = e(k-1) + 2e(k-2) + e(k-3)$。

7.12 已知离散系统的差分方程为 $y(k)+4y(k-2)=e(k)+2e(k-2)$ 和 $y(k+2)-3y(k+1)+2y(k)=e(k+1)-2e(k)$,试分别求其状态方程和输出方程并画出模拟框图。

7.13 系统矩阵方程参数如下,求系统函数矩阵 $\boldsymbol{H}(s)$、零输入响应和零状态响应。

(1) $A = \begin{bmatrix} -3 & 1 \\ -2 & 0 \end{bmatrix}, B = \begin{bmatrix} 1 \\ 0 \end{bmatrix}, C = \begin{bmatrix} 0 & 1 \end{bmatrix}, D=0, e(t)=u(t), x(0) = \begin{bmatrix} 2 \\ 0 \end{bmatrix}$

(2) $A = \begin{bmatrix} -1 & 1 \\ -1 & -1 \end{bmatrix}, B = \begin{bmatrix} 0 \\ 1 \end{bmatrix}, C = \begin{bmatrix} 1 & 1 \end{bmatrix}, D=1, e(t)=u(t), x(0) = \begin{bmatrix} 2 \\ 1 \end{bmatrix}$

7.14 设一系统的状态方程和输出方程为:

$$\begin{cases} x'_1(t)=x_1(t)=e(t) \\ x'_2(t)=x_1(t)-3x_2(t) \end{cases}$$

$$y(t)=-\frac{1}{4}x_1(t)+x_2(t)$$

系统的初始状态为 $x_1(0)=1,x_2(0)=2$,输入激励为一单位阶跃函数 $e(t)=u(t)$。

(1) 试求此系统的输出响应。

(2) 求出此系统的传输函数、状态转移矩阵和状态转移方程。

7.15 系统矩阵方程参数如下,求系统函数矩阵 $\boldsymbol{H}(s)$、零输入响应及零状态响应。

(1) $\boldsymbol{A}=\begin{bmatrix} -3 & 1 \\ -2 & 0 \end{bmatrix},\boldsymbol{B}=\begin{bmatrix} 1 \\ 0 \end{bmatrix},\boldsymbol{C}=\begin{bmatrix} 0 & 1 \end{bmatrix},\boldsymbol{D}=0,e(t)=u(t),x(0)=\begin{bmatrix} 2 \\ 0 \end{bmatrix}$

(2) $\boldsymbol{A}=\begin{bmatrix} -1 & 1 \\ -1 & -1 \end{bmatrix},\boldsymbol{B}=\begin{bmatrix} 0 \\ 1 \end{bmatrix},\boldsymbol{C}=\begin{bmatrix} 1 & 1 \end{bmatrix},\boldsymbol{D}=1,e(t)=u(t),x(0)=\begin{bmatrix} 2 \\ 1 \end{bmatrix}$

7.16 如图 7-21 所示的电路,以 $x_1(t),x_2(t)$ 为状态变量,以 $y_1(t),y_2(t)$ 为响应。

(1) 列写电路的状态方程和输出方程。

(2) 求系统的特征矩阵 $\boldsymbol{\Phi}(s)=(s\boldsymbol{I}-\boldsymbol{A})^{-1}$。

(3) $e(t)=12u(t)\mathrm{V}$,求状态变量的零状态解。

(4) 若 $x_1(0^-)=2\mathrm{A},x_2(0^-)=0,f(t)=12\delta(t)\mathrm{V}$,求零输入响应、零状态响应和全响应。

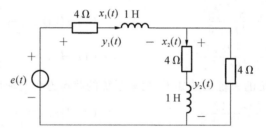

图 7-21 题 7.16 图

7.17 系统的状态方程和输出函数如下,用时域法求解系统的输出响应。

$$\begin{cases} x'_1=x_2 \\ x'_2=-12x_1-7x_2+e(t) \end{cases}$$

$$y(t)=2x_1+x_2$$

7.18 已知离散时间系统的系统函数如下,如果该离散系统的初始状态方程为零且激励 $e(t)=\delta(t)$,用时域解法及 z 域解法求状态矢量 $\boldsymbol{x}(k)$ 与输出矢量 $\boldsymbol{y}(k)$。

$$H(z)=\frac{1}{1-z^{-1}-0.11z^{-1}}$$

7.19 试用 MATLAB 求题 7.11 各系统的状态方程和输出方程的解,并画出其时域波形。

7.20 试用 MATLAB 求题 7.15 各系统的状态方程和输出方程的解,并画出其时域波形。